普通高等院校土木工程专业"十三五"规划教材
国家应用型创新人才培养系列精品教材

计算结构力学与有限元法基础

孙旭峰　主编

中国建材工业出版社

图书在版编目(CIP)数据

计算结构力学与有限元法基础/孙旭峰主编．--北京：中国建材工业出版社，2018.6

普通高等院校土木工程专业"十三五"规划教材　国家应用型创新人才培养系列精品教材

ISBN 978-7-5160-2261-0

Ⅰ.①计…　Ⅱ.①孙…　Ⅲ.①计算力学—结构力学—高等学校—教材　②有限元法—高等学校—教材　Ⅳ.①O342　②O241.82

中国版本图书馆 CIP 数据核字（2018）第 103364 号

内　容　简　介

本书作为扬州大学重点教材，将结构力学中的矩阵位移法与弹性力学平面问题的有限元法融为一体，由简入繁，介绍了平面杆系结构静力问题、动力问题、稳定问题、非线性问题矩阵分析的基本原理，以及弹性力学平面问题有限元分析的基本知识。

本书涉及的所有章节内容均配有相应的 Fortran90 教学源程序，以及丰富的例题和习题。

本书可作为高等学校土建、水利、路桥、力学类专业的本科教材，也可作为研究生、教师和工程技术人员的参考用书。

计算结构力学与有限元法基础

孙旭峰　主编

出版发行：中国建材工业出版社

地　　址：北京市海淀区三里河路 1 号

邮　　编：100044

经　　销：全国各地新华书店

印　　刷：北京鑫正大印刷有限公司

开　　本：787mm×1092mm　1/16

印　　张：14.75

字　　数：360 千字

版　　次：2018 年 6 月第 1 版

印　　次：2018 年 6 月第 1 次

定　　价：**49.80 元**

本社网址：www.jccbs.com　微信公众号：zgjcgycbs

本书如出现印装质量问题，由我社市场营销部负责调换。联系电话：（010）88386906

前　言

　　"计算结构力学"是从"结构力学"中独立出来的一门专业课程，主要讲解平面杆系结构的矩阵位移法。若将其基本求解思想应用于一般连续体，在课程教学内容中增加有关"弹性力学"问题的有限元法，则该课程也可叫"有限元法"。

　　本教材书名取为"计算结构力学与有限元法基础"，其目的有三：一是希望平面杆系结构的矩阵位移法部分能与"结构力学"课程中的相关章节内容无缝对接、协调一致；二是希望平面杆系结构的矩阵位移法能与一般弹性连续体的有限元法之间过渡自然，内容统一；三是希望满足不同院校对本课程的个性化教学需求。

　　本书在内容编排上有以下特点：舍弃"子块"叠加的概念，直接讲解单元定位向量，避免引起混淆，并且在平面杆系结构中不再区分平面刚架、平面桁架等；舍弃纯计算数学的内容，如求解线性方程组、广义特征值问题等；略讲编程的技巧问题，如二维等带宽存储、一维变带宽存储等，把重点放在较容易理解的满阵存储上；在平面杆系结构的矩阵位移法中增加虚功原理推导单元刚度矩阵、等效结点荷载的内容，并与连续体部分的内容完全一致；加入平面杆系结构非线性问题的矩阵位移法，为进一步学习有限元法做好铺垫；本教材各部分内容均配备相应的 Fortran90 教学程序和例题，方便读者学习。

　　感谢辽宁交通大学郭吉坦教授在百忙之中对本教材的审阅，及提出宝贵意见。限于编者水平，书中难免存在不足之处，欢迎读者批评指正。

编　者

2018 年 5 月

目　　录

第 1 章 绪 论

1.1 概 述

在《结构力学》课程中，讲解了力法、位移法等结构分析的基本原理。因为需要求解关于基本未知量的线性方程组，所以当结构较为复杂、未知量较多时，手算求解方程组是非常困难的。虽然在结构力学中也学习了力矩分配法、无剪力分配法、剪力分配法等近似计算方法，可以避免求解方程组，但这些方法都有一定的适用条件，并且对于更为复杂的结构和更高的计算要求同样无能为力。

结构力学的分析对象是从实际结构简化而来的计算简图，对更为复杂的工程问题也是一样，并且最终都归结为在一定边界条件下求解方程的力学问题。近代力学的基本理论和方程在 19 世纪末和 20 世纪初已基本形成，于是寻求各种具体问题的解便成为力学工作者和工程师们的追求目标。由于解析方法的能力和范围有限，便引用了各种简化假定来求解实际工程问题，但在很多情况下，过多的简化会导致结果不正确。于是，数值法作为主要方法而得到不断发展，如有限差分法、有限元法、边界元法等。随着电子计算机技术的突飞猛进和快速普及，将数值法与计算机技术相结合使得复杂的数学运算不再是不可逾越的障碍。这其中，有限元法成为当前工程结构分析中最为常用和有效的方法。

所谓计算结构力学，是将传统的平面杆系结构力学方法以矩阵的形式加以表达，从而便于编程运算，可分为矩阵力法和矩阵位移法。其中，矩阵力法的基本体系选择无确定性，不便于编制统一的计算机程序，而矩阵位移法则具有通用性强和易于程序化的特点，故而得到广泛应用。如果将杆系结构的矩阵位移法推广到板、壳以及实体等一般连续体结构的分析中去，则称为有限元法 (Finite Element Method)，或有限单元法、有限元素法。一般所指的计算结构力学实际上是平面杆系结构的有限元法。所不同的是，平面杆系结构的控制方程（静力学问题）可以依据材料力学和结构力学中的解析方法得出，是精确的，而一般连续体的控制方程则只能通过虚功原理或能量原理近似地获得。故而在本教材中，将首先讲解与《结构力学》课程相衔接的计算结构力学部分，再介绍弹性力学平面问题的有限元法。

1.2 有限元法的历史与现状

有限元法基本思想是由 Courant 提出的，1943 年他第一次尝试应用定义在三角形区域的分片连续函数和最小势能原理求解圣文南（St. Venant）扭转问题。但由于当时没有计算工具来分析工程实际问题，因而未得到重视和发展。

1956 年，Turner、Clough 等人在分析飞机结构时，将刚架位移法推广应用于弹性力学平面问题，第一次给出了用三角形单元求解平面应力问题的正确解答，是现代有限元法的第一次成功应用，其研究打开了计算机技术求解复杂问题的新局面。1960 年，Clough 将这种方法命名为有限元法。

1963 年前后，Besseling、Melosh、Jones 等人证明了有限元法是基于变分原理的里兹 (Ritz) 法的一种变形，从而使得里兹法分析的所有理论基础都适用于有限元法，确认了有限元法是处理连续介质问题的一种普遍方法。利用变分原理建立有限元方程和经典里兹法的主要区别是，有限元法假设的近似函数不是在全求解域上规定的，而是在单元上规定的，而且事先不要求满足任何边界条件，因此它可以用来处理很复杂的连续介质问题。

有限元法在工程中应用的成功，引起了数学界工作者的关注。20 世纪 60 至 70 年代，数学工作者对有限元的误差、解的收敛性和稳定性等方面进行了卓有成效的研究，从而巩固了有限元法的数学基础。我国数学家冯康，在 20 世纪 60 年代研究变分问题的差分格式时，也独立地提出了分片插值的思想，为有限元法的创立做出了贡献。

五十多年来，有限元法的应用已由弹性力学平面问题扩展到空间问题、板壳问题，由静力平衡问题扩展到稳定问题、动力问题、波动问题、接触问题等。分析的对象从弹性材料扩展到弹塑性、粘弹性、粘塑性和复合材料等，从固体力学扩展到流体力学、热力学、电磁学、生物医学等领域，并且可以解决多种介质和场的耦合问题。在工程分析中的作用已从分析和校核扩展到优化设计，涌现了很多大型通用有限元分析软件，如 ANSYS、ABAQUS、ADINA、MARC、NASTRAN 等，有些有限元软件还与工程设计相结合，如 SAP2000、MIDAS、PKPM、3D3S 等。可以预计，随着现代力学、计算数学和计算机技术等学科的发展，有限元法作为一个具有巩固理论基础和广泛应用效力的数值分析工具，必将在国民经济建设和科学技术发展中发挥更大的作用，其自身亦将得到进一步的发展和完善。

1.3　有限元法的分析过程

无论是计算结构力学中的矩阵位移法还是更一般的有限元法，其分析过程大体相同：先假想把杆系结构或连续体分割成数目有限的若干单元，彼此间只在单元的结点处相联结（此过程称离散化）；将单元上受到的外力转化为作用于结点上的等效结点力；按本构方程建立单元结点力与结点位移之间的关系（称为单元刚度方程，此过程称单元分析）；按平衡条件和结点处的变形协调条件，将所有单元的单元刚度方程组集起来，并考虑支座约束条件后，得到一组以结点位移为未知量的代数方程组（称为结构刚度方程，此过程称整体分析）；求解此方程组就可以得到结点位移，继而可以求得杆端内力或单元的应力、应变等。

复习思考题

1. 一般所指的计算结构力学、矩阵位移法和有限元法之间是什么关系？

2. 阅读相关文献，进一步了解有限元法的发展历史、相关软件及其在工程实践中的应用。

3. 矩阵位移法的一般求解思路是什么？试比较其与传统位移法的异同。

第2章 平面杆系结构静力问题的矩阵位移法

2.1 单元刚度矩阵

用矩阵位移法分析平面杆系结构时，首先要将结构离散化成若干杆件单元，并对结点和单元进行编号。同时，为了表示位移和力的方向，需要为结构设定一个坐标系 Oxy，这个坐标系称为结构的整体坐标系，或结构坐标系。例如，在分析图 2-1（a）所示的平面刚架时，可以如图 2-1（b）那样对该刚架的结点和单元进行编号。

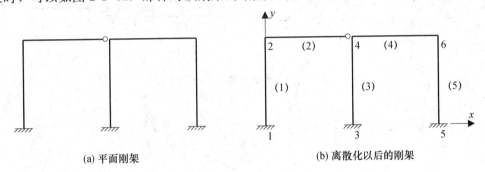

(a) 平面刚架　　　　　　　　　　(b) 离散化以后的刚架

图 2-1　平面刚架的离散化

一般来说，单元刚度方程的通式是在单元为等截面直杆的条件下推导的。所以在进行离散化时，可以选择自由端、转折点、汇交点、支承点、截面突变点、材料突变点等构造结点分割单元。当然，也可以选择杆件中间的非构造结点分割单元。例如，当仅有少量集中荷载作用于杆件上时，可以将集中荷载作用点作为结点处理，如图 2-2 所示。这样，这些集中荷载就成为结点荷载，而不用将其转化为等效结点荷载。对于一般的变截面杆件或曲杆，可以近似地将其离散化成若干个等截面直杆单元，如图 2-3 所示，当分段足够多时，这种近似处理方法的精度可以得到保证。

2.1.1 一般单元

杆件单元的分析任务，是建立杆端力与杆端位移之间的刚度方程。在一般情况下，将考虑轴向变形的影响，但不考虑轴向受力状态与弯曲受力状态之间的相互影响。

图 2-4 所示为一等截面直杆单元，设其单元编号为 (e)，其所联结的两个结点编号分别为 i、j。为了单元刚度矩阵推导的统一和杆端力、杆端位移的描述方便，可为每个单元设定局部坐标系 $i\bar{x}y$，并称 i 端为始端，j 端为末端。局部坐标系和整体坐标系采用相同

的右手系，以 i 为坐标原点，从 i 到 j 为 $\bar{x}$ 轴的正方向，$\bar{x}$ 轴正方向逆时针旋转 $90°$ 为 $\bar{y}$ 轴的正方向。局部坐标系相对于整体坐标系的方位角用 α 表示，定义为由整体坐标系 x 轴正向逆时针转至局部坐标系 $\bar{x}$ 轴正向的角度。

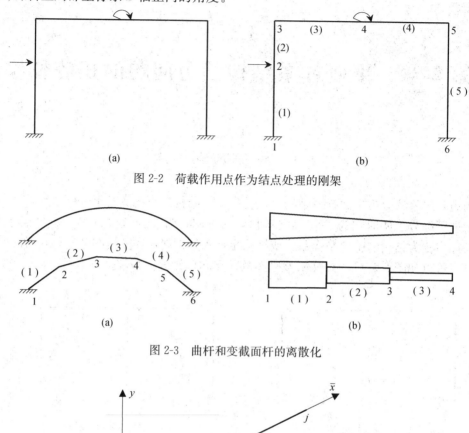

图 2-2　荷载作用点作为结点处理的刚架

图 2-3　曲杆和变截面杆的离散化

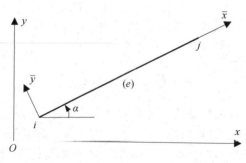

图 2-4　局部坐标系

　　一般情况下，平面杆件两端各有三个杆端力分量和三个杆端位移分量，它们分别是：i 端的 $\bar{F}_{xi}^{(e)}$、$\bar{F}_{yi}^{(e)}$、$\bar{M}_i^{(e)}$（即轴力 $\bar{F}_{Ni}^{(e)}$、剪力 $\bar{F}_{Si}^{(e)}$、弯矩 $\bar{M}_i^{(e)}$），j 端的 $\bar{F}_{xj}^{(e)}$、$\bar{F}_{yj}^{(e)}$、$\bar{M}_j^{(e)}$（即轴力 $\bar{F}_{Nj}^{(e)}$、剪力 $\bar{F}_{Sj}^{(e)}$、弯矩 $\bar{M}_j^{(e)}$），i 端的杆端位移 $\bar{u}_i^{(e)}$、$\bar{v}_i^{(e)}$、$\bar{\varphi}_i^{(e)}$，j 端的杆端位移 $\bar{u}_j^{(e)}$、$\bar{v}_j^{(e)}$、$\bar{\varphi}_j^{(e)}$，如图 2-5 所示，这样的单元即称为一般单元，也称刚架单元。其中，上划线表示它们是局部坐标系中的量值，上标（e）表示它们属于单元（e）。杆端力和杆端位移的正负号规定为：与坐标轴正方向一致为正，方向相反为负，杆端弯矩和杆端角位移则按右手系以逆时针方向为正。

　　现在来讨论单元在局部坐标系下的刚度方程。所谓单元刚度方程，是指由单元杆端位移求单元杆端力时所建立的方程。为建立单元刚度方程，可以参照结构力学位移法中基本结构的做法，在杆端位移方向上施加相应的附加约束，并使基本结构发生指定的杆端位移分量（其余杆端位移分量为零），继而由结构力学方法计算各杆端力分量。

因为一般单元考虑两端各三个杆端位移分量，所以其基本结构为两端固定端杆件。根据胡克定律和等截面单跨超静定梁的转角位移方程（或刚度系数，形常数），即可确定发生某一单位杆端位移时的杆端力分量，如图 2-6 所示。

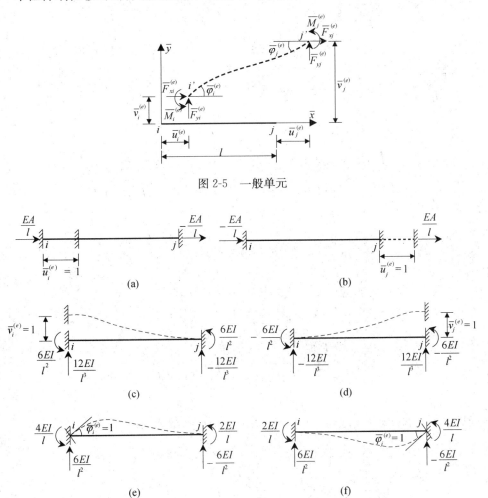

图 2-5　一般单元

图 2-6　发生单位杆端位移时的杆端力分量

这样，由叠加原理即可写出杆端力和杆端位移之间的单元刚度方程为

$$\overline{F}_{xi}^{(e)} = \frac{EA}{l}\overline{u}_i^{(e)} - \frac{EA}{l}\overline{u}_j^{(e)}$$

$$\overline{F}_{yi}^{(e)} = \frac{12EI}{l^3}\overline{v}_i^{(e)} + \frac{6EI}{l^2}\overline{\varphi}_i^{(e)} - \frac{12EI}{l^3}\overline{v}_j^{(e)} + \frac{6EI}{l^2}\overline{\varphi}_j^{(e)}$$

$$\overline{M}_i^{(e)} = \frac{6EI}{l^2}\overline{v}_i^{(e)} + \frac{4EI}{l}\overline{\varphi}_i^{(e)} - \frac{6EI}{l^2}\overline{v}_j^{(e)} + \frac{2EI}{l}\overline{\varphi}_j^{(e)}$$

$$\overline{F}_{xj}^{(e)} = -\frac{EA}{l}\overline{u}_i^{(e)} + \frac{EA}{l}\overline{u}_j^{(e)}$$

$$\overline{F}_{yj}^{(e)} = -\frac{12EI}{l^3}\overline{v}_i^{(e)} - \frac{6EI}{l^2}\overline{\varphi}_i^{(e)} + \frac{12EI}{l^3}\overline{v}_j^{(e)} - \frac{6EI}{l^2}\varphi_j^{(e)}$$

$$\overline{M}_j^{(e)} = \frac{6EI}{l^2}\overline{v}_i^{(e)} + \frac{2EI}{l}\overline{\varphi}_i^{(e)} - \frac{6EI}{l^2}\overline{v}_j^{(e)} + \frac{4EI}{l}\overline{\varphi}_j^{(e)}$$

将其写成矩阵形式，则有

$$
\begin{bmatrix} \overline{F}_{xi} \\ \overline{F}_{yi} \\ \overline{M}_i \\ \overline{F}_{xj} \\ \overline{F}_{yj} \\ \overline{M}_j \end{bmatrix}^{(e)} =
\begin{bmatrix}
\frac{EA}{l} & 0 & 0 & -\frac{EA}{l} & 0 & 0 \\
0 & \frac{12EI}{l^3} & \frac{6EI}{l^2} & 0 & -\frac{12EI}{l^3} & \frac{6EI}{l^2} \\
0 & \frac{6EI}{l^2} & \frac{4EI}{l} & 0 & -\frac{6EI}{l^2} & \frac{2EI}{l} \\
-\frac{EA}{l} & 0 & 0 & \frac{EA}{l} & 0 & 0 \\
0 & -\frac{12EI}{l^3} & -\frac{6EI}{l^2} & 0 & \frac{12EI}{l^3} & -\frac{6EI}{l^2} \\
0 & \frac{6EI}{l^2} & \frac{2EI}{l} & 0 & -\frac{6EI}{l^2} & \frac{4EI}{l}
\end{bmatrix}^{(e)}
\begin{bmatrix} \overline{u}_i \\ \overline{v}_i \\ \overline{\varphi}_i \\ \overline{u}_j \\ \overline{v}_j \\ \overline{\varphi}_j \end{bmatrix}^{(e)}
\tag{2-1}
$$

或简写为

$$\overline{\boldsymbol{F}}^{(e)} = \overline{\boldsymbol{k}}^{(e)}\overline{\boldsymbol{\delta}}^{(e)} \tag{2-2}$$

式中，

$$\overline{\boldsymbol{F}}^{(e)} = \begin{bmatrix} \overline{F}_{xi} \\ \overline{F}_{yi} \\ \overline{M}_i \\ \overline{F}_{xj} \\ \overline{F}_{yj} \\ \overline{M}_j \end{bmatrix}^{(e)} \text{ 和 } \overline{\boldsymbol{\delta}}^{(e)} = \begin{bmatrix} \overline{u}_i \\ \overline{v}_i \\ \overline{\varphi}_i \\ \overline{u}_j \\ \overline{v}_j \\ \overline{\varphi}_j \end{bmatrix}^{(e)} \tag{2-3}, (2-4)$$

分别称为平面杆系结构一般单元的杆端力列向量和杆端位移列向量，而

$$
\overline{\boldsymbol{k}}^{(e)} =
\begin{bmatrix}
\frac{EA}{l} & 0 & 0 & -\frac{EA}{l} & 0 & 0 \\
0 & \frac{12EI}{l^3} & \frac{6EI}{l^2} & 0 & -\frac{12EI}{l^3} & \frac{6EI}{l^2} \\
0 & \frac{6EI}{l^2} & \frac{4EI}{l} & 0 & -\frac{6EI}{l^2} & \frac{2EI}{l} \\
-\frac{EA}{l} & 0 & 0 & \frac{EA}{l} & 0 & 0 \\
0 & -\frac{12EI}{l^3} & -\frac{6EI}{l^2} & 0 & \frac{12EI}{l^3} & -\frac{6EI}{l^2} \\
0 & \frac{6EI}{l^2} & \frac{2EI}{l} & 0 & -\frac{6EI}{l^2} & \frac{4EI}{l}
\end{bmatrix}^{(e)}
\tag{2-5}
$$

即为平面杆系结构一般单元的单元刚度矩阵，简称单刚。由于杆端力和杆端位移分量一一对应，数目相等，所以单元刚度矩阵为一方阵。

这里需要注意的是，由于不考虑轴向受力状态与弯曲受力状态之间的相互影响，即轴

力仅由杆端轴向位移引起，而剪力和弯矩仅由杆端横向位移和角位移引起，也就是说图 2-6 (a)、(b) 与图 2-6 (c)、(d)、(e)、(f) 之间相互独立，所以式 (2-1) 只是轴向受力状态单元 (称轴力单元，或桁架单元) 和弯曲受力状态单元 (称梁单元) 的简单联合。

单元刚度矩阵有如下性质和特点：

（1）单元刚度矩阵元素的物理意义

由上述单元刚度方程的推导过程不难看出，单元刚度矩阵中每个元素的物理意义为：其所在列对应的杆端位移分量为 1 (而其余杆端位移分量为零) 时所引起的其所在行对应的杆端力分量的数值。

（2）对称性

依据单元刚度矩阵元素的物理意义及反力互等定理可以知道，线弹性体系的单元刚度矩阵为一关于主对角线的对称矩阵，即有 $\bar{k}_{mn}^{(e)} = \bar{k}_{nm}^{(e)}$ (m, $n = 1$, 2, $\cdots$, 6)。

（3）奇异性

计算可知，一般单元的单元刚度矩阵所对应的行列式值为零。因此，一般单元的单元刚度矩阵式 (2-5) 为一奇异矩阵，其逆矩阵不存在。也就是说，若给定了杆端位移分量，可以由单元刚度方程式 (2-1) 唯一确定杆端力分量，而反之则不成立。其原因如下：当给定杆端位移时，杆件的变形即可唯一确定，因而其对应的杆端力也可唯一确定；而当给定杆端力时，满足平衡条件 (即发生同样变形形式) 的杆端位移却不是唯一的，如果不给定边界约束条件，它们之间可以相差任意的刚体位移。例如，在图 2-6 (a) 中，当 $\bar{u}_i^{(e)} = 2$ 和 $\bar{u}_j^{(e)} = 1$ 时，所对应的杆端力和图 2-6 (a) 是一样的。

事实上，如果将"依据杆端位移求解杆端力"称为正问题，那么"依据杆端力求解杆端位移"则称为反问题，正反两个问题的力学模型是不一样的。正问题的力学模型如前所述，可采用对杆端位移分量施加相应附加约束的方法来确定，即所谓基本结构。而反问题的力学模型对于一般单元来说如图 2-5 所示，即为一自由单元，在自由端施加指定的杆端力来求解杆端位移。所以当指定的杆端力为不平衡力系时，杆端位移无解，而当指定的杆端力为平衡力系时，杆端位移有解，但不唯一，可相差任意的刚体位移。

2.1.2 特殊单元

在平面杆系结构中，对于不同受力性质和不同约束性质的杆件，可以采用一些特殊单元来进行计算。特殊单元可以通过对一般单元做一些处理来得到。下面就来列举一些常见的特殊单元。

1. 桁架单元

桁架单元也称轴力单元，用于模拟仅受轴力作用的杆件。在局部坐标系下，桁架单元的杆端力列向量和杆端位移列向量分别为

$$\bar{\boldsymbol{F}}^{(e)} = \begin{bmatrix} \bar{F}_{xi} \\ \bar{F}_{xj} \end{bmatrix}^{(e)} \text{和} \bar{\boldsymbol{\delta}}^{(e)} = \begin{bmatrix} \bar{u}_i \\ \bar{u}_j \end{bmatrix}^{(e)} \qquad (2\text{-}6),(2\text{-}7)$$

其单元刚度矩阵可由图 2-6 (a)、(b) 得到，或在式 (2-5) 中划去第 2、3、5、6 行和列得到

$$\bar{k}^{(e)} = \begin{bmatrix} \dfrac{EA}{l} & -\dfrac{EA}{l} \\ -\dfrac{EA}{l} & \dfrac{EA}{l} \end{bmatrix}^{(e)} \tag{2-8}$$

为便于以后进行坐标变换，即得到整体坐标系下的单元刚度矩阵，可以考虑将杆端力列向量和杆端位移列向量分别写为

$$\bar{F}^{(e)} = \begin{bmatrix} \bar{F}_{xi} \\ \bar{F}_{yi} \\ \bar{F}_{xj} \\ \bar{F}_{yj} \end{bmatrix}^{(e)} \quad \text{和} \quad \bar{\delta}^{(e)} = \begin{bmatrix} \bar{u}_i \\ \bar{v}_i \\ \bar{u}_j \\ \bar{v}_j \end{bmatrix}^{(e)} \tag{2-9，2-10}$$

而在单元刚度矩阵中添加零元素的行和列，即将式（2-8）扩展为

$$\bar{k}^{(e)} = \begin{bmatrix} \dfrac{EA}{l} & 0 & -\dfrac{EA}{l} & 0 \\ 0 & 0 & 0 & 0 \\ -\dfrac{EA}{l} & 0 & \dfrac{EA}{l} & 0 \\ 0 & 0 & 0 & 0 \end{bmatrix}^{(e)} \tag{2-11}$$

2. 连续梁单元

在计算连续梁时，通常忽略轴向变形。如取每跨梁作为一个单元，如图 2-7 所示，则单元的杆端位移分量只有 $\bar{\varphi}_i^{(e)}$ 和 $\bar{\varphi}_j^{(e)}$，而其余四个分量均为零。

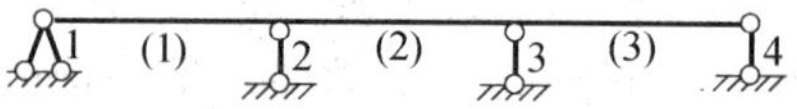

图 2-7　连续梁单元划分

因此，对连续梁单元，杆端力列向量和杆端位移列向量分别为

$$\bar{F}^{(e)} = \begin{bmatrix} \bar{M}_i \\ \bar{M}_j \end{bmatrix}^{(e)} \quad \text{和} \quad \bar{\delta}^{(e)} = \begin{bmatrix} \bar{\varphi}_i \\ \bar{\varphi}_j \end{bmatrix}^{(e)} \tag{2-12，2-13}$$

其单元刚度矩阵可由图 2-6（e）、（f）得到，或在式（2-5）中划去第 1、2、4、5 行和列得到

$$\bar{k}^{(e)} = \begin{bmatrix} \dfrac{4EI}{l} & \dfrac{2EI}{l} \\ \dfrac{2EI}{l} & \dfrac{4EI}{l} \end{bmatrix}^{(e)} \tag{2-14}$$

值得注意的是，连续梁单元的杆端剪力可由平衡条件得到。

连续梁单元的刚度矩阵可逆，即式（2-14）为非奇异矩阵。这是因为，连续梁单元反问题的力学模型如图 2-8 所示，即已指定杆端位移分量 $\bar{u}_i^{(e)}$、$\bar{v}_i^{(e)}$、$\bar{u}_j^{(e)}$、$\bar{v}_j^{(e)}$ 为零，故为一几何不变体系。所以，当指定 $\bar{M}_i^{(e)}$ 和 $\bar{M}_j^{(e)}$ 时，$\bar{\varphi}_i^{(e)}$ 和 $\bar{\varphi}_j^{(e)}$ 有唯一解。

3. 一端铰结的刚架单元

在梁或者刚架中，经常会遇到杆件一端为铰结的情况，此时可以采用一端铰结的刚架单元。假设单元的 j 端为铰结，这样就有 $\bar{M}_j^{(e)} = 0$。将此条件代入式（2-1），可

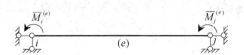

图 2-8　连续梁单元反问题的力学模型

以得到

$$\bar{\varphi}_j^{(e)} = -\frac{3}{2l}\bar{v}_i^{(e)} - \frac{1}{2}\bar{\varphi}_i^{(e)} + \frac{3}{2l}\bar{v}_j^{(e)} \tag{2-15}$$

再将其代入式（2-1）的其余表达式中，即可得到 j 端铰结刚架单元的刚度方程为

$$\bar{F}_{xi}^{(e)} = \frac{EA}{l}\bar{u}_i^{(e)} - \frac{EA}{l}\bar{u}_j^{(e)}$$

$$\bar{F}_{yi}^{(e)} = \frac{3EI}{l^3}\bar{v}_i^{(e)} + \frac{3EI}{l^2}\bar{\varphi}_i^{(e)} - \frac{3EI}{l^3}\bar{v}_j^{(e)}$$

$$\bar{M}_i^{(e)} = \frac{3EI}{l^2}\bar{v}_i^{(e)} + \frac{3EI}{l}\bar{\varphi}_i^{(e)} - \frac{3EI}{l^2}\bar{v}_j^{(e)}$$

$$\bar{F}_{xj}^{(e)} = -\frac{EA}{l}\bar{u}_i^{(e)} + \frac{EA}{l}\bar{u}_j^{(e)}$$

$$\bar{F}_{yj}^{(e)} = -\frac{3EI}{l^3}\bar{v}_i^{(e)} - \frac{3EI}{l^2}\bar{\varphi}_i^{(e)} + \frac{3EI}{l^3}\bar{v}_j^{(e)}$$

所以，j 端铰结刚架单元的杆端力和杆端位移列向量分别为

$$\bar{\boldsymbol{F}}^{(e)} = \begin{bmatrix} \bar{F}_{xi} \\ \bar{F}_{yi} \\ \bar{M}_i \\ \bar{F}_{xj} \\ \bar{F}_{yj} \end{bmatrix}^{(e)} \quad 和 \quad \bar{\boldsymbol{\delta}}^{(e)} = \begin{bmatrix} \bar{u}_i \\ \bar{v}_i \\ \bar{\varphi}_i \\ \bar{u}_j \\ \bar{v}_j \end{bmatrix}^{(e)} \tag{2-16},(2-17)$$

单元刚度矩阵为

$$\bar{\boldsymbol{k}}^{(e)} = \begin{bmatrix} \dfrac{EA}{l} & 0 & 0 & -\dfrac{EA}{l} & 0 \\[2mm] 0 & \dfrac{3EI}{l^3} & \dfrac{3EI}{l^2} & 0 & -\dfrac{3EI}{l^3} \\[2mm] 0 & \dfrac{3EI}{l^2} & \dfrac{3EI}{l} & 0 & -\dfrac{3EI}{l^2} \\[2mm] -\dfrac{EA}{l} & 0 & 0 & \dfrac{EA}{l} & 0 \\[2mm] 0 & -\dfrac{3EI}{l^3} & -\dfrac{3EI}{l^2} & 0 & \dfrac{3EI}{l^3} \end{bmatrix}^{(e)} \tag{2-18}$$

由以上推导过程可以看出，在 j 端铰结的刚架单元中，j 端的角位移不独立，是由其他位移分量确定的。事实上，注意到 j 端铰结刚架单元的正问题力学模型为 i 端固定端，j 端固定铰支座的单跨超静定梁，以上单元刚度方程也可由结构力学中此种支座形式梁的转角位移方程直接写出。

4. 一端竖向自由（即滑动结点或定向结点）的刚架单元

在梁或刚架中，还会遇到杆件的一端为竖向自由滑动结点的情况。假设单元的 j 端竖向自由（即 $\bar{v}_j^{(e)}$ 自由），这样就有 $\bar{F}_{yj}=0$。将此条件代入式（2-1），可以得到

$$\bar{v}_j^{(e)} = \bar{v}_i^{(e)} + \frac{l}{2}\bar{\varphi}_i^{(e)} + \frac{l}{2}\bar{\varphi}_j^{(e)} \tag{2-19}$$

再将其代入式（2-1）的其余表达式中，即可得到 j 端竖向自由刚架单元的刚度方程为

$$\bar{F}_{xi}^{(e)} = \frac{EA}{l}\bar{u}_i^{(e)} - \frac{EA}{l}\bar{u}_j^{(e)}$$

$$\bar{F}_{yi}^{(e)} = 0$$

$$\bar{M}_i^{(e)} = \frac{EI}{l}\bar{\varphi}_i^{(e)} - \frac{EI}{l}\bar{\varphi}_j^{(e)}$$

$$\bar{F}_{xj}^{(e)} = -\frac{EA}{l}\bar{u}_i^{(e)} + \frac{EA}{l}\bar{u}_j^{(e)}$$

$$\bar{M}_j^{(e)} = -\frac{EI}{l}\bar{\varphi}_i^{(e)} + \frac{EI}{l}\bar{\varphi}_j^{(e)}$$

不计为零的杆端力，j 端竖向自由刚架单元的杆端力和杆端位移列向量分别为

$$\bar{\boldsymbol{F}}^{(e)} = \begin{bmatrix}\bar{F}_{xi}\\\bar{M}_i\\\bar{F}_{xj}\\\bar{M}_j\end{bmatrix}^{(e)} \text{ 和 } \bar{\boldsymbol{\delta}}^{(e)} = \begin{bmatrix}\bar{u}_i\\\bar{\varphi}_i\\\bar{u}_j\\\bar{\varphi}_j\end{bmatrix}^{(e)} \tag{2-20},(2-21)$$

单元刚度矩阵为

$$\bar{\boldsymbol{k}}^{(e)} = \begin{bmatrix}\frac{EA}{l} & 0 & -\frac{EA}{l} & 0\\0 & \frac{EI}{l} & 0 & -\frac{EI}{l}\\-\frac{EA}{l} & 0 & \frac{EA}{l} & 0\\0 & -\frac{EI}{l} & 0 & \frac{EI}{l}\end{bmatrix}^{(e)} \tag{2-22}$$

和桁架单元一样，为便于以后进行坐标变换，可以将式（2-20）、（2-21）及（2-22）进行扩展，补充与 $\bar{F}_{yi}^{(e)}$、$\bar{F}_{yj}^{(e)}$ 相对应的零元素行和列。

2.2 利用虚功原理推导单元刚度矩阵

在 2.1 节中，我们利用胡克定律和结构力学中基于力法求解出的形常数推导了一般单元的单元刚度矩阵，这种方法可称为静力法。除了静力法，还可以用能量法推导单元刚度矩阵，这其中包括虚功原理、最小势能原理等。本节将介绍利用虚功原理中的虚位移原理推导杆件单元刚度矩阵的方法。

由于在线弹性小变形问题中不考虑轴向受力状态与弯曲受力状态之间的相互影响，所以下面分别推导这两种受力状态杆件的单元刚度矩阵。

2.2.1 桁架单元

采用虚功原理推导单元刚度矩阵时，需要先假设单位内部任意一点的位移与其坐标之

间的函数关系，这称为位移模式（或位移函数）。由材料力学可知，在单元局部坐标系下，桁架单元轴线上任意点的轴向位移 $\bar{u}^{(e)}$ 为其坐标 $\bar{x}$ 的线性函数，设为

$$\bar{u}^{(e)} = \alpha_1 + \alpha_2 \bar{x} \tag{2-23}$$

在正问题中，i、j 结点指定的杆端位移分别为 $\bar{u}_i^{(e)}$ 和 $\bar{u}_j^{(e)}$，将其代入式（2-23）有

$$\begin{cases} \bar{u}_i^{(e)} = \alpha_1 \\ \bar{u}_j^{(e)} = \alpha_1 + \alpha_2 l \end{cases} \tag{2-24}$$

求解式（2-24），可以得到

$$\begin{cases} \alpha_1 = \bar{u}_i^{(e)} \\ \alpha_2 = \dfrac{\bar{u}_j^{(e)} - \bar{u}_i^{(e)}}{l} \end{cases} \tag{2-25}$$

将其代入式（2-23），并写成矩阵的形式就有

$$\bar{u}^{(e)} = \begin{bmatrix} 1 - \dfrac{\bar{x}}{l} & \dfrac{\bar{x}}{l} \end{bmatrix} \begin{bmatrix} \bar{u}_i \\ \bar{u}_j \end{bmatrix}^{(e)} \tag{2-26}$$

其中，可以记

$$\boldsymbol{N} = \begin{bmatrix} N_1 & N_2 \end{bmatrix} = \begin{bmatrix} 1 - \dfrac{\bar{x}}{l} & \dfrac{\bar{x}}{l} \end{bmatrix} \tag{2-27}$$

式（2-26）表明，可以将单元位移表达成杆端位移的插值函数，式（2-27）中 N_1、N_2 即反映了这种插值关系，或者说反映了单元的位移形态。所以，我们将 N_1、N_2 称为形函数，而 $\boldsymbol{N}$ 称为形函数矩阵。

由材料力学可知，单元的应变和单元位移之间有如下关系：

$$\bar{\varepsilon}^{(e)} = \frac{\mathrm{d}\bar{u}^{(e)}}{\mathrm{d}\bar{x}} \tag{2-28}$$

应变和位移之间的关系称为几何方程。将式（2-26）代入几何方程有

$$\bar{\varepsilon}^{(e)} = \begin{bmatrix} -\dfrac{1}{l} & \dfrac{1}{l} \end{bmatrix} \begin{bmatrix} \bar{u}_i \\ \bar{u}_j \end{bmatrix}^{(e)} \tag{2-29}$$

其中，可以记

$$\boldsymbol{B} = \begin{bmatrix} B_1 & B_2 \end{bmatrix} = \begin{bmatrix} -\dfrac{1}{l} & \dfrac{1}{l} \end{bmatrix} \tag{2-30}$$

矩阵 $\boldsymbol{B}$ 反映了单元应变与杆端位移的插值关系，称为应变矩阵。

再考虑一维弹性问题的物理方程，即胡克定律

$$\bar{\sigma}^{(e)} = E\bar{\varepsilon}^{(e)} \tag{2-31}$$

就可以得到

$$\bar{\sigma}^{(e)} = \begin{bmatrix} -\dfrac{E}{l} & \dfrac{E}{l} \end{bmatrix} \begin{bmatrix} \bar{u}_i \\ \bar{u}_j \end{bmatrix}^{(e)} \tag{2-32}$$

其中，可以记

$$\boldsymbol{S} = \begin{bmatrix} S_1 & S_2 \end{bmatrix} = \begin{bmatrix} -\dfrac{E}{l} & \dfrac{E}{l} \end{bmatrix} \tag{2-33}$$

矩阵 $\boldsymbol{S}$ 反映了单元应力与杆端位移的插值关系，称为应力矩阵。

依据虚功原理，设在杆端力 $\bar{F}_{xi}^{(e)}$、$\bar{F}_{xj}^{(e)}$ 作用下的状态为力状态，而在杆端虚位移 $\bar{u}_i^{*(e)}$、$\bar{u}_j^{*(e)}$ 作用下的状态为位移状态，如图 2-9 所示，则有力状态在位移状态上所作的

外力虚功等于内力虚功，即

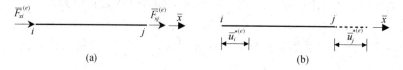

图 2-9　力状态和位移状态

$$\overline{F}_{xi}^{(e)}\overline{u}_i^{*(e)}+\overline{F}_{xj}^{(e)}\overline{u}_j^{*(e)}=\int_0^l \overline{\sigma}^{(e)}\overline{\varepsilon}^{*(e)}A\,\mathrm{d}\overline{x} \tag{2-34}$$

其中，A 为杆件的横截面面积。将式（2-29）应用于位移状态，式（2-32）应用于力状态（注意，力状态下的 $\overline{u}_i^{(e)}$、$\overline{u}_j^{(e)}$ 为实际杆端位移），并代入式（2-34），可得

$$\overline{F}_{xi}^{(e)}\overline{u}_i^{*(e)}+\overline{F}_{xj}^{(e)}\overline{u}_j^{*(e)}=\int_0^l\left(-\frac{E}{l}\overline{u}_i^{(e)}+\frac{E}{l}\overline{u}_j^{(e)}\right)\left(-\frac{1}{l}\overline{u}_i^{*(e)}+\frac{1}{l}\overline{u}_j^{*(e)}\right)A\,\mathrm{d}\overline{x} \tag{2-35}$$

式（2-35）的积分结果为

$$\overline{F}_{xi}^{(e)}\overline{u}_i^{*(e)}+\overline{F}_{xj}^{(e)}\overline{u}_j^{*(e)}=\left(-\frac{EA}{l}\overline{u}_i^{(e)}+\frac{EA}{l}\overline{u}_j^{(e)}\right)\left(-\overline{u}_i^{*(e)}+\overline{u}_j^{*(e)}\right) \tag{2-36}$$

将其写成矩阵形式，有

$$\begin{bmatrix}\overline{u}_i^{*(e)} & \overline{u}_j^{*(e)}\end{bmatrix}\begin{bmatrix}\overline{F}_{xi}\\ \overline{F}_{xj}\end{bmatrix}^{(e)}=\begin{bmatrix}\overline{u}_i^{*(e)} & \overline{u}_j^{*(e)}\end{bmatrix}\begin{bmatrix}\dfrac{EA}{l} & -\dfrac{EA}{l}\\ -\dfrac{EA}{l} & \dfrac{EA}{l}\end{bmatrix}\begin{bmatrix}\overline{u}_i\\ \overline{u}_j\end{bmatrix}^{(e)} \tag{2-37}$$

由于位移状态中虚位移是任意的，所以就有

$$\begin{bmatrix}\overline{F}_{xi}\\ \overline{F}_{xj}\end{bmatrix}^{(e)}=\begin{bmatrix}\dfrac{EA}{l} & -\dfrac{EA}{l}\\ -\dfrac{EA}{l} & \dfrac{EA}{l}\end{bmatrix}\begin{bmatrix}\overline{u}_i\\ \overline{u}_j\end{bmatrix}^{(e)} \tag{2-38}$$

这与前面直接由胡克定律推导出的桁架单元刚度方程是一样的。采用虚功原理推导单元刚度矩阵对于不同类型的单元来说过程都非常类似。

2.2.2　梁单元

对于弯曲受力状态的梁单元，由材料力学可知，在单元局部坐标系下，梁单元轴线上任意点的横向位移 $\overline{v}^{(e)}$ 为其坐标 $\overline{x}$ 的三次函数，设为

$$\overline{v}^{(e)}=\alpha_1+\alpha_2\overline{x}+\alpha_3\overline{x}^2+\alpha_4\overline{x}^3 \tag{2-39}$$

由于 i、j 结点指定的杆端位移分别为 $\overline{v}_i^{(e)}$、$\overline{\varphi}_i^{(e)}$ 和 $\overline{v}_j^{(e)}$、$\overline{\varphi}_j^{(e)}$，将其代入式（2-39）有

$$\begin{cases}\overline{v}_i^{(e)}=\alpha_1\\[6pt]\overline{\varphi}_i^{(e)}=\left(\dfrac{\mathrm{d}\overline{v}^{(e)}}{\mathrm{d}\overline{x}}\right)_{\overline{x}=0}=\alpha_2\\[6pt]\overline{v}_j^{(e)}=\alpha_1+\alpha_2 l+\alpha_3 l^2+\alpha_4 l^3\\[6pt]\overline{\varphi}_j^{(e)}=\left(\dfrac{\mathrm{d}\overline{v}^{(e)}}{\mathrm{d}\overline{x}}\right)_{\overline{x}=l}=\alpha_2+2\alpha_3 l+3\alpha_4 l^2\end{cases} \tag{2-40}$$

求解式（2-40），可以得到

$$\begin{cases} \alpha_1 = \bar{v}_i^{(e)} \\ \alpha_2 = \bar{\varphi}_i^{(e)} \\ \alpha_3 = -\dfrac{3}{l^2} \bar{v}_i^{(e)} - \dfrac{2}{l} \bar{\varphi}_i^{(e)} + \dfrac{3}{l^2} \bar{v}_j^{(e)} - \dfrac{1}{l} \bar{\varphi}_j^{(e)} \\ \alpha_4 = \dfrac{2}{l^3} \bar{v}_i^{(e)} + \dfrac{1}{l^2} \bar{\varphi}_i^{(e)} - \dfrac{2}{l^3} \bar{v}_j^{(e)} + \dfrac{1}{l^2} \bar{\varphi}_j^{(e)} \end{cases} \tag{2-41}$$

将其代入式（2-39），并写成矩阵的形式就有

$$\bar{v}^{(e)} = \mathbf{N} \bar{\boldsymbol{\delta}}^{(e)} \tag{2-42}$$

其中

$$\begin{aligned} \mathbf{N} &= \begin{bmatrix} N_1 & N_2 & N_3 & N_4 \end{bmatrix} \\ &= \left[1 - 3\left(\frac{\bar{x}}{l}\right)^2 + 2\left(\frac{\bar{x}}{l}\right)^3 \quad l\left[\left(\frac{\bar{x}}{l}\right) - 2\left(\frac{\bar{x}}{l}\right)^2 + \left(\frac{\bar{x}}{l}\right)^3 \right] \quad 3\left(\frac{\bar{x}}{l}\right)^2 - 2\left(\frac{\bar{x}}{l}\right)^3 \right. \\ &\quad \left. -l\left[\left(\frac{\bar{x}}{l}\right)^2 - \left(\frac{\bar{x}}{l}\right)^3 \right] \right] \end{aligned} \tag{2-43}$$

$$\bar{\boldsymbol{\delta}}^{(e)} = \begin{bmatrix} \bar{v}_i \\ \bar{\varphi}_i \\ \bar{v}_j \\ \bar{\varphi}_j \end{bmatrix}^{(e)} \tag{2-44}$$

$\mathbf{N}$ 和 $\bar{\boldsymbol{\delta}}^{(e)}$ 分别为梁单元的形函数矩阵和杆端位移列向量。

由材料力学可知，梁的正应变和横向位移之间的几何方程为

$$\bar{\varepsilon}^{(e)} = -\bar{y}\frac{\mathrm{d}^2 \bar{v}^{(e)}}{\mathrm{d}\bar{x}^2} \tag{2-45}$$

将式（2-42）代入几何方程可得

$$\bar{\varepsilon}^{(e)} = \mathbf{B} \bar{\boldsymbol{\delta}}^{(e)} \tag{2-46}$$

其中，应变矩阵为

$$\begin{aligned} \mathbf{B} &= \begin{bmatrix} B_1 & B_2 & B_3 & B_4 \end{bmatrix} \\ &= \left[\left(\frac{6}{l^2} - 12\frac{\bar{x}}{l^3}\right)\bar{y} \quad \left(\frac{4}{l} - 6\frac{\bar{x}}{l^2}\right)\bar{y} \quad \left(-\frac{6}{l^2} + 12\frac{x}{l^3}\right)\bar{y} \quad \left(\frac{2}{l} - 6\frac{\bar{x}}{l^2}\right)\bar{y} \right] \end{aligned} \tag{2-47}$$

由物理方程式（2-31），有

$$\bar{\sigma}^{(e)} = \mathbf{E}\mathbf{B} \bar{\boldsymbol{\delta}}^{(e)} = \mathbf{S} \bar{\boldsymbol{\delta}}^{(e)} \tag{2-48}$$

其中，应力矩阵为

$$\begin{aligned} \mathbf{S} &= \begin{bmatrix} S_1 & S_2 & S_3 & S_4 \end{bmatrix} \\ &= \left[E\left(\frac{6}{l^2} - 12\frac{\bar{x}}{l^3}\right)\bar{y} \quad E\left(\frac{4}{l} - 6\frac{\bar{x}}{l^2}\right)\bar{y} \quad E\left(-\frac{6}{l^2} + 12\frac{\bar{x}}{l^3}\right)\bar{y} \quad E\left(\frac{2}{l} - 6\frac{\bar{x}}{l^2}\right)\bar{y} \right] \end{aligned} \tag{2-49}$$

和桁架单元一样，设在杆端力 $\bar{F}_{yi}^{(e)}$、$\bar{M}_i^{(e)}$、$\bar{F}_{yj}^{(e)}$、$\bar{M}_j^{(e)}$ 作用下的状态为力状态，而在杆端虚位移 $\bar{v}_i^{*(e)}$、$\bar{\varphi}_i^{*(e)}$ 和 $\bar{v}_j^{*(e)}$、$\bar{\varphi}_j^{*(e)}$ 作用下的状态为位移状态，则依据虚功原理就有

$$(\bar{\boldsymbol{\delta}}^{*(e)})^{\mathrm{T}} \bar{\boldsymbol{F}}^{(e)} = \int_V (\bar{\varepsilon}^{*(e)})^{\mathrm{T}} \bar{\sigma}^{(e)} \mathrm{d}V \tag{2-50}$$

其中

$$\overline{\boldsymbol{F}}^{(e)} = \begin{bmatrix} \overline{F}_{yi} \\ \overline{M}_i \\ \overline{F}_{yj} \\ \overline{M}_j \end{bmatrix}^{(e)} \tag{2-51}$$

为杆端力列向量，积分则是对梁单元横截面宽、高和梁长三个方向进行体积积分。例如，对于宽度 b、高度 h 的矩形截面梁，式（2-50）为

$$(\overline{\boldsymbol{\delta}}^{*(e)})^{\mathrm{T}}\,\overline{\boldsymbol{F}}^{(e)} = b \int_0^l \int_{-h/2}^{h/2} (\overline{\boldsymbol{\varepsilon}}^{*(e)})^{\mathrm{T}} \overline{\sigma}^{(e)} \, \mathrm{d}\overline{y}\mathrm{d}\overline{x} \tag{2-52}$$

将式（2-46）、（2-48）代入式（2-50），并注意区别力状态和位移状态，可得

$$\begin{aligned}
(\overline{\boldsymbol{\delta}}^{*(e)})^{\mathrm{T}}\,\overline{\boldsymbol{F}}^{(e)} &= \int_V (\overline{\boldsymbol{\delta}}^{*(e)})^{\mathrm{T}} \boldsymbol{B}^{\mathrm{T}} E \boldsymbol{B}\, \overline{\boldsymbol{\delta}}^{(e)} \, \mathrm{d}V \\
&= (\overline{\boldsymbol{\delta}}^{*(e)})^{\mathrm{T}} \int_V \boldsymbol{B}^{\mathrm{T}} E \boldsymbol{B}\, \overline{\boldsymbol{\delta}}^{(e)} \, \mathrm{d}V \\
&= (\overline{\boldsymbol{\delta}}^{*(e)})^{\mathrm{T}} E \int_V \boldsymbol{B}^{\mathrm{T}} \boldsymbol{B}\, \mathrm{d}V (\overline{\boldsymbol{\delta}}^{(e)})
\end{aligned} \tag{2-53}$$

注意虚位移为任意值，就有

$$\overline{\boldsymbol{F}}^{(e)} = \overline{\boldsymbol{k}}^{(e)} \overline{\boldsymbol{\delta}}^{(e)} \tag{2-54}$$

其中

$$\overline{\boldsymbol{k}}^{(e)} = E \int_V \boldsymbol{B}^{\mathrm{T}} \boldsymbol{B}\, \mathrm{d}V \tag{2-55}$$

即为梁单元的刚度矩阵，将式（2-47）代入并积分可得

$$\overline{\boldsymbol{k}}^{(e)} = \begin{bmatrix} \dfrac{12EI}{l^3} & \dfrac{6EI}{l^2} & -\dfrac{12EI}{l^3} & \dfrac{6EI}{l^2} \\[2mm] \dfrac{6EI}{l^2} & \dfrac{4EI}{l} & -\dfrac{6EI}{l^2} & \dfrac{2EI}{l} \\[2mm] -\dfrac{12EI}{l^3} & -\dfrac{6EI}{l^2} & \dfrac{12EI}{l^3} & -\dfrac{6EI}{l^2} \\[2mm] \dfrac{6EI}{l^2} & \dfrac{2EI}{l} & -\dfrac{6EI}{l^2} & \dfrac{4EI}{l} \end{bmatrix}^{(e)} \tag{2-56}$$

这与利用转角位移方程得到的单元刚度矩阵完全相同，将其与桁架单元的刚度矩阵简单联合即为一般单元的刚度矩阵，亦即式（2-5）。

2.3　单元刚度矩阵的坐标转换

前面所述的单元刚度矩阵都是建立在单元局部坐标系上的。对于整个结构，各单元的局部坐标系可能各不相同。而在进行整体分析时，需要研究结构的变形协调条件和平衡条件，这必须在统一的整体坐标系下进行。所以在整体分析之前，需要对局部坐标系下的单元刚度矩阵进行坐标变换，建立整体坐标系下单元杆端力与杆端位移之间的刚度方程。

对于一般单元，局部坐标系和整体坐标系下的杆端力如图 2-10 所示。

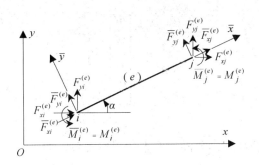

图 2-10 局部坐标系和整体坐标系下的杆端力

所以，整体坐标系下的杆端力列向量

$$\boldsymbol{F}^{(e)} = \begin{bmatrix} F_{xi} \\ F_{yi} \\ M_i \\ F_{xj} \\ F_{yj} \\ M_j \end{bmatrix}^{(e)} \tag{2-57}$$

与式（2-3）中局部坐标系下的杆端力列向量之间有如下投影关系

$$\begin{bmatrix} \overline{F}_{xi} \\ \overline{F}_{yi} \\ \overline{M}_i \\ \overline{F}_{xj} \\ \overline{F}_{yj} \\ \overline{M}_j \end{bmatrix}^{(e)} = \begin{bmatrix} \cos\alpha & \sin\alpha & 0 & 0 & 0 & 0 \\ -\sin\alpha & \cos\alpha & 0 & 0 & 0 & 0 \\ 0 & 0 & 1 & 0 & 0 & 0 \\ 0 & 0 & 0 & \cos\alpha & \sin\alpha & 0 \\ 0 & 0 & 0 & -\sin\alpha & \cos\alpha & 0 \\ 0 & 0 & 0 & 0 & 0 & 1 \end{bmatrix}^{(e)} \begin{bmatrix} F_{xi} \\ F_{yi} \\ M_i \\ F_{xj} \\ F_{yj} \\ M_j \end{bmatrix}^{(e)} \tag{2-58}$$

该式可简写为

$$\overline{\boldsymbol{F}}^{(e)} = \boldsymbol{T}^{(e)} \boldsymbol{F}^{(e)} \tag{2-59}$$

其中

$$\boldsymbol{T}^{(e)} = \begin{bmatrix} \cos\alpha & \sin\alpha & 0 & 0 & 0 & 0 \\ -\sin\alpha & \cos\alpha & 0 & 0 & 0 & 0 \\ 0 & 0 & 1 & 0 & 0 & 0 \\ 0 & 0 & 0 & \cos\alpha & \sin\alpha & 0 \\ 0 & 0 & 0 & -\sin\alpha & \cos\alpha & 0 \\ 0 & 0 & 0 & 0 & 0 & 1 \end{bmatrix}^{(e)} \tag{2-60}$$

称为一般单元的坐标转换矩阵。对于其他特殊单元，依据其所考虑的杆端力列向量，即可写出对应的坐标转换矩阵。式（2-60）是一个正交矩阵，所以有

$$(\boldsymbol{T}^{(e)})^{-1} = (\boldsymbol{T}^{(e)})^{\mathrm{T}} \tag{2-61}$$

整体坐标系下的杆端位移列向量

$$\boldsymbol{\delta}^{(e)} = \begin{bmatrix} u_i \\ v_i \\ \varphi_i \\ u_j \\ v_j \\ \varphi_j \end{bmatrix}^{(e)} \tag{2-62}$$

与局部坐标系下的杆端位移列向量同样有上述投影关系，即

$$\bar{\boldsymbol{\delta}}^{(e)} = \boldsymbol{T}^{(e)} \boldsymbol{\delta}^{(e)} \tag{2-63}$$

将式（2-59）和式（2-63）代入局部坐标系下的单元刚度方程式（2-2），可以得到

$$\boldsymbol{T}^{(e)} \boldsymbol{F}^{(e)} = \bar{\boldsymbol{k}}^{(e)} \boldsymbol{T}^{(e)} \boldsymbol{\delta}^{(e)} \tag{2-64}$$

两边同时左乘$(\boldsymbol{T}^{(e)})^{-1}$，并应用式（2-61），就有

$$\boldsymbol{F}^{(e)} = (\boldsymbol{T}^{(e)})^{\mathrm{T}} \bar{\boldsymbol{k}}^{(e)} \boldsymbol{T}^{(e)} \boldsymbol{\delta}^{(e)} \tag{2-65}$$

可以将其写成

$$\boldsymbol{F}^{(e)} = \boldsymbol{k}^{(e)} \boldsymbol{\delta}^{(e)} \tag{2-66}$$

式（2-66）即为整体坐标系下的单元刚度方程。其中

$$\boldsymbol{k}^{(e)} = (\boldsymbol{T}^{(e)})^{\mathrm{T}} \bar{\boldsymbol{k}}^{(e)} \boldsymbol{T}^{(e)} \tag{2-67}$$

为整体坐标系下的单元刚度矩阵。在整体坐标系下，单元刚度矩阵也是对称矩阵。

一般单元在整体坐标系下，单元刚度矩阵的展开形式为

$$\boldsymbol{k}^{(e)} = \begin{bmatrix} C_1 & C_2 & -C_3 & -C_1 & -C_2 & -C_3 \\ & C_4 & C_5 & -C_2 & -C_4 & C_5 \\ & & 2C_6 & C_3 & -C_5 & C_6 \\ & \text{对} & & C_1 & C_2 & C_3 \\ & & \text{称} & & C_4 & -C_5 \\ & & & & & 2C_6 \end{bmatrix}^{(e)} \tag{2-68}$$

其中

$$\begin{cases} C_1 = \dfrac{EA}{l}\cos^2\alpha + \dfrac{12EI}{l^3}\sin^2\alpha \\[2mm] C_2 = \left(\dfrac{EA}{l} - \dfrac{12EI}{l^3}\right)\sin\alpha\cos\alpha \\[2mm] C_3 = \dfrac{6EI}{l^2}\sin\alpha \\[2mm] C_4 = \dfrac{EA}{l}\sin^2\alpha + \dfrac{12EI}{l^3}\cos^2\alpha \\[2mm] C_5 = \dfrac{6EI}{l^2}\cos\alpha \\[2mm] C_6 = \dfrac{2EI}{l} \end{cases}$$

桁架单元的坐标转换矩阵为

$$\boldsymbol{T}^{(e)} = \begin{bmatrix} \cos\alpha & \sin\alpha & 0 & 0 \\ -\sin\alpha & \cos\alpha & 0 & 0 \\ 0 & 0 & \cos\alpha & \sin\alpha \\ 0 & 0 & -\sin\alpha & \cos\alpha \end{bmatrix}^{(e)} \tag{2-69}$$

桁架单元在整体坐标系下单元刚度方程的展开形式为

$$\begin{bmatrix} F_{xi} \\ F_{yi} \\ F_{xj} \\ F_{yj} \end{bmatrix}^{(e)} = \frac{EA}{l} \begin{bmatrix} \cos^2\alpha & \cos\alpha\sin\alpha & -\cos^2\alpha & -\cos\alpha\sin\alpha \\ & \sin^2\alpha & -\cos\alpha\sin\alpha & -\sin^2\alpha \\ \text{对} & & \cos^2\alpha & \cos\alpha\sin\alpha \\ & \text{称} & & \sin^2\alpha \end{bmatrix}^{(e)} \begin{bmatrix} u_i \\ v_i \\ u_j \\ v_j \end{bmatrix}^{(e)} \tag{2-70}$$

其余特殊单元的坐标转换矩阵及其在整体坐标系下单元刚度矩阵的展开形式在此就不逐一列出了。

2.4　直接刚度法

2.4.1　原始刚度矩阵的形成

在建立了各单元杆端力与杆端位移之间的刚度方程，即完成单元分析后，还需要将各单元"组装"起来，这就是整体分析。在"组装"过程中，各单元在连接结点处需满足两个条件：变形协调条件和平衡条件。下面以图 2-11（a）所示的结构为例，来说明整体分析的过程。

图 2-11（a）所示结构中，仅在结点 2 和结点 3 上作用有结点荷载，而对于单元上作用有非结点荷载的情况，将在 2.6 节中讨论。另外，在本节中我们也先不讨论支座约束条件的处理，而是先建立图 2-11（b）所示体系的刚度方程。

和结构力学中的位移法一样，对于图 2-11（b）所示体系，设所考虑的结点位移基本未知量分别为：结点 1 和结点 2 的两个线位移分量和一个角位移分量，结点 3 和结点 4 的两个线位移分量。将所有的结点位移基本未知量如图 2-11（b）所示进行编号，并写成列向量的形式，就有

$$\boldsymbol{\Delta} = \begin{matrix} (U_1 & V_1 & \varPhi_1 & U_2 & V_2 & \varPhi_2 & U_3 & V_3 & U_4 & V_4)^{\mathrm{T}} \\ 1 & 2 & 3 & 4 & 5 & 6 & 7 & 8 & 9 & 10 \end{matrix} \tag{2-71}$$

式（2-71）称为结点位移列向量，与其相对应，可以写出结点力列向量为

$$\boldsymbol{F} = \begin{matrix} (X_1 & Y_1 & M_1 & X_2 & Y_2 & M_2 & X_3 & Y_3 & X_4 & Y_4)^{\mathrm{T}} \\ 1 & 2 & 3 & 4 & 5 & 6 & 7 & 8 & 9 & 10 \end{matrix} \tag{2-72}$$

式（2-72）中，结点 2 和结点 3 上的结点力为已知的外荷载，结点 1 和结点 4 上的结点力为未知的支座约束反力。

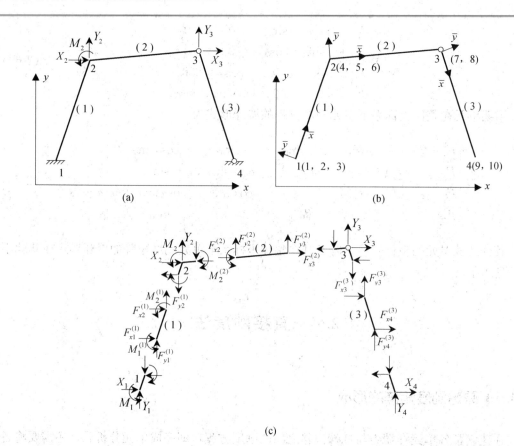

图 2-11　整体分析示例

图 2-11（b）所示体系中，各结点处的单元杆端位移与结点位移之间应满足变形协调条件，即

$$\begin{bmatrix} u_1 \\ v_1 \\ \varphi_1 \end{bmatrix}^{(1)} = \begin{bmatrix} U_1 \\ V_1 \\ \Phi_1 \end{bmatrix}\begin{matrix}1\\2\\3\end{matrix} \tag{2-73}$$

$$\begin{bmatrix} u_2 \\ v_2 \\ \varphi_2 \end{bmatrix}^{(1)} = \begin{bmatrix} u_2 \\ v_2 \\ \varphi_2 \end{bmatrix}^{(2)} = \begin{bmatrix} U_2 \\ V_2 \\ \Phi_2 \end{bmatrix}\begin{matrix}4\\5\\6\end{matrix} \tag{2-74}$$

$$\begin{bmatrix} u_3 \\ v_3 \end{bmatrix}^{(2)} = \begin{bmatrix} u_3 \\ v_3 \end{bmatrix}^{(3)} = \begin{bmatrix} U_3 \\ V_3 \end{bmatrix}\begin{matrix}7\\8\end{matrix} \tag{2-75}$$

$$\begin{bmatrix} u_4 \\ v_4 \end{bmatrix}^{(3)} = \begin{bmatrix} U_4 \\ V_4 \end{bmatrix}\begin{matrix}9\\10\end{matrix} \tag{2-76}$$

同时，如图 2-11（c）所示，各结点处的单元杆端力与结点力之间应满足平衡条件，即

$$\begin{bmatrix} F_{x_1} \\ F_{y_1} \\ M_1 \end{bmatrix}^{(1)} = \begin{bmatrix} X_1 \\ Y_1 \\ M_1 \end{bmatrix}\begin{matrix}1\\2\\3\end{matrix} \tag{2-77}$$

$$\begin{bmatrix} F_{x2} \\ F_{y2} \\ M_2 \end{bmatrix}^{(1)} + \begin{bmatrix} F_{x2} \\ F_{y2} \\ M_2 \end{bmatrix}^{(2)} = \begin{bmatrix} X_2 \\ Y_2 \\ M_2 \end{bmatrix}\begin{matrix} 4 \\ 5 \\ 6 \end{matrix} \tag{2-78}$$

$$\begin{bmatrix} F_{x3} \\ F_{y3} \end{bmatrix}^{(2)} + \begin{bmatrix} F_{x3} \\ F_{y3} \end{bmatrix}^{(3)} = \begin{bmatrix} X_3 \\ Y_3 \end{bmatrix}\begin{matrix} 7 \\ 8 \end{matrix} \tag{2-79}$$

$$\begin{bmatrix} F_{x4} \\ F_{y4} \end{bmatrix}^{(3)} = \begin{bmatrix} X_4 \\ Y_4 \end{bmatrix}\begin{matrix} 9 \\ 10 \end{matrix} \tag{2-80}$$

根据所考虑的结点位移未知量和变形协调条件，应采用不同的单元类型：单元（1）两端各有三个结点位移未知量，应采用一般单元；单元（2）i 端（即杆端 2）有三个结点位移未知量，j 端（即杆端 3）铰结，有两个结点线位移未知量，应采用 j 端铰结的刚架单元；单元（3）两端各有两个结点线位移未知量，应采用桁架单元。所以，各单元刚度方程分别为

$$\begin{bmatrix} F_{x1} \\ F_{y1} \\ M_1 \\ F_{x2} \\ F_{y2} \\ M_2 \end{bmatrix}^{(1)} = \begin{matrix} & 1 & 2 & 3 & 4 & 5 & 6 \\ & \begin{bmatrix} k_{11} & k_{12} & k_{13} & k_{14} & k_{15} & k_{16} \\ & k_{22} & k_{23} & k_{24} & k_{25} & k_{26} \\ & & k_{33} & k_{34} & k_{35} & k_{36} \\ & 对 & & k_{44} & k_{45} & k_{46} \\ & & 称 & & k_{55} & k_{56} \\ & & & & & k_{66} \end{bmatrix}^{(1)} \end{matrix} \begin{matrix} 1 \\ 2 \\ 3 \\ 4 \\ 5 \\ 6 \end{matrix} \begin{bmatrix} u_1 \\ v_1 \\ \varphi_1 \\ u_2 \\ v_2 \\ \varphi_2 \end{bmatrix}^{(1)} \tag{2-81}$$

$$\begin{bmatrix} F_{x2} \\ F_{y2} \\ M_2 \\ F_{x3} \\ F_{y3} \end{bmatrix}^{(2)} = \begin{matrix} & 4 & 5 & 6 & 7 & 8 \\ & \begin{bmatrix} k_{44} & k_{45} & k_{46} & k_{47} & k_{48} \\ & k_{55} & k_{56} & k_{57} & k_{58} \\ & & k_{66} & k_{67} & k_{68} \\ & 对 & & k_{77} & k_{78} \\ & & 称 & & k_{88} \end{bmatrix}^{(2)} \end{matrix} \begin{matrix} 4 \\ 5 \\ 6 \\ 7 \\ 8 \end{matrix} \begin{bmatrix} u_2 \\ v_2 \\ \varphi_2 \\ u_3 \\ v_3 \end{bmatrix}^{(2)} \tag{2-82}$$

$$\begin{bmatrix} F_{x3} \\ F_{y3} \\ F_{x4} \\ F_{y4} \end{bmatrix}^{(3)} = \begin{matrix} & 7 & 8 & 9 & 10 \\ & \begin{bmatrix} k_{77} & k_{78} & k_{79} & k_{710} \\ & k_{88} & k_{89} & k_{810} \\ 对 & & k_{99} & k_{910} \\ & 称 & & k_{1010} \end{bmatrix}^{(3)} \end{matrix} \begin{matrix} 7 \\ 8 \\ 9 \\ 10 \end{matrix} \begin{bmatrix} u_3 \\ v_3 \\ u_4 \\ v_4 \end{bmatrix}^{(3)} \tag{2-83}$$

其中，各单元刚度矩阵元素的下标行、列编号分别表示前述平衡条件和变形协调条件中，与单元杆端力及杆端位移分量所对应的结点力和结点位移分量编号。将这个编号用向量的形式表示，称为单元定位向量。所以，各单元的单元定位向量分别为

$$\boldsymbol{\lambda}^{(1)} = (1 \quad 2 \quad 3 \quad 4 \quad 5 \quad 6)^{\mathrm{T}} \tag{2-84}$$

$$\boldsymbol{\lambda}^{(2)} = (4 \quad 5 \quad 6 \quad 7 \quad 8)^{\mathrm{T}} \tag{2-85}$$

$$\boldsymbol{\lambda}^{(3)} = (7 \quad 8 \quad 9 \quad 10)^{\mathrm{T}} \tag{2-86}$$

将式（2-81）到式（2-83）所示的单元刚度方程展开后代入式（2-77）到式（2-80）所示的平衡方程中，并注意式（2-73）到式（2-76）所示的变形协调条件，就可以得到

结点力和结点位移之间的原始刚度方程

$$
\begin{bmatrix} X_1 \\ Y_1 \\ M_1 \\ X_2 \\ Y_2 \\ M_2 \\ X_3 \\ Y_3 \\ X_4 \\ Y_4 \end{bmatrix}
=
\begin{bmatrix}
K_{11} & K_{12} & K_{13} & K_{14} & K_{15} & K_{16} & K_{17} & K_{18} & K_{19} & K_{110} \\
 & K_{22} & K_{23} & K_{24} & K_{25} & K_{26} & K_{27} & K_{28} & K_{29} & K_{110} \\
 & & K_{33} & K_{34} & K_{35} & K_{36} & K_{37} & K_{38} & K_{39} & K_{310} \\
 & & & K_{44} & K_{45} & K_{46} & K_{47} & K_{48} & K_{49} & K_{410} \\
 & 对 & & & K_{55} & K_{56} & K_{57} & K_{58} & K_{59} & K_{510} \\
 & & & & & K_{66} & K_{67} & K_{68} & K_{69} & K_{610} \\
 & & & & & & K_{77} & K_{78} & K_{79} & K_{710} \\
 & & & & & & & K_{88} & K_{89} & K_{810} \\
 & & 称 & & & & & & K_{99} & K_{910} \\
 & & & & & & & & & K_{1010}
\end{bmatrix}
\begin{bmatrix} U_1 \\ V_1 \\ \Phi_1 \\ U_2 \\ V_2 \\ \Phi_2 \\ U_3 \\ V_3 \\ U_4 \\ V_4 \end{bmatrix}
$$

$$
=
\begin{bmatrix}
k_{11}^{(1)} & k_{12}^{(1)} & k_{13}^{(1)} & k_{14}^{(1)} & k_{15}^{(1)} & k_{16}^{(1)} & 0 & 0 & 0 & 0 \\
 & k_{22}^{(1)} & k_{23}^{(1)} & k_{24}^{(1)} & k_{25}^{(1)} & k_{26}^{(1)} & 0 & 0 & 0 & 0 \\
 & & k_{33}^{(1)} & k_{34}^{(1)} & k_{35}^{(1)} & k_{36}^{(1)} & 0 & 0 & 0 & 0 \\
 & & & k_{44}^{(1)}+k_{44}^{(2)} & k_{45}^{(1)}+k_{45}^{(2)} & k_{46}^{(1)}+k_{46}^{(2)} & k_{47}^{(2)} & k_{48}^{(2)} & 0 & 0 \\
 & 对 & & & k_{55}^{(1)}+k_{55}^{(2)} & k_{56}^{(1)}+k_{56}^{(2)} & k_{57}^{(2)} & k_{58}^{(2)} & 0 & 0 \\
 & & & & & k_{66}^{(1)}+k_{66}^{(2)} & k_{67}^{(2)} & k_{68}^{(2)} & 0 & 0 \\
 & & & & & & k_{77}^{(2)}+k_{77}^{(3)} & k_{78}^{(2)}+k_{78}^{(3)} & k_{79}^{(3)} & k_{710}^{(3)} \\
 & & & & & & & k_{88}^{(2)}+k_{88}^{(3)} & k_{89}^{(3)} & k_{810}^{(3)} \\
 & & & & & & & & k_{99}^{(3)} & k_{910}^{(3)} \\
 & & & & & 称 & & & & k_{1010}^{(3)}
\end{bmatrix}
\begin{bmatrix} U_1 \\ V_1 \\ \Phi_1 \\ U_2 \\ V_2 \\ \Phi_2 \\ U_3 \\ V_3 \\ U_4 \\ V_4 \end{bmatrix}
$$

$$(2\text{-}87)$$

或简写为

$$\boldsymbol{F}=\boldsymbol{K}^0\boldsymbol{\Delta} \tag{2-88}$$

其中

$$
\boldsymbol{K}^0=
\begin{bmatrix}
K_{11} & K_{12} & K_{13} & K_{14} & K_{15} & K_{16} & K_{17} & K_{18} & K_{19} & K_{110} \\
 & K_{22} & K_{23} & K_{24} & K_{25} & K_{26} & K_{27} & K_{28} & K_{29} & K_{110} \\
 & & K_{33} & K_{34} & K_{35} & K_{36} & K_{37} & K_{38} & K_{39} & K_{310} \\
 & & & K_{44} & K_{45} & K_{46} & K_{47} & K_{48} & K_{49} & K_{410} \\
 & & & & K_{55} & K_{56} & K_{57} & K_{58} & K_{59} & K_{510} \\
 & 对 & & & & K_{66} & K_{67} & K_{68} & K_{69} & K_{610} \\
 & & & & & & K_{77} & K_{78} & K_{79} & K_{710} \\
 & & & & & & & K_{88} & K_{89} & K_{810} \\
 & & 称 & & & & & & K_{99} & K_{910} \\
 & & & & & & & & & K_{1010}
\end{bmatrix}
\tag{2-89}
$$

称为结构的原始刚度矩阵，或总刚度矩阵，简称总刚。

下面来分析一下总刚的形成规律。由式（2-87）可以看出，总刚中第 i 行第 j 列的元素，实际上是由式（2-81）到式（2-83）所示单元刚度矩阵中下标分别为 i 和 j 的元素"对号入座，同号相加"形成的。或者说，总刚的元素是由整体坐标系下的单元刚度矩阵元素按行、列单元定位向量"对号入座，同号相加"形成的。利用这种规律直接形成总刚度矩阵的方法就称为直接刚度法。

如果在图 2-11（b）所示体系中，将铰结点 3 两侧的杆端角位移 Φ_3^L 和 Φ_3^R 也作为结点位移基本未知量考虑，则编号如图 2-12 所示。

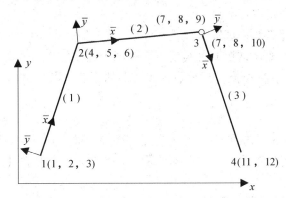

图 2-12　铰结端角位移作为未知量时的编号

此时，结点位移列向量和结点力列向量分别为

$$\boldsymbol{\Delta}= (U_1 \quad V_1 \quad \Phi_1 \quad U_2 \quad V_2 \quad \Phi_2 \quad U_3 \quad V_3 \quad \Phi_3^L \quad \Phi_3^R \quad U_4 \quad V_4)^T$$
$$\phantom{\boldsymbol{\Delta}=} 1 \quad\ 2 \quad\ 3 \quad\ 4 \quad\ 5 \quad\ 6 \quad\ 7 \quad\ 8 \quad\ 9 \quad 10 \quad 11 \quad 12 \tag{2-90}$$

$$\boldsymbol{F}= (X_1 \quad Y_1 \quad M_1 \quad X_2 \quad Y_2 \quad M_2 \quad X_3 \quad Y_3 \quad M_3^L \quad M_3^R \quad X_4 \quad Y_4)^T$$
$$\phantom{\boldsymbol{F}=} 1 \quad\ 2 \quad\ 3 \quad\ 4 \quad\ 5 \quad\ 6 \quad\ 7 \quad\ 8 \quad\ 9 \quad 10 \quad 11 \quad 12 \tag{2-91}$$

在上式中，由图 2-11（a）可知，结点力分量 $M_3^L = M_3^R = 0$。依据所考虑的结点位移基本未知量和变形协调条件，此时单元（1）和单元（2）都应采用一般单元，单元（3）应采用 j 端（即杆端 4）铰结的刚架单元。所以，各单元定位向量分别为

$$\boldsymbol{\lambda}^{(1)} = (1 \quad 2 \quad 3 \quad 4 \quad 5 \quad 6)^T \tag{2-92}$$

$$\boldsymbol{\lambda}^{(2)} = (4 \quad 5 \quad 6 \quad 7 \quad 8 \quad 9)^T \tag{2-93}$$

$$\boldsymbol{\lambda}^{(3)} = (7 \quad 8 \quad 10 \quad 11 \quad 12)^T \tag{2-94}$$

由直接刚度法，按单元定位向量将整体坐标系下各单元刚度矩阵的元素"对号入座，同号相加"送入总刚，即可直接形成总刚度矩阵。此时，总刚为 12×12 的方阵

$$
\boldsymbol{K}^0 =
\begin{matrix}
& 1 & 2 & 3 & 4 & 5 & 6 & 7 & 8 & 9 & 10 & 11 & 12 \\
\end{matrix}
$$

	1	2	3	4	5	6	7	8	9	10	11	12	
	$k_{11}^{(1)}$	$k_{12}^{(1)}$	$k_{13}^{(1)}$	$k_{14}^{(1)}$	$k_{15}^{(1)}$	$k_{16}^{(1)}$	0	0	0	0	0	0	1
		$k_{22}^{(1)}$	$k_{23}^{(1)}$	$k_{24}^{(1)}$	$k_{25}^{(1)}$	$k_{26}^{(1)}$	0	0	0	0	0	0	2
			$k_{33}^{(1)}$	$k_{34}^{(1)}$	$k_{35}^{(1)}$	$k_{36}^{(1)}$	0	0	0	0	0	0	3
				$k_{44}^{(1)}+k_{44}^{(2)}$	$k_{45}^{(1)}+k_{45}^{(2)}$	$k_{46}^{(1)}+k_{46}^{(2)}$	$k_{47}^{(2)}$	$k_{48}^{(2)}$	$k_{49}^{(2)}$	0	0	0	4
					$k_{55}^{(1)}+k_{55}^{(2)}$	$k_{56}^{(1)}+k_{56}^{(2)}$	$k_{57}^{(2)}$	$k_{58}^{(2)}$	$k_{59}^{(2)}$	0	0	0	5
	对					$k_{66}^{(1)}+k_{66}^{(2)}$	$k_{67}^{(2)}$	$k_{68}^{(2)}$	$k_{69}^{(2)}$	0	0	0	6
							$k_{77}^{(2)}+k_{77}^{(3)}$	$k_{78}^{(2)}+k_{78}^{(3)}$	$k_{79}^{(2)}$	$k_{710}^{(3)}$	$k_{711}^{(3)}$	$k_{712}^{(3)}$	7
								$k_{88}^{(2)}+k_{88}^{(3)}$	$k_{89}^{(2)}$	$k_{810}^{(3)}$	$k_{811}^{(3)}$	$k_{812}^{(3)}$	8
									$k_{99}^{(2)}$	0	0	0	9
			称							$k_{1010}^{(3)}$	$k_{1011}^{(3)}$	$k_{1012}^{(3)}$	10
											$k_{1111}^{(3)}$	$k_{1112}^{(3)}$	11
												$k_{1212}^{(3)}$	12

$$\tag{2-95}$$

按此方法，还可以只将 Φ_3^4 或 Φ_3^{10} 作为结点位移基本未知量，读者可自行编号并写出相应的结点位移列向量、结点力列向量、单元定位向量和总刚度矩阵的表达式。

总刚有如下性质和特点：

（1）总刚度矩阵元素的物理意义

和单元刚度矩阵类似，结构的总刚度矩阵中每个元素的物理意义为：其所在列对应的结点位移分量为 1（而其余结点位移分量为零）时所引起的其所在行对应的结点力分量的数值。

（2）对称性

同样依据总刚度矩阵元素的物理意义及反力互等定理可知，线弹性体系的总刚度矩阵为一关于主对角线的对称矩阵，这在前面的推导过程中已直接体现出来。

（3）奇异性

在建立结构的原始刚度方程时，并未考虑结构的支座约束条件，故而所建立的方程只是图 2-11(b) 所示体系的刚度方程。由于没有支座约束条件，体系还可以有任意的刚体位移，也就是说结点位移的解答并不唯一，所以原始刚度矩阵的逆矩阵不存在。只有在引入支座约束条件后，才可以求解未知的结点位移，这将在下一节中讨论。

2.4.2 总刚度矩阵的计算机存储

如果两个结点之间有单元直接相联结，则称这两个结点为相关结点。而单元定位向量中的结点位移未知量之间可称为相关结点位移分量。由直接刚度法形成总刚度矩阵的规律可以看出，只有相关结点位移分量所涉及的行列才有单刚元素"入座"。或者说，总刚度矩阵中只有与单元定位向量对应的行列才为非零元素，而其他位置均为零元素。

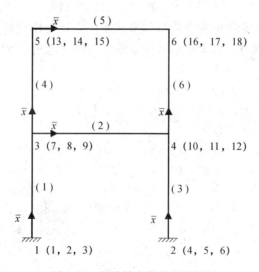

图 2-13　相关结点位移分量举例

举例来说，如图 2-13 所示的结构（图中各单元局部坐标系仅表示了 $\bar{x}$ 方向），按单元定位向量形成的总刚度矩阵为

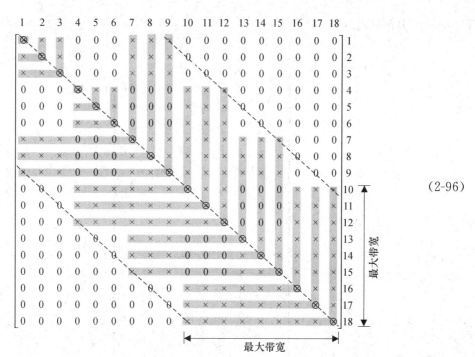

$$(2\text{-}96)$$

其中，"×"表示非零元素，"⊗"表示主对角元素。由式（2-96）可知，总刚中有很多零元素，对于结点数目较多的大型结构来说，这一现象尤为明显。这种有大量零元素的矩阵称为稀疏矩阵。同时，如果结点位移未知量的编号顺序合理，总刚中的非零元素通常集中在主对角线附近的斜带状区域内，故为带状矩阵。在这样的带状矩阵中，每行（列）从第一个非零元素起到主对角元素为止所包含的元素个数，可称为该行（列）的带宽，如式（2-96）中灰色条带范围所示。由直接刚度法形成总刚的规律可知

某行（列）的带宽＝该行（列）结点位移分量编号－最小相关结点位移分量编号＋1

$$(2\text{-}97)$$

所有各行（列）带宽中的最大值可称为最大带宽，如式（2-96）所示[①]。由式（2-97）可以推知

$$最大带宽＝\max[\text{abs}（相关结点位移分量编号差值）＋1] \qquad (2\text{-}98)$$

如果平面刚架所有结点均为刚结点，则每个结点的位移未知量为3个。假设结点位移未知量编号与结点编号之间有如图2-13所示的简单对应关系，则

$$最大带宽＝\max[\text{abs}（相关结点编号差值）＋1]×3 \qquad (2\text{-}99)$$

对于平面桁架，每个结点的位移未知量为2个。同样，如果结点位移未知量编号与结点编号之间为简单对应关系，则

$$最大带宽＝\max[\text{abs}（相关结点编号差值）＋1]×2 \qquad (2\text{-}100)$$

在编程时，如果将总刚的全部元素都存储起来，称为满阵存储。

为节约内存，可以只存储每一行最大带宽范围内主对角线到副对角线之间上半带（或下半带）的元素，这种存储方式称为二维等带宽存储。式（2-101）为式（2-96）矩阵中只存储上半带的矩阵。在上三角二维等带宽存储中，元素的行号与原行号相同，而列号为

---

① 数学上矩阵的半带宽 k＝最大带宽－1，而带宽＝$2k+1$。

原列号减去行号再加一。

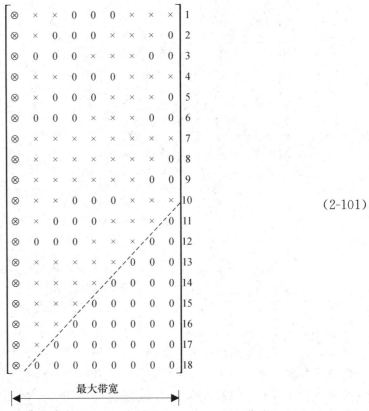

$$(2\text{-}101)$$

显然,对于二维等带宽存储来说,最大带宽越小则存储量越小。因此,在结点编号以及结点位移未知量编号时,应尽可能使相关结点编号最大差值和相关结点位移分量编号最大差值为最小,这称为带宽优化。

注意到每行(列)的带宽都不一样,还可以采用更节约内存的一维变带宽存储,即只存储每行(列)带宽范围内的元素。例如,对于式(2-87)所示总刚,一维变带宽存储时的矩阵为

$$\begin{bmatrix} K_{11} & K_{12} & K_{22} & K_{13} & K_{23} & K_{33} & K_{14} & K_{24} & K_{34} & K_{44} & K_{15} & K_{25} & K_{35} \\ K_{45} & K_{55} & K_{16} & K_{26} & K_{36} & K_{46} & K_{56} & K_{66} & K_{47} & K_{57} & K_{67} & K_{77} & K_{48} \\ K_{58} & K_{68} & K_{78} & K_{88} & K_{79} & K_{89} & K_{99} & K_{710} & K_{810} & K_{910} & K_{1010} \end{bmatrix}$$

$$(2\text{-}102)$$

为了便于对该矩阵元素寻址,还要同时建立一个寻址辅助向量 $\boldsymbol{LA}$,该向量中第 i 个元素为 $\sum_{k=1}^{i} B_k$,其中 B_k 为第 k 行的带宽。所以,与式(2-102)对应的寻址辅助向量为

$$\boldsymbol{LA} = \begin{bmatrix} 1 & 3 & 6 & 10 & 15 & 21 & 25 & 30 & 33 & 37 \end{bmatrix} \qquad (2\text{-}103)$$

由此可知,上三角一维变带宽存储时,总刚中每列带宽范围内第 i 行第 j 列元素($j \geqslant i$)在一维数组中的位置为 $LA(j) - j + i$。在一维变带宽存储中,结点编号和相关结点位移分量编号应力求使各行(列)的带宽总和为最小。

尽管一维变带宽存储已经在很大程度上节约了存储空间,但是对于大型问题,其中依旧有很多零元素。所以,目前许多大型的有限元软件和一些通用的求解器都采用更加节约内存的稀疏存储模式,如按行压缩存储方案等。这类存储模式只需要给总刚度矩阵的非零

元素分配存储空间，矩阵的运算全部在索引形式下进行，可以最大程度地节约存储空间。关于这方面的内容，本书不再赘述。

2.4.3 关于铰结点处理方法的进一步说明

对于刚架中的铰结点，除了如前所述采用特殊单元，或者将铰结端的角位移作为基本位移未知量处理而外，还可以采用主从关系和自由度释放的方法。

1. 主从关系

采用主从关系处理铰结点时，可以在铰结点处增设结点数量，把每个铰结端都作为一个结点，并令它们的线位移相等，而角位移各自独立。如图 2-11（b）所示的结构即可在铰结点处分设两个结点，如图 2-14 所示。

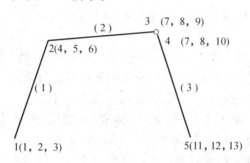

图 2-14　铰结点处设置两个结点

令结点 3 的线位移 U_3、V_3 为"主位移"，结点 4 的线位移 U_4、V_4 为"从位移"，则由铰结点约束可得如下自由度耦合方程

$$U_4 = U_3 \tag{2-104}$$

$$V_4 = V_3 \tag{2-105}$$

编程处理自由度耦合方程时，将使从位移的未知量编号等于对应主位移的编号，也即删除从位移自由度而只保留主位移自由度。这样，独立的结点位移未知量编号就如图 2-14 所示（此处设所有铰结端的角位移都作为结点位移基本未知量处理）。

主从关系的处理方法还可用于单元与结点之间的其他各种约束条件。在一些大型有限元程序中，如 ANSYS，就是用这种方法来处理诸如铰结点之类的不完全约束的。比自由度耦合更具一般性的是约束方程，约束方程可以处理如"刚域"之类更加复杂的情形，读者可自行参阅相关文献。

2. 自由度释放

自由度释放在有限元分析理论中又称为自由度凝聚。前面讲述的一端铰结刚架单元和一端竖向自由刚架单元刚度方程的推导即为自由度释放。下面讲述自由度释放的一般过程。

在一般单元局部坐标系下的单元刚度方程中，将要释放的自由度（也即杆端位移，例如在铰结点处要释放的是杆端角位移）记为 $\bar{\boldsymbol{\delta}}_c^{(e)}$，其他自由度记为 $\boldsymbol{\delta}_0^{(e)}$，则可以将单元刚度方程用分块形式写为

$$\begin{bmatrix} \bar{\boldsymbol{k}}_{00} & \bar{\boldsymbol{k}}_{0c} \\ \bar{\boldsymbol{k}}_{c0} & \bar{\boldsymbol{k}}_{cc} \end{bmatrix}^{(e)} \begin{bmatrix} \bar{\boldsymbol{\delta}}_0 \\ \bar{\boldsymbol{\delta}}_c \end{bmatrix}^{(e)} = \begin{bmatrix} \bar{\boldsymbol{F}}_0 - \bar{\boldsymbol{F}}_0^{\mathrm{F}} \\ \bar{\boldsymbol{F}}_c - \bar{\boldsymbol{F}}_c^{\mathrm{F}} \end{bmatrix}^{(e)} \tag{2-106}$$

其中，$-\overline{\boldsymbol{F}}_0^{\mathrm{F}}$ 和 $-\overline{\boldsymbol{F}}_c^{\mathrm{F}}$ 为单元上有非结点荷载（或单元荷载）作用时的单元等效结点荷载列向量，为固端力的反号，详见 2.6 节。自由度释放后，有 $\overline{\boldsymbol{F}}_c^{(e)}=0$，故由（2-106）中后一式可以得到

$$\overline{\boldsymbol{\delta}}_c^{(e)}=(\overline{\boldsymbol{k}}_{cc}^{(e)})^{-1}\ (-\overline{\boldsymbol{F}}_c^{\mathrm{F}}-\overline{\boldsymbol{k}}_{c0}^{(e)}\overline{\boldsymbol{\delta}}_0^{(e)}) \tag{2-107}$$

将其代回式（2-106）的第一个等式，就有

$$[\overline{\boldsymbol{k}}_{00}^{(e)}-\overline{\boldsymbol{k}}_{0c}^{(e)}(\overline{\boldsymbol{k}}_{cc}^{(e)})^{-1}\overline{\boldsymbol{k}}_{c0}^{(e)}]\overline{\boldsymbol{\delta}}_0^{(e)}=\overline{\boldsymbol{F}}_0-\overline{\boldsymbol{F}}_0^{\mathrm{F}}+\overline{\boldsymbol{k}}_{0c}^{(e)}(\overline{\boldsymbol{k}}_{cc}^{(e)})^{-1}\overline{\boldsymbol{F}}_c^{\mathrm{F}} \tag{2-108}$$

最终，自由度释放后的单元刚度方程可重写为

$$\begin{bmatrix} \overline{\boldsymbol{k}}_{00}^{(e)}-\overline{\boldsymbol{k}}_{0c}^{(e)}(\overline{\boldsymbol{k}}_{cc}^{(e)})^{-1}\overline{\boldsymbol{k}}_{c0}^{(e)} & 0 \\ 0 & 0 \end{bmatrix}^{(e)}\begin{bmatrix} \overline{\boldsymbol{\delta}}_0 \\ \overline{\boldsymbol{\delta}}_c \end{bmatrix}^{(e)}=\begin{bmatrix} \overline{\boldsymbol{F}}_0-\overline{\boldsymbol{F}}_0^{\mathrm{F}}+\overline{\boldsymbol{k}}_{0c}^{(e)}(\overline{\boldsymbol{k}}_{cc}^{(e)})^{-1}\overline{\boldsymbol{F}}_c^{\mathrm{F}} \\ 0 \end{bmatrix}^{(e)} \tag{2-109}$$

需要注意的是，当 $\overline{\boldsymbol{\delta}}_c^{(e)}$ 和 $\overline{\boldsymbol{\delta}}_0^{(e)}$ 的元素穿插排列时，需将单元刚度方程通过换行换列重新排列成式（2-106）的标准形式，自由度释放后再将式（2-109）变换回原来的排列顺序。

自由度释放后的单元刚度矩阵与单元等效结点荷载列向量保持了原来的阶数，经过坐标变换后的单刚即可按直接刚度法直接集成总刚度矩阵，而单元等效结点荷载列向量经坐标变换后也可直接参与结点荷载列向量的集成（详见 2.6 节）。

另外还需注意的是，由于式（2-109）中单刚的主对角线元素不全部为正值，有可能造成总刚奇异。因此在总刚集成后须检查主对角元，若发现某一主对角元为 0，说明与此自由度对应的所有杆端约束均被释放，需作特殊处理。一般可强制该主对角元为 1，对应的结点力为 0，这样就可以避免总刚出现奇异。求解完成后，还可按式（2-107）计算出被释放的杆端位移。

在某些大型有限元程序，如 SAP 2000 中，就是用自由度释放的方法来处理诸如铰结点之类的不完全约束的。

2.5　支座约束条件的处理

2.5.1　原始刚度方程中支座约束条件的引入

上节中所建立的原始刚度方程，由于尚未考虑支座约束条件或边界条件，所以总刚奇异，是不可求解的。

现仍以图 2-11（a）所示结构为例，来说明支座约束条件的处理过程。按图 2-11（b）的编号，该结构的支座约束后，编号分别为 1、2、3、9、10 的结点位移为零，即 $U_1=V_1=\varPhi_1=U_4=V_4=0$。将其代入式（2-87），由矩阵乘法，并将已知结点荷载和未知支座反力对应的方程分开写，就可以得到

$$\begin{bmatrix} X_2 \\ Y_2 \\ M_2 \\ X_3 \\ Y_3 \end{bmatrix}=\begin{bmatrix} K_{44} & K_{45} & K_{46} & K_{47} & K_{48} \\ & K_{55} & K_{56} & K_{57} & K_{58} \\ & & K_{66} & K_{67} & K_{68} \\ & 对 & & K_{77} & K_{78} \\ & & 称 & & K_{88} \end{bmatrix}\begin{matrix} 4 \\ 5 \\ 6 \\ 7 \\ 8 \end{matrix}\begin{bmatrix} U_2 \\ V_2 \\ \varPhi_2 \\ U_3 \\ V_3 \end{bmatrix} \tag{2-110}$$

和

$$
\begin{bmatrix} X_1 \\ Y_1 \\ M_1 \\ X_4 \\ Y_4 \end{bmatrix} = \begin{array}{ccccc} 4 & 5 & 6 & 7 & 8 \end{array} \begin{bmatrix} K_{14} & K_{15} & K_{16} & K_{17} & K_{18} \\ K_{24} & K_{25} & K_{26} & K_{27} & K_{28} \\ K_{34} & K_{35} & K_{36} & K_{37} & K_{38} \\ K_{94} & K_{95} & K_{96} & K_{97} & K_{98} \\ K_{104} & K_{105} & K_{106} & K_{107} & K_{108} \end{bmatrix} \begin{array}{c} 1 \\ 2 \\ 3 \\ 9 \\ 10 \end{array} \begin{bmatrix} U_2 \\ V_2 \\ \Phi_2 \\ U_3 \\ V_3 \end{bmatrix} \tag{2-111}
$$

其中，式（2-110）可以简写为

$$
\boldsymbol{F} = \boldsymbol{K} \boldsymbol{\Delta} \tag{2-112}
$$

在这个方程中，$\boldsymbol{F}$ 只包括已知的结点荷载，$\boldsymbol{\Delta}$ 只包括未知的结点位移，相当于在原始刚度方程中删去与为零的结点位移分量编号对应的行、列而得到的。这个方程称为结构刚度方程，其中，$\boldsymbol{K}$ 称为结构刚度矩阵。由于结构刚度方程引入了支座约束条件，消除了任意刚体位移，所以 $\boldsymbol{K}$ 是非奇异的，可以求解出未知的结点位移 $\boldsymbol{\Delta}$。如果 $\boldsymbol{K}$ 仍旧奇异，则表明原结构为几何可变体系（常变或瞬变）。

未知结点位移求出后，即可由变形协调条件和整体坐标系下的单元刚度方程求出各单元的杆端力。此时，整体坐标系下的杆端力为

$$
\boldsymbol{F}^{(e)} = \boldsymbol{k}^{(e)} \boldsymbol{\delta}^{(e)} = \boldsymbol{k}^{(e)} \boldsymbol{\Delta}^{(e)} \tag{2-113}
$$

而局部坐标系下的杆端力（即杆端内力）为

$$
\overline{\boldsymbol{F}}^{(e)} = \boldsymbol{T}^{(e)} \boldsymbol{F}^{(e)} = \boldsymbol{T}^{(e)} \boldsymbol{k}^{(e)} \boldsymbol{\Delta}^{(e)} \tag{2-114}
$$

也可以先求局部坐标系下的杆端位移

$$
\overline{\boldsymbol{\delta}}^{(e)} = \boldsymbol{T}^{(e)} \boldsymbol{\delta}^{(e)} = \boldsymbol{T}^{(e)} \boldsymbol{\Delta}^{(e)} \tag{2-115}
$$

然后再由局部坐标系下的单元刚度方程求得杆端内力

$$
\overline{\boldsymbol{F}}^{(e)} = \overline{\boldsymbol{k}}^{(e)} \overline{\boldsymbol{\delta}}^{(e)} \tag{2-116}
$$

式（2-111）可用于根据求得的结点位移计算支座反力。事实上，在求出全部单元的杆端力后，也可由结点的平衡条件求出支座反力，如图 2-11（c）所示，或者也可以说支座方向上各杆端力之和即为支座反力。

2.5.2 特殊支座约束条件的处理

1. 支座位移为不等于零的指定值

将指定的支座位移值代入原始刚度方程，展开后将与其相关的项移到方程左边与结点力合并，则仍旧可用删去行列的方法得到结构刚度方程。例如，在图 2-11（a）所示结构中，假设结点 1 处支座的水平位移值为 $U_1 = C_1$，如图 2-15 所示，则由式（2-87）得到的结构刚度方程为

$$
\begin{bmatrix} X_2 - K_{41}C_1 \\ Y_2 - K_{51}C_1 \\ M_2 - K_{61}C_1 \\ X_3 - K_{71}C_1 \\ Y_3 - K_{81}C_1 \end{bmatrix} = \begin{array}{ccccc} 4 & 5 & 6 & 7 & 8 \end{array} \begin{bmatrix} K_{44} & K_{45} & K_{46} & K_{47} & K_{48} \\ & K_{55} & K_{56} & K_{57} & K_{58} \\ & & K_{66} & K_{67} & K_{68} \\ & \text{对} & & K_{77} & K_{78} \\ & & \text{称} & & K_{88} \end{bmatrix} \begin{array}{c} 4 \\ 5 \\ 6 \\ 7 \\ 8 \end{array} \begin{bmatrix} U_2 \\ V_2 \\ \Phi_2 \\ U_3 \\ V_3 \end{bmatrix} \tag{2-117}
$$

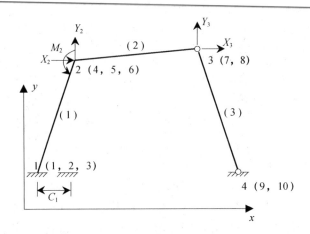

图 2-15　支座位移为不等于零的指定值

由此可见，零位移约束条件为指定支座位移约束条件的特殊情况。

2. 弹性支座

当结点位移未知量编号为 i 的方向上有弹性支座时，由总刚度矩阵主对角元素 K_{ii} 的物理意义可知，其数值为 i 方向的结点位移为 1（而其余结点位移分量为零）时所对应的结点力，而刚度系数为 k_i 的弹性支座的作用效果就是使该结点力增加了 k_i。所以，当 i 方向上有弹性支座时，若其刚度系数为 k_i，则只需将 k_i 加在主对角元素 K_{ii} 上就可以了。

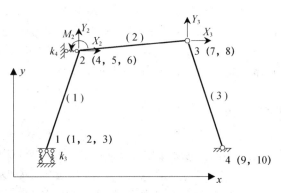

图 2-16　弹性支座

例如，在图 2-11（a）所示结构中，假设编号 3、4，即 Φ_1、U_2 方向上为弹性支座，如图 2-16 所示，则式（2-89）所示的总刚度矩阵变为

$$\boldsymbol{K}^0 = \begin{bmatrix} K_{11} & K_{12} & K_{13} & K_{14} & K_{15} & K_{16} & K_{17} & K_{18} & K_{19} & K_{110} \\ & K_{22} & K_{23} & K_{24} & K_{25} & K_{26} & K_{27} & K_{28} & K_{29} & K_{110} \\ & & K_{33}+k_3 & K_{34} & K_{35} & K_{36} & K_{37} & K_{38} & K_{39} & K_{310} \\ & & & K_{44}+k_4 & K_{45} & K_{46} & K_{47} & K_{48} & K_{49} & K_{410} \\ & 对 & & & K_{55} & K_{56} & K_{57} & K_{58} & K_{59} & K_{510} \\ & & & & & K_{66} & K_{67} & K_{68} & K_{69} & K_{610} \\ & & & & & & K_{77} & K_{78} & K_{79} & K_{710} \\ & & 称 & & & & & K_{88} & K_{89} & K_{810} \\ & & & & & & & & K_{99} & K_{910} \\ & & & & & & & & & K_{1010} \end{bmatrix} \quad (2\text{-}118)$$

此外，在结构刚度方程中，注意结点位移未知量 Φ_1 要保留，即不删去第 3 行和第 3 列，故此时结构刚度方程为

$$\begin{bmatrix} M_1 \\ X_2 \\ Y_2 \\ M_2 \\ X_3 \\ Y_3 \end{bmatrix} = \begin{matrix} 3 & 4 & 5 & 6 & 7 & 8 \\ \begin{bmatrix} K_{33}+k_3 & K_{34} & K_{35} & K_{36} & K_{37} & K_{38} \\ & K_{44}+k_4 & K_{45} & K_{46} & K_{47} & K_{40} \\ 对 & & K_{55} & K_{56} & K_{57} & K_{58} \\ & & & K_{66} & K_{67} & K_{68} \\ & & 称 & & K_{77} & K_{78} \\ & & & & & K_{88} \end{bmatrix} \end{matrix} \begin{matrix} 3 \\ 4 \\ 5 \\ 6 \\ 7 \\ 8 \end{matrix} \begin{bmatrix} \Phi_1 \\ U_2 \\ V_2 \\ \Phi_2 \\ U_3 \\ V_3 \end{bmatrix} \tag{2-119}$$

其中，因为图 2-16 中 Φ_1 方向上无结点荷载作用，故 $M_1 = 0$。

3. 斜向支座

如果在某结点处，支座的方向与整体坐标系方向不一致，则称为斜向支座。处理斜向支座可采用在该结点处建立局部结点坐标系的方法，即局部改变投影方向。此时，该结点处的结点力和结点位移方向按照所建局部坐标系进行定义，而在其他结点处则仍按原来的整体坐标系定义。

以图 2-11（a）所示结构为例，假设在结点 3 处有一斜向活动铰支座，如图 2-17 所示，则在结点 3 处可以建立一局部结点坐标系 $3x_3y_3$。

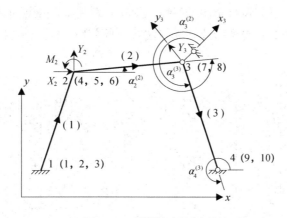

图 2-17 局部结点坐标系

此时，结点 3 的位移未知量编号仍为 7、8，分别为沿 x_3 轴的线位移 U_3 和沿 y_3 轴的线位移 V_3，而结点荷载为沿 y_3 方向的 Y_3，支座反力 X_3 则沿 x_3 方向。由此即可写出结构的结点力列向量和结点位移列向量。

由变形协调条件和平衡条件可知，如果单元的局部坐标系如图 2-17 所示，则单元（2）的坐标转换矩阵应为

$$\boldsymbol{T}^{(2)} = \begin{bmatrix} \cos\alpha_2^{(2)} & \sin\alpha_2^{(2)} & 0 & 0 & 0 \\ -\sin\alpha_2^{(2)} & \cos\alpha_2^{(2)} & 0 & 0 & 0 \\ 0 & 0 & 1 & 0 & 0 \\ 0 & 0 & 0 & \cos\alpha_3^{(2)} & \sin\alpha_3^{(2)} \\ 0 & 0 & 0 & -\sin\alpha_3^{(2)} & \cos\alpha_3^{(2)} \end{bmatrix}^{(2)} \tag{2-120}$$

其中，单元方向角 $\alpha_2^{(2)}$ 为整体坐标系 x 轴正向逆时针转至单元（2）的局部坐标系 $\bar{x}$ 轴正向，而 $\alpha_3^{(2)}$ 则为结点局部坐标系 x_3 轴正向逆时针转至单元（2）的局部坐标系 $\bar{x}$ 轴正向。

单元（3）的坐标转换矩阵应为

$$T^{(3)} = \begin{bmatrix} \cos\alpha_3^{(3)} & \sin\alpha_3^{(3)} & 0 & 0 \\ -\sin\alpha_3^{(3)} & \cos\alpha_3^{(3)} & 0 & 0 \\ 0 & 0 & \cos\alpha_4^{(3)} & \sin\alpha_4^{(3)} \\ 0 & 0 & -\sin\alpha_4^{(3)} & \cos\alpha_4^{(3)} \end{bmatrix}^{(3)} \qquad (2\text{-}121)$$

其中，$\alpha_3^{(3)}$ 为结点局部坐标系 x_3 轴正向逆时针转至单元（3）的局部坐标系 $\bar{x}$ 轴正向，而 $\alpha_4^{(3)}$ 则为整体坐标系 x 轴正向逆时针转至单元（3）的局部坐标系 $\bar{x}$ 轴正向。

由式（2-67）求得整体坐标系（包括结点局部坐标系）下的单元刚度矩阵后，即可由直接刚度法集成总刚度矩阵。在处理支座约束条件时，可依旧采用划行划列的方法，即在原始刚度方程中划去第 1、2、3、7、9、10 行和列就可以得到结构刚度方程。求解出结点位移未知量后，对于单元（2）和单元（3），应仍旧使用式（2-120）和式（2-121）所示的坐标转换矩阵计算单元杆端内力。

2.5.3 支座约束条件的计算机处理

采用划行划列的方法处理支座约束条件对于手算来说是方便的，但由于矩阵的行列数会发生变化，即原来的行列编号会改变，所以对于计算机编程来说并不方便。

在编程时，常采用置大数法（或乘大数法）、划零置一法等方法来处理支座约束条件。

1. 置大数法

设结构的原始刚度方程为

$$\begin{bmatrix} F_1 \\ F_2 \\ \vdots \\ F_j \\ \vdots \\ F_n \end{bmatrix} = \begin{bmatrix} K_{11} & K_{12} & \cdots & K_{1j} & \cdots & K_{1n} \\ K_{21} & K_{22} & \cdots & K_{2j} & \cdots & K_{2n} \\ \vdots & \vdots & & \vdots & & \vdots \\ K_{j1} & K_{j2} & \cdots & K_{jj} & \cdots & K_{jn} \\ \vdots & \vdots & & \vdots & & \vdots \\ K_{n1} & K_{n2} & \cdots & K_{nj} & \cdots & K_{nn} \end{bmatrix} \begin{bmatrix} \Delta_1 \\ \Delta_2 \\ \vdots \\ \Delta_j \\ \vdots \\ \Delta_n \end{bmatrix} \qquad (2\text{-}122)$$

其中，若某一结点位移分量 Δ_j 为指定值 C_j，则处理时可将总刚中的主元素 K_{jj} 换成一个充分大的数 N（例如 10^{20}），同时将结点力列向量中的 F_j 换成 NC_j。这样，式（2-122）第 j 个方程就变成

$$NC_j = K_{j1}\Delta_1 + K_{j2}\Delta_2 + \cdots + N\Delta_j + \cdots + K_{jn}\Delta_n \qquad (2\text{-}123)$$

由于含 N 的两项在数量级上比其余各项大很多，所以式（2-123）可以精确地等价于

$$C_j = \Delta_j \qquad (2\text{-}124)$$

这样，就相当于引入了指定的支座约束位移。同时，由于式（2-122）中其余各方程并没有变化，保留了原总刚的阶数和编号，所以编程时非常简单。

2. 划零置一法

在处理上述位移约束条件时，也可以将总刚中的主元素换为 1，将 j 行和 j 列的其他元素均改为零（即所谓"划零置一"）。同时，需将结点力列向量中的 F_j 换成 C_j，而将其他分量 F_i 换成 $F_i - K_{ij}C_j$。这样，处理后的原始刚度方程为

$$\begin{bmatrix} F_1 - K_{1j}C_j \\ F_2 - K_{2j}C_j \\ \vdots \\ C_j \\ \vdots \\ F_n - K_{nj}C_j \end{bmatrix} = \begin{bmatrix} K_{11} & K_{12} & \cdots & 0 & \cdots & K_{1n} \\ K_{21} & K_{22} & \cdots & 0 & \cdots & K_{2n} \\ \vdots & \vdots & & \vdots & & \vdots \\ 0 & 0 & \cdots & 1 & \cdots & 0 \\ \vdots & \vdots & & \vdots & & \vdots \\ K_{n1} & K_{n2} & \cdots & 0 & \cdots & K_{nn} \end{bmatrix} \begin{bmatrix} \Delta_1 \\ \Delta_2 \\ \vdots \\ \Delta_j \\ \vdots \\ \Delta_n \end{bmatrix} \tag{2-125}$$

其中，第 j 个方程展开后即为支座约束条件式（2-124），而其他方程只是作了移项调整。由此可见，虽然划零置一法不如置大数法简单，但却是一个精确方法。

2.5.4　先处理法

在直接刚度法中，是将包括支座在内的所有结点位移都作为未知量看待，在形成原始刚度方程后，再处理支座约束条件，这种方法称为后处理法。后处理法编程简单，适用性广，但需占用较多的存储资源。如果在对结点位移未知量进行编号时，将支座约束处对应的结点位移分量用 0 表示，则在"对号入座，同号相加"时，编号 0 的元素均不送入总刚，这样就可以直接形成结构刚度矩阵，这种处理方法称为先处理法。

用先处理法计算图 2-11（a）所示结构时，结点位移未知量编号如图 2-18 所示。

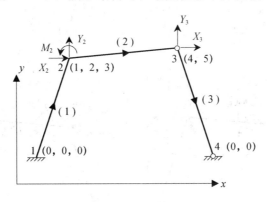

图 2-18　先处理法的结点位移未知量编号

图 2-18 所示的单元局部坐标系下，各单元定位向量分别为

$$\boldsymbol{\lambda}^{(1)} = (0 \quad 0 \quad 0 \quad 1 \quad 2 \quad 3)^{\mathrm{T}} \tag{2-126}$$

$$\boldsymbol{\lambda}^{(2)} = (1 \quad 2 \quad 3 \quad 4 \quad 5)^{\mathrm{T}} \tag{2-127}$$

$$\boldsymbol{\lambda}^{(3)} = (4 \quad 5 \quad 0 \quad 0)^{\mathrm{T}} \tag{2-128}$$

所以，按上述结点位移未知量编号和单元定位向量将式（2-81）、（2-82）和（2-83）中的单刚送入总刚时，就可以直接得到结构刚度矩阵。

2.6　等效结点荷载

2.6.1　单元非结点荷载的处理

在结构上，除了直接作用于结点上的荷载之外，还不可避免地会有非结点荷载的作用，例如均布荷载。但在形成原始刚度方程时，只能考虑结点力的作用，所以必须将非结点荷载按等效原则转化为结点荷载。

现假设结构上只有非结点荷载作用，则形成等效结点荷载的原理如下：第一步，在结点位移基本未知量方向上施加附加链杆和附加刚臂阻止结点位移，如图 2-19（b）所示，这就相当于位移法中的基本结构，于是可将各单元看成单跨超静定梁的组合体，查询相关固端力表格即可作出其内力图，并可根据平衡条件求出附加链杆和附加刚臂中的反力；第二步，去除附加链杆和附加刚臂，并将前面求得的反力反号后施加于结点上，如图 2-19（c）所示，这时即可按前面所述的方法求得结构的内力。将这两步求得的内力叠加，即为原结构在非结点荷载作用下的内力。这个过程实际上和力矩分配法的原理是类似的。其中，第二步将附加约束中的反力反号后施加于结点上的荷载即称为等效结点荷载。由上述原理可以看出，在第一步中结点位移未知量全部被约束了，故而所谓"等效"是指图 2-19（a）与图 2-19（c）两种情况的结点位移相等。

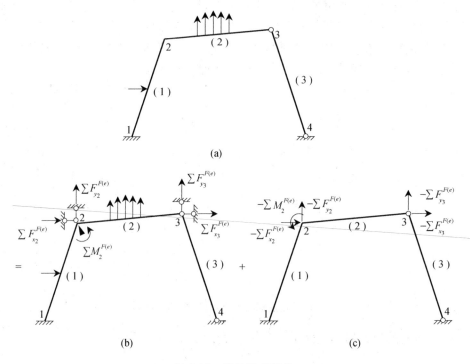

图 2-19　等效结点荷载

由上述原理可得等效结点荷载的计算过程如下：

首先，查表求得各单元在局部坐标系下的固端力。如果是一般单元，则固端力列向量为

$$\bar{\boldsymbol{F}}^{\mathrm{F}(e)} = \begin{bmatrix} \bar{F}_{xi}^{\mathrm{F}} \\ \bar{F}_{yi}^{\mathrm{F}} \\ \bar{M}_i^{\mathrm{F}} \\ \bar{F}_{xj}^{\mathrm{F}} \\ \bar{F}_{yj}^{\mathrm{F}} \\ \bar{M}_j^{\mathrm{F}} \end{bmatrix}^{(e)} \tag{2-129}$$

利用式（2-59）将单元固端力变换到整体坐标系下，并将其反号

$$F_{\mathrm{E}}^{(e)} = -F^{\mathrm{F}(e)} = -(T^{(e)})^{\mathrm{T}}\bar{F}^{\mathrm{F}(e)} = -\begin{bmatrix} F_{xi}^{\mathrm{F}} \\ F_{yi}^{\mathrm{F}} \\ M_i^{\mathrm{F}} \\ F_{xj}^{\mathrm{F}} \\ F_{yj}^{\mathrm{F}} \\ M_j^{\mathrm{F}} \end{bmatrix}^{(e)} = \begin{bmatrix} F_{\mathrm{E}xi} \\ F_{\mathrm{E}yi} \\ M_{\mathrm{E}i} \\ F_{\mathrm{E}xj} \\ F_{\mathrm{E}yj} \\ M_{\mathrm{E}j} \end{bmatrix}^{(e)} \tag{2-130}$$

$F_{\mathrm{E}}^{(e)}$ 称为整体坐标系下的单元等效结点荷载。将各单元等效结点荷载列向量中的元素按单元定位向量"对号入座，同号相加"就可以得到结构的等效结点荷载。例如，结点 i 处的等效结点荷载为

$$F_{\mathrm{E}_i} = \begin{bmatrix} \sum F_{\mathrm{E}xi}^{(e)} \\ \sum F_{\mathrm{E}yi}^{(e)} \\ \sum M_{\mathrm{E}i}^{(e)} \end{bmatrix} = \begin{bmatrix} X_{\mathrm{E}i} \\ Y_{\mathrm{E}i} \\ M_{\mathrm{E}i} \end{bmatrix} \tag{2-131}$$

在结构上，如果除了非结点荷载而外，还有直接结点荷载的作用

$$F_{\mathrm{D}i} = \begin{bmatrix} X_{\mathrm{D}i} \\ Y_{\mathrm{D}i} \\ M_{\mathrm{D}i} \end{bmatrix} \tag{2-132}$$

则结点 i 处的综合结点荷载为

$$F_i = F_{\mathrm{E}i} + F_{\mathrm{D}i} \tag{2-133}$$

各单元最终的杆端力为单元固端力与综合结点荷载作用下产生的杆端力之和。

表2-1和表2-2给出了一般单元和一端铰结刚架单元在常见非结点荷载作用下的固端力，其中，单元简图为其基本结构，单元局部坐标系 $\bar{x}$ 正向均为 $i \to j$。

表 2-1 一般单元的固端力

编号	简图	固端力	始端 i	末端 j
1		$\bar{F}_x^{\mathrm{F}}$	$-\dfrac{Fb}{l}$	$-\dfrac{Fa}{l}$
2		$\bar{F}_x^{\mathrm{F}}$	$-\dfrac{qa(l+b)}{2l}$	$-\dfrac{qa^2}{2l}$
3		$\bar{F}_y^{\mathrm{F}}$	$-\dfrac{Fb^2(l+2a)}{l^3}$	$-\dfrac{Fa^2(l+2b)}{l^3}$
		$\bar{M}^{\mathrm{F}}$	$-\dfrac{Fab^2}{l^2}$	$\dfrac{Fa^2b}{l^2}$

33

编号	简图	固端力	始端 i	末端 j
4		$\bar{F}_y^F$	$-\dfrac{qa(2l^3-2la^2+a^3)}{2l^3}$	$-\dfrac{qa^3(2l-a)}{2l^3}$
		$\bar{M}^F$	$-\dfrac{qa^2(6l^2-8la+3a^2)}{12l^2}$	$\dfrac{qa^3(4l-3a)}{12l^2}$
5		$\bar{F}_y^F$	$-\dfrac{7ql}{20}$	$-\dfrac{3ql}{20}$
		$\bar{M}^F$	$-\dfrac{ql^2}{20}$	$\dfrac{ql^2}{30}$
6		$\bar{F}_y^F$	$M\dfrac{6ab}{l^3}$	$-M\dfrac{6ab}{l^3}$
		$\bar{M}^F$	$M\dfrac{b(3a-l)}{l^2}$	$M\dfrac{a(3b-l)}{l^2}$
7		$\bar{F}_x^F$	$\dfrac{EA\alpha(t_1+t_2)}{2}$	$-\dfrac{EA\alpha(t_1+t_2)}{2}$
		$\bar{F}_y^F$	0	0
		$\bar{M}^F$	$\dfrac{EI\alpha(t_2-t_1)}{h}$	$-\dfrac{EI\alpha(t_2-t_1)}{h}$

表 2-2　一端铰接刚架单元的固端力

编号	简图	固端力	始端 i	末端 j
1		$\bar{F}_y^F$	$-\dfrac{Fb(3l^2-b^2)}{2l^3}$	$-\dfrac{Fa^2(2l+b)}{2l^3}$
		$\bar{M}^F$	$-\dfrac{Fab(l+b)}{2l^2}$	0
2		$\bar{F}_y^F$	$-\dfrac{qa(8l^3-4la^2+a^3)}{8l^3}$	$-\dfrac{qa^3(4l-a)}{8l^3}$
		$\bar{M}^F$	$-\dfrac{qa^2(12l^2-12la+3a^2)}{24l^2}$	0
3		$\bar{F}_y^F$	$-\dfrac{2ql}{5}$	$-\dfrac{ql}{10}$
		$\bar{M}^F$	$-\dfrac{ql^2}{15}$	0
4		$\bar{F}_y^F$	$M\dfrac{3(l^2-b^2)}{2l^3}$	$-M\dfrac{3(l^2-b^2)}{2l^3}$
		$\bar{M}^F$	$M\dfrac{l^2-3b^2}{2l^2}$	$0(a=l$ 时为 $M)$
5		$\bar{F}_x^F$	$\dfrac{EA\alpha(t_1+t_2)}{2}$	$-\dfrac{EA\alpha(t_1+t_2)}{2}$
		$\bar{F}_y^F$	$\dfrac{3EI\alpha(t_2-t_1)}{2hl}$	$-\dfrac{3EI\alpha(t_2-t_1)}{2hl}$
		$\bar{M}^F$	$\dfrac{3EI\alpha(t_2-t_1)}{2h}$	0

2.6.2 利用虚功原理推导单元等效结点荷载

从虚功原理的角度看，所谓静力等效是指单元上的原有荷载与等效结点荷载在任意虚位移上所作的虚功相等。由于单元上任一点的位移可由形函数表示，如式（2-26）、式（2-42）所示，所以由静力等效原则可以很方便地求得单元等效结点荷载。

【例 2-1】试求一般单元在图 2-20 所示集中力作用下的单元等效结点荷载。

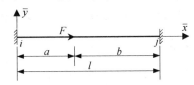

图 2-20　集中力作用下的单元等效结点荷载

解：由于不考虑轴向受力状态与弯曲受力状态之间的相互影响，故对轴向力只需求解轴向单元等效结点荷载。设

$$\begin{bmatrix} \bar{u}_i^* \\ \bar{u}_j^* \end{bmatrix} = \begin{bmatrix} 1 \\ 0 \end{bmatrix}$$

则单元等效结点荷载所作的虚功为

$$\begin{bmatrix} \bar{u}_i^* & \bar{u}_j^* \end{bmatrix} \begin{bmatrix} \bar{F}_{Exi} \\ \bar{F}_{Exj} \end{bmatrix} = \bar{F}_{Exi}$$

由式（2-26）可知，集中力作用点处的虚位移为

$$\bar{u}_P^* = \begin{bmatrix} 1 - \dfrac{\bar{x}}{l} & \dfrac{\bar{x}}{l} \end{bmatrix} \begin{bmatrix} \bar{u}_i^* \\ \bar{u}_j^* \end{bmatrix} = \dfrac{b}{l}$$

集中力所作虚功为

$$F\bar{u}_P^* = \dfrac{Fb}{l}$$

故由静力等效原则即可得到

$$\bar{F}_{Exi} = \dfrac{Fb}{l}$$

同理，若设

$$\begin{bmatrix} \bar{u}_i^* \\ \bar{u}_j^* \end{bmatrix} = \begin{bmatrix} 0 \\ 1 \end{bmatrix}$$

则可以求得

$$\bar{F}_{Exj} = \dfrac{Fa}{l}$$

【例 2-2】试求一般单元在图 2-21 所示均布荷载作用下的单元等效结点荷载。

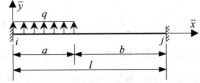

图 2-21　均布荷载作用下的单元等效结点荷载

解：单元等效结点荷载在杆端虚位移上所作的虚功为

$$(\bar{\boldsymbol{\delta}}^*)^{\mathrm{T}}\,\bar{\boldsymbol{F}}_{\mathrm{E}} \tag{2-134}$$

而均布荷载所作的虚功为

$$\int_0^a (\bar{v}^*)^{\mathrm{T}} q\mathrm{d}\bar{x}$$

将式（2-42）代入，则虚功可表示为

$$\int_0^a (\boldsymbol{N}\bar{\boldsymbol{\delta}}^*)^{\mathrm{T}} q\mathrm{d}\bar{x} = (\bar{\boldsymbol{\delta}}^*)^{\mathrm{T}}\int_0^a \boldsymbol{N}^{\mathrm{T}} q\mathrm{d}\bar{x}$$

根据静力等效原则和虚位移的任意性，则有

$$\bar{\boldsymbol{F}}_{\mathrm{E}} = \int_0^a \boldsymbol{N}^{\mathrm{T}} q\mathrm{d}\bar{x} \tag{2-135}$$

对于一般单元，当采用式（2-39）所示的位移函数时，所求得的单元等效结点荷载是精确的。因此，将式（2-43）代入式（2-135），就可以求得

$$\bar{\boldsymbol{F}}_{\mathrm{E}} = \begin{bmatrix} \bar{F}_{\mathrm{E}yi} \\ \bar{M}_{\mathrm{E}i} \\ \bar{F}_{\mathrm{E}yj} \\ \bar{M}_{\mathrm{E}j} \end{bmatrix} = \begin{bmatrix} \dfrac{qa(2l^3-2la^2+a^3)}{2l^3} \\[2mm] \dfrac{qa^2(6l^2-8la+3a^2)}{12l^2} \\[2mm] \dfrac{qa^3(2l-a)}{2l^3} \\[2mm] -\dfrac{qa^3(4l-3a)}{12l^2} \end{bmatrix}$$

当单元上有温度变化时，会在单元中引起初应变$\bar{\varepsilon}_0$，而初应力$\bar{\sigma}_0 = E\bar{\varepsilon}_0$，所以此时初应力在虚应变上所作的虚功为

$$(\bar{\varepsilon}^*)^{\mathrm{T}}\,\bar{\sigma}_0 = (\bar{\varepsilon}^*)^{\mathrm{T}} E\bar{\varepsilon}_0$$

将式（2-46）代入，并进行积分，就可以得到单元中总的初应力虚功为

$$\int_V (\bar{\varepsilon}^*)^{\mathrm{T}} E\bar{\varepsilon}_0 \mathrm{d}V = \int_V (\boldsymbol{B}\bar{\boldsymbol{\delta}}^*)^{\mathrm{T}} E\bar{\varepsilon}_0 \mathrm{d}V = (\bar{\boldsymbol{\delta}}^*)^{\mathrm{T}}\int_V \boldsymbol{B}^{\mathrm{T}} E\bar{\varepsilon}_0 \mathrm{d}V$$

根据静力等效原则，其与单元等效结点荷载所做的虚功式（2-134）相等，则由虚位移的任意性就可以求得

$$\bar{\boldsymbol{F}}_{\mathrm{E}} = \int_V \boldsymbol{B}^{\mathrm{T}} E\bar{\varepsilon}_0 \mathrm{d}V \tag{2-136}$$

【**例 2-3**】试求一般单元在如图 2-22 所示温度变化作用下的单元等效结点荷载，设 $t_2 > t_1$，单元横截面为宽度 b、高度 h 的矩形，材料线膨胀系数为 α。

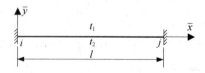

图 2-22　温度变化作用下的单元等效结点荷载

解：仍将温度变化引起的变形分解为轴向变形和弯曲变形分别考虑。其中轴向初应变为 $\bar{\varepsilon}_0^a = \alpha\dfrac{t_1+t_2}{2}$，而横截面上任一点的弯曲初应变为 $\bar{\varepsilon}_0^b = -\bar{y}\dfrac{\alpha|\Delta t|}{h} = -\bar{y}\dfrac{\alpha(t_2-t_1)}{h}$（这里

取负号是因为，若单元可自由变形，则由 $t_2 > t_1$ 的条件可知，弯曲变形使得截面上 $\bar{y} > 0$ 的一侧产生压应变，而 $\bar{y} < 0$ 的一侧产生拉应变）。

将轴向初应变 ε_0^a 和式（2-30）代入式（2-136），可得

$$\bar{\boldsymbol{F}}_E^a = \begin{bmatrix} \bar{F}_{Exi} \\ \bar{F}_{Exj} \end{bmatrix} = \int_0^l \int_{-\frac{h}{2}}^{\frac{h}{2}} \int_{-\frac{b}{2}}^{\frac{b}{2}} \left(-\frac{1}{l} \quad \frac{1}{l} \right)^T E\alpha \frac{t_1 + t_2}{2} d\bar{z} d\bar{y} d\bar{x} = \begin{bmatrix} -\dfrac{EA\alpha(t_1 + t_2)}{2} \\ \dfrac{EA\alpha(t_1 + t_2)}{2} \end{bmatrix}$$

将弯曲初应变 ε_0^b 和式（2-47）代入式（2-136），可得

$$\bar{\boldsymbol{F}}_E^b = \begin{bmatrix} \bar{F}_{Eyi} \\ \bar{M}_{Ei} \\ \bar{F}_{Eyj} \\ \bar{M}_{Ej} \end{bmatrix}$$

$$= \int_0^l \int_{-\frac{h}{2}}^{\frac{h}{2}} \int_{-\frac{b}{2}}^{\frac{b}{2}} \left[\left(\frac{6}{l^2} - 12\frac{\bar{x}}{l^3} \right)\bar{y} \quad \left(\frac{4}{l} - 6\frac{\bar{x}}{l^2} \right)\bar{y} \quad \left(-\frac{6}{l^2} + 12\frac{\bar{x}}{l^3} \right)\bar{y} \quad \left(\frac{2}{l} - 6\frac{\bar{x}}{l^2} \right)\bar{y} \right]^T$$

$$E\left(-\bar{y}\frac{\alpha(t_2 - t_1)}{h} \right) d\bar{z} d\bar{y} d\bar{x}$$

$$= \begin{bmatrix} 0 \\ -\dfrac{EI\alpha(t_2 - t_1)}{h} \\ 0 \\ \dfrac{EI\alpha(t_2 - t_1)}{h} \end{bmatrix}$$

2.7 计算步骤及示例

通过前面的讨论，可将平面杆系结构静力问题的矩阵位移法（后处理法）求解步骤归纳如下：

(1) 对结点、单元、结点位移基本未知量进行编号，选定整体坐标系和局部坐标系。

(2) 计算各单元在整体坐标系下的单元刚度矩阵。

(3) 按单元定位向量由直接刚度法形成总刚度矩阵。

(4) 若单元有非结点荷载作用，计算固端力、等效结点荷载以及综合结点荷载。

(5) 引入支座约束条件，建立结构刚度方程。

(6) 求解结构刚度方程，得到结点位移。

(7) 计算各单元的杆端内力，并作出内力图。

【例2-4】 试求图2-23所示结构的内力图。已知各杆材料及截面均相同，$E = 200\text{GPa}$，$I = 32 \times 10^{-5}\text{m}^4$，$A = 1.0 \times 10^{-2}\text{m}^2$。

解： (1) 单元划分、结点和单元编号、整体坐标系如图2-23所示。

求解时，结点3两侧的杆端角位移均不作为基本未知量，故结点位移基本未知量及其编号如下：

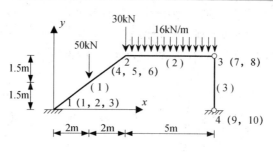

图 2-23 刚架求解示例

$$\boldsymbol{\Delta} = (U_1 \quad V_1 \quad \Phi_1 \quad U_2 \quad V_2 \quad \Phi_2 \quad U_3 \quad V_3 \quad U_4 \quad V_4)^T$$
$$\phantom{\boldsymbol{\Delta} = (}1 \quad\;\; 2 \quad\;\; 3 \quad\;\; 4 \quad\;\; 5 \quad\;\; 6 \quad\;\; 7 \quad\;\; 8 \quad\;\; 9 \quad\; 10$$

各单元局部坐标系和单元定位向量如表 2-3 所示。

表 2-3　例 2-4 局部坐标系和单元定位向量

单元编号	局部坐标系		单元定位向量	
	始端 i	末端 j	始端 i	末端 j
(1)	1	2	1　2　3	4　5　6
(2)	2	3	4　5　6	7　8
(3)	3	4	7　8	9　10

（2）计算整体坐标系下的单元刚度矩阵。以下计算过程中的单位均采用 kN 和 m。

单元（1）：一般单元，$\alpha = 36.87°$，$\cos\alpha = 0.8$，$\sin\alpha = 0.6$，直接由式（2-68）可求得

$$\boldsymbol{k}^{(1)} = 10^3 \times \begin{bmatrix} 258.21 & 189.05 & -9.22 & -258.21 & -189.05 & -9.22 \\ & 147.93 & 12.29 & -189.05 & -147.93 & 12.29 \\ & & 51.2 & 9.22 & -12.29 & 25.6 \\ & 对 & & 258.21 & 189.05 & 9.22 \\ & & & & 147.93 & -12.29 \\ & & 称 & & & 51.2 \end{bmatrix}$$

单元（2）：为 j 端铰结的刚架单元，$\alpha = 0°$，$\cos\alpha = 1.0$，$\sin\alpha = 0.0$，由式（2-18）可求得

$$\boldsymbol{k}^{(2)} = \bar{\boldsymbol{k}}^{(2)} = 10^3 \times \begin{bmatrix} 400.00 & 0.0 & 0.0 & -400.00 & 0.0 \\ & 1.54 & 7.68 & 0.0 & -1.54 \\ 对 & & 38.4 & 0.0 & -7.68 \\ & & & 400.00 & 0.0 \\ & 称 & & & 1.54 \end{bmatrix}$$

单元（3）：为桁架单元，$\alpha = -90°$，$\cos\alpha = 0.0$，$\sin\alpha = -1.0$，直接由式（2-70）可求得

$$\boldsymbol{k}^{(3)} = 10^3 \times \begin{bmatrix} 0.0 & 0.0 & 0.0 & 0.0 \\ & 666.67 & 0.0 & -666.67 \\ 对 & & 0.0 & 0.0 \\ 称 & & & 666.67 \end{bmatrix}$$

（3）总刚度矩阵。

根据直接刚度法，各单刚元素按表 2-3 所示的单元定位向量"对号入座，同号相加"即可形成总刚度矩阵

$$\boldsymbol{K}^0 = 10^3 \times \begin{bmatrix} 258.21 & 189.05 & -9.22 & -258.21 & -189.05 & -9.22 & 0.0 & 0.0 & 0.0 & 0.0 \\ & 147.93 & 122.88 & -189.05 & -147.93 & 122.88 & 0.0 & 0.0 & 0.0 & 0.0 \\ & & 51.2 & 9.22 & -12.29 & 25.6 & 0.0 & 0.0 & 0.0 & 0.0 \\ & & & 658.21 & 189.05 & 9.22 & -400.0 & 0.0 & 0.0 & 0.0 \\ & \text{对} & & & 149.47 & -4.61 & 0.0 & -1.54 & 0.0 & 0.0 \\ & & & & & 89.6 & 0.0 & -7.68 & 0.0 & 0.0 \\ & & & & & & 400.0 & 0.0 & 0.0 & 0.0 \\ & & \text{称} & & & & & 668.2 & 0.0 & -666.67 \\ & & & & & & & & 0.0 & 0.0 \\ & & & & & & & & & 666.67 \end{bmatrix}$$

（4）计算综合结点荷载，形成结点力列向量。

单元（1）和单元（2）有非结点荷载作用，分别根据表 2-1 和表 2-2 可得其局部坐标系下的固端力为

$$\overline{\boldsymbol{F}}^{\mathrm{F}(1)} = \begin{bmatrix} \overline{F}_{x1}^{\mathrm{F}} \\ \overline{F}_{y1}^{\mathrm{F}} \\ \overline{M}_{1}^{\mathrm{F}} \\ \overline{F}_{x2}^{\mathrm{F}} \\ \overline{F}_{y2}^{\mathrm{F}} \\ \overline{M}_{2}^{\mathrm{F}} \end{bmatrix}^{(1)} = \begin{bmatrix} 15.0 \\ 20.0 \\ 25.0 \\ 15.0 \\ 20.0 \\ -25.0 \end{bmatrix}, \quad \overline{\boldsymbol{F}}^{\mathrm{F}(2)} = \begin{bmatrix} \overline{F}_{x2}^{\mathrm{F}} \\ \overline{F}_{y2}^{\mathrm{F}} \\ \overline{M}_{2}^{\mathrm{F}} \\ \overline{F}_{x3}^{\mathrm{F}} \\ \overline{F}_{y3}^{\mathrm{F}} \end{bmatrix}^{(2)} = \begin{bmatrix} 0.0 \\ 50.0 \\ 50.0 \\ 0.0 \\ 30.0 \end{bmatrix}$$

故而可求得整体坐标系下的单元等效结点荷载分别如下：

$$\boldsymbol{F}_{\mathrm{E}}^{(1)} = -(\boldsymbol{T}^{(1)})^{\mathrm{T}} \overline{\boldsymbol{F}}^{\mathrm{F}(1)} = \begin{bmatrix} F_{\mathrm{E}x1} \\ F_{\mathrm{E}y1} \\ M_{\mathrm{E}1} \\ F_{\mathrm{E}x2} \\ F_{\mathrm{E}y2} \\ M_{\mathrm{E}2} \end{bmatrix}^{(1)} = - \begin{bmatrix} 0.8 & 0.6 & 0 & 0 & 0 & 0 \\ -0.6 & 0.8 & 0 & 0 & 0 & 0 \\ 0 & 0 & 1 & 0 & 0 & 0 \\ 0 & 0 & 0 & 0.8 & 0.6 & 0 \\ 0 & 0 & 0 & -0.6 & 0.8 & 0 \\ 0 & 0 & 0 & 0 & 0 & 1 \end{bmatrix}^{\mathrm{T}} \begin{bmatrix} 15.0 \\ 20.0 \\ 25.0 \\ 15.0 \\ 20.0 \\ -25.0 \end{bmatrix} = \begin{bmatrix} 0.0 \\ -25.0 \\ -25.0 \\ 0.0 \\ -25.0 \\ 25.0 \end{bmatrix}$$

$$\boldsymbol{F}_{\mathrm{E}}^{(2)} = -(\boldsymbol{T}^{(2)})^{\mathrm{T}} \overline{\boldsymbol{F}}^{\mathrm{F}(2)} = \begin{bmatrix} F_{\mathrm{E}x2} \\ F_{\mathrm{E}y2} \\ M_{\mathrm{E}2} \\ F_{\mathrm{E}x3} \\ F_{\mathrm{E}y3} \end{bmatrix}^{(2)} = - \begin{bmatrix} 1.0 & 0.0 & 0 & 0 & 0 \\ 0.0 & 1.0 & 0 & 0 & 0 \\ 0 & 0 & 1 & 0 & 0 \\ 0 & 0 & 0 & 1.0 & 0.0 \\ 0 & 0 & 0 & 0.0 & 1.0 \end{bmatrix}^{\mathrm{T}} \begin{bmatrix} 0.0 \\ 50.0 \\ 50.0 \\ 0.0 \\ 30.0 \end{bmatrix} = \begin{bmatrix} 0.0 \\ -50.0 \\ -50.0 \\ 0.0 \\ -30.0 \end{bmatrix}$$

单元（3）无非结点荷载作用，故

$$\boldsymbol{F}_{\mathrm{E}}^{(3)} = \begin{bmatrix} F_{\mathrm{E}x3} \\ F_{\mathrm{E}y3} \\ F_{\mathrm{E}x4} \\ F_{\mathrm{E}y4} \end{bmatrix}^{(3)} = \begin{bmatrix} 0.0 \\ 0.0 \\ 0.0 \\ 0.0 \end{bmatrix}$$

由式（2-131）按单元定位向量"对号入座，同号相加"就可以求得结点 2 和结点 3 的等效结点荷载分别如下：

$$\boldsymbol{F}_{\mathrm{E}2} = \begin{bmatrix} X_{\mathrm{E}2} \\ Y_{\mathrm{E}2} \\ M_{\mathrm{E}2} \end{bmatrix} = \begin{bmatrix} \sum F_{\mathrm{E}x2}^{(e)} \\ \sum F_{\mathrm{E}y2}^{(e)} \\ \sum M_{\mathrm{E}2}^{(e)} \end{bmatrix} = \begin{bmatrix} F_{\mathrm{E}x2}^{(1)} + F_{\mathrm{E}x2}^{(2)} \\ F_{\mathrm{E}y2}^{(1)} + F_{\mathrm{E}y2}^{(2)} \\ M_{\mathrm{E}2}^{(1)} + M_{\mathrm{E}2}^{(2)} \end{bmatrix} = \begin{bmatrix} 0.0 + 0.0 \\ -25.0 - 50.0 \\ 25.0 - 50.0 \end{bmatrix} = \begin{bmatrix} 0.0 \\ -75.0 \\ -25.0 \end{bmatrix}$$

$$\boldsymbol{F}_{\mathrm{E}3} = \begin{bmatrix} X_{\mathrm{E}3} \\ Y_{\mathrm{E}2} \end{bmatrix} = \begin{bmatrix} \sum F_{\mathrm{E}x3}^{(e)} \\ \sum F_{\mathrm{E}y3}^{(e)} \end{bmatrix} = \begin{bmatrix} F_{\mathrm{E}x3}^{(2)} + F_{\mathrm{E}x3}^{(3)} \\ F_{\mathrm{E}y3}^{(2)} + F_{\mathrm{E}y3}^{(3)} \end{bmatrix} = \begin{bmatrix} 0.0 + 0.0 \\ -30.0 + 0.0 \end{bmatrix} = \begin{bmatrix} 0.0 \\ -30.0 \end{bmatrix}$$

结点 2 上除了等效结点荷载作用外，还有直接结点荷载的作用，即

$$\boldsymbol{F}_{\mathrm{D}2} = \begin{bmatrix} X_{\mathrm{D}2} \\ Y_{\mathrm{D}2} \\ M_{\mathrm{D}2} \end{bmatrix} = \begin{bmatrix} 0.0 \\ -30.0 \\ 0.0 \end{bmatrix}$$

所以结点 2 上的综合结点荷载为

$$\boldsymbol{F}_2 = \boldsymbol{F}_{\mathrm{E}2} + \boldsymbol{F}_{\mathrm{D}2} = \begin{bmatrix} X_2 \\ Y_2 \\ M_2 \end{bmatrix} = \begin{bmatrix} 0.0 \\ -75.0 \\ -25.0 \end{bmatrix} + \begin{bmatrix} 0.0 \\ -30.0 \\ 0.0 \end{bmatrix} = \begin{bmatrix} 0.0 \\ -105.0 \\ -25.0 \end{bmatrix}$$

而结点 3 上没有直接结点荷载作用，综合结点荷载就等于等效结点荷载。最终可求得结构的结点力列向量为

$$\boldsymbol{F} = \begin{bmatrix} X_1 \\ Y_1 \\ M_1 \\ X_2 \\ Y_2 \\ M_2 \\ X_3 \\ Y_3 \\ X_4 \\ Y_4 \end{bmatrix} = \begin{bmatrix} X_1 \\ Y_1 \\ M_1 \\ 0.0 \\ -105.0 \\ -25.0 \\ 0.0 \\ -30.0 \\ X_4 \\ Y_4 \end{bmatrix}$$

这里需要说明的是，支座结点 1、4 的结点力应为综合结点荷载和支座反力的代数和，由于支座反力为未知量，并且在进行支座约束条件处理时其对应的行被删除，故其结点力仅以未知量表示。

（5）引入支座约束条件，建立结构刚度方程。

由于支座结点 1、4 对应的结点位移分量皆为零，故支座约束条件处理只需在原始刚

度方程中将零结点位移分量编号对应的行、列删除，即可得到结构刚度方程

$$
\begin{bmatrix} 0.0 \\ -105.0 \\ -25.0 \\ 0.0 \\ -30.0 \end{bmatrix} = 10^3 \times \begin{bmatrix} 658.21 & 189.05 & 9.22 & -400.0 & 0.0 \\ & 149.47 & -4.61 & 0.0 & -1.54 \\ 对 & & 89.6 & 0.0 & -7.68 \\ & & & 400.0 & 0.0 \\ & & 称 & & 668.2 \end{bmatrix} \begin{bmatrix} U_2 \\ V_2 \\ \Phi_2 \\ U_3 \\ V_3 \end{bmatrix}
$$

（6）解方程，求得未知结点位移为

$$
\begin{bmatrix} U_2 \\ V_2 \\ \Phi_2 \\ U_3 \\ V_3 \end{bmatrix} = 10^{-3} \times \begin{bmatrix} 8.321 \\ -11.28 \\ -1.723 \\ 8.321 \\ -0.091 \end{bmatrix}
$$

其中，线位移单位为 m，角位移单位为 rad。

（7）计算各单元杆端内力，并作内力图。

由式（2-113）和式（2-114）可求得局部坐标系下各单元的杆端内力。需要注意的是，对于单元（1）和单元（2），应叠加上固端力后才是最终的杆端内力。

$$\overline{\boldsymbol{F}}^{(1)} = \boldsymbol{T}^{(1)} \boldsymbol{k}^{(1)} \boldsymbol{\Delta}^{(1)} + \overline{\boldsymbol{F}}^{F(1)} = 10^3 \times 10^{-3} \times$$

$$
\begin{bmatrix} 0.8 & 0.6 & 0 & 0 & 0 & 0 \\ -0.6 & 0.8 & 0 & 0 & 0 & 0 \\ 0 & 0 & 1 & 0 & 0 & 0 \\ 0 & 0 & 0 & 0.8 & 0.6 & 0 \\ 0 & 0 & 0 & -0.6 & 0.8 & 0 \\ 0 & 0 & 0 & 0 & 0 & 1 \end{bmatrix} \times \begin{bmatrix} 258.21 & 189.05 & -9.22 & -258.21 & -189.05 & -9.22 \\ & 147.93 & 12.29 & -189.05 & -147.93 & 12.29 \\ 对 & & 51.2 & 9.22 & -12.29 & 25.6 \\ & & & 258.21 & 189.05 & 9.22 \\ & 称 & & & 147.93 & -12.29 \\ & & & & & 51.2 \end{bmatrix} \times
$$

$$
\begin{bmatrix} 0 \\ 0 \\ 0 \\ 8.321 \\ -11.28 \\ -1.723 \end{bmatrix} + \begin{bmatrix} 15.0 \\ 20.0 \\ 25.0 \\ 15.0 \\ 20.0 \\ -25.0 \end{bmatrix} = \begin{bmatrix} 44.75 \\ 59.66 \\ 171.2 \\ -44.75 \\ -59.66 \\ 127.1 \end{bmatrix} + \begin{bmatrix} 15.0 \\ 20.0 \\ 25.0 \\ 15.0 \\ 20.0 \\ -25.0 \end{bmatrix} = \begin{bmatrix} 59.75 \\ 79.66 \\ 196.2 \\ -29.75 \\ -39.66 \\ 102.1 \end{bmatrix} = \begin{bmatrix} \overline{F}_{x1} \\ \overline{F}_{y1} \\ \overline{M}_1 \\ \overline{F}_{x2} \\ \overline{F}_{y2} \\ \overline{M}_2 \end{bmatrix}^{(1)}
$$

$$\overline{\boldsymbol{F}}^{(2)} = \boldsymbol{T}^{(2)} \boldsymbol{k}^{(2)} \boldsymbol{\Delta}^{(2)} + \overline{\boldsymbol{F}}^{F(2)} = 10^3 \times 10^{-3} \times$$

$$
\begin{bmatrix} 1.0 & 0.0 & 0 & 0 & 0 \\ 0.0 & 1.0 & 0 & 0 & 0 \\ 0 & 0 & 1 & 0 & 0 \\ 0 & 0 & 0 & 1.0 & 0.0 \\ 0 & 0 & 0 & 0.0 & 1.0 \end{bmatrix} \times \begin{bmatrix} 400.00 & 0.0 & 0.0 & -400.00 & 0.0 \\ & 1.54 & 7.68 & 0.0 & -1.54 \\ 对 & & 38.4 & 0.0 & -7.68 \\ & & & 400.00 & 0.0 \\ & 称 & & & 1.54 \end{bmatrix} \times \begin{bmatrix} 8.321 \\ -11.28 \\ -1.723 \\ 8.321 \\ -0.091 \end{bmatrix} + \begin{bmatrix} 0.0 \\ 50.0 \\ 50.0 \\ 0.0 \\ 30.0 \end{bmatrix}
$$

$$
= \begin{bmatrix} 0.0 \\ -30.42 \\ -152.1 \\ 0.0 \\ 30.42 \end{bmatrix} + \begin{bmatrix} 0.0 \\ 50.0 \\ 50.0 \\ 0.0 \\ 30.0 \end{bmatrix} = \begin{bmatrix} 0.0 \\ 19.58 \\ -102.1 \\ 0.0 \\ 60.42 \end{bmatrix} = \begin{bmatrix} \overline{F}_{x2} \\ \overline{F}_{y2} \\ \overline{M}_2 \\ \overline{F}_{x3} \\ \overline{F}_{y3} \end{bmatrix}^{(2)}
$$

$$\bar{F}^{(3)} = T^{(3)} k^{(3)} \Delta^{(3)} = 10^3 \times 10^{-3} \times$$

$$\begin{bmatrix} 0.0 & -1.0 & 0 & 0 \\ 1.0 & 0.0 & 0 & 0 \\ 0 & 0 & 0.0 & -1.0 \\ 0 & 0 & 1.0 & 0.0 \end{bmatrix} \times \begin{bmatrix} 0.0 & 0.0 & 0.0 & 0.0 \\ & 666.67 & 0.0 & -666.67 \\ 对 & & 0.0 & 0.0 \\ 称 & & & 666.67 \end{bmatrix} \times \begin{bmatrix} 8.321 \\ -0.091 \\ 0 \\ 0 \end{bmatrix} = \begin{bmatrix} 60.42 \\ 0.0 \\ -60.42 \\ 0.0 \end{bmatrix} = \begin{bmatrix} \bar{F}_{x3} \\ \bar{F}_{y3} \\ \bar{F}_{x4} \\ \bar{F}_{y4} \end{bmatrix}^{(3)}$$

据此可作出结构的内力图如图 2-24 所示。

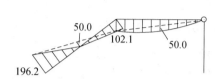

(a) 弯矩图 （单位：kN·m）

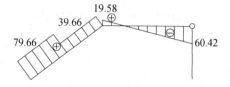

(b) 剪力图 （单位：kN）

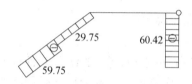

(c) 轴力图 （单位：kN）

图 2-24　例 2-4 结构内力图

【例 2-5】 试求图 2-25 所示桁架的内力。已知各杆材料及截面均相同，$E = 200\text{GPa}$，$A = 1.5 \times 10^{-3}\text{m}^2$，支座弹簧刚度为 $k = EA/3 = 1.0 \times 10^6 \text{kN/m}$，支座位移 $c = 0.02\text{m}$。

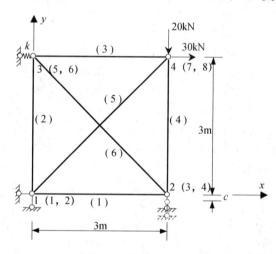

图 2-25　桁架求解示例

解： （1）单元划分、结点和单元编号、整体坐标系如图 2-25 所示。

各单元均采用桁架单元，故结点位移基本未知量及其编号如下：

$$\Delta = \begin{pmatrix} U_1 & V_1 & U_2 & V_2 & U_3 & V_3 & U_4 & V_4 \end{pmatrix}^{\text{T}}$$
$$ 1 \quad\; 2 \quad\;\; 3 \quad\;\; 4 \quad\;\; 5 \quad\;\; 6 \quad\;\; 7 \quad\;\; 8$$

各单元局部坐标系和单元定位向量如表 2-4 所示。

表 2-4 例 2-5 局部坐标系和单元定位向量

单元编号	局部坐标系		单元定位向量	
	始端 i	末端 j	始端 i	末端 j
(1)	1	2	1 2	3 4
(2)	1	3	1 2	5 6
(3)	3	4	5 6	7 8
(4)	2	4	3 4	7 8
(5)	1	4	1 2	7 8
(6)	3	2	5 6	3 4

（2）计算整体坐标系下的单元刚度矩阵。

以下计算过程中的单位均采用 kN 和 m。

单元（1）：$\alpha=0°$，$\cos\alpha=1.0$，$\sin\alpha=0.0$，直接由式（2-70）可求得

$$\boldsymbol{k}^{(1)}=10^3\times\begin{bmatrix}100.0 & 0.0 & -100.0 & 0.0\\ 对 & 0.0 & 0.0 & 0.0\\ & 称 & 100.0 & 0.0\\ & & & 0.0\end{bmatrix}$$

单元（2）：$\alpha=90°$，$\cos\alpha=0.0$，$\sin\alpha=1.0$

$$\boldsymbol{k}^{(2)}=10^3\times\begin{bmatrix}0.0 & 0.0 & 0.0 & 0.0\\ 对 & 100.0 & 0.0 & -100.0\\ & 称 & 0.0 & 0.0\\ & & & 100.0\end{bmatrix}$$

单元（3）：$\alpha=0°$，$\cos\alpha=1.0$，$\sin\alpha=0.0$

$$\boldsymbol{k}^{(3)}=10^3\times\begin{bmatrix}100.0 & 0.0 & -100.0 & 0.0\\ 对 & 0.0 & 0.0 & 0.0\\ & 称 & 100.0 & 0.0\\ & & & 0.0\end{bmatrix}$$

单元（4）：$\alpha=90°$，$\cos\alpha=0.0$，$\sin\alpha=1.0$

$$\boldsymbol{k}^{(4)}=10^3\times\begin{bmatrix}0.0 & 0.0 & 0.0 & 0.0\\ 对 & 100.0 & 0.0 & -100.0\\ & 称 & 0.0 & 0.0\\ & & & 100.0\end{bmatrix}$$

单元（5）：$\alpha=45°$，$\cos\alpha=0.707$，$\sin\alpha=0.707$

$$\boldsymbol{k}^{(5)}=10^3\times\begin{bmatrix}35.36 & 35.36 & -35.36 & -35.36\\ 对 & 35.36 & -35.36 & -35.36\\ & 称 & 35.36 & 35.36\\ & & & 35.36\end{bmatrix}$$

单元（6）：$\alpha=-45°$，$\cos\alpha=0.707$，$\sin\alpha=-0.707$

$$\boldsymbol{k}^{(6)}=10^3\times\begin{bmatrix}35.36 & 35.36 & -35.36 & 35.36 \\ 对 & 35.36 & 35.36 & -35.36 \\ & 称 & 35.36 & -35.36 \\ & & & 35.36\end{bmatrix}$$

（3）总刚度矩阵。

根据直接刚度法，各单刚元素按表 2-4 所示的单元定位向量"对号入座，同号相加"即可形成总刚度矩阵。其中，对弹性支座的处理如前所述，可将其刚度 k 直接叠加到对应的第 5 行第 5 列元素中。

$$\boldsymbol{K}^0=10^3\times$$

$$\begin{bmatrix}135.36 & 35.36 & -100.0 & 0.0 & 0.0 & 0.0 & -35.36 & -35.36 \\ & 135.36 & 0.0 & 0.0 & 0.0 & -100.0 & -35.36 & -35.36 \\ & & 135.36 & -35.36 & -35.36 & 35.36 & 0.0 & 0.0 \\ & & & 135.36 & 35.36 & -35.36 & 0.0 & -100.0 \\ & 对 & & & 135.36+1000.0 & -35.36 & -100.0 & 0.0 \\ & & & & & 135.36 & 0.0 & 0.0 \\ & & & & 称 & & 135.36 & 35.36 \\ & & & & & & & 135.36\end{bmatrix}$$

（4）计算综合结点荷载，形成结点力列向量。

本例中所有单元均无非结点荷载作用，故可直接写出结点力列向量为

$$\boldsymbol{F}=\begin{bmatrix}X_1 \\ Y_1 \\ X_2 \\ Y_2 \\ X_3 \\ Y_3 \\ X_4 \\ Y_4\end{bmatrix}=\begin{bmatrix}X_1 \\ Y_1 \\ 0.0 \\ Y_2 \\ 0.0 \\ 0.0 \\ 30.0 \\ -20.0\end{bmatrix}$$

（5）引入支座约束条件，建立结构刚度方程。

在原始刚度方程中删除第 1、2、4 行和列，并将与已知支座位移相关的项作移项处理，如式（2-117）所示，即可得到结构刚度方程为

$$\begin{bmatrix}0.0-(-35.36)\times(-0.02) \\ 0.0-(35.36)\times(-0.02) \\ 0.0-(-35.36)\times(-0.02) \\ 30.0-0.0\times(-0.02) \\ -20.0-(-100.0)\times(-0.02)\end{bmatrix}=10^3\times\begin{bmatrix}135.36 & -35.36 & 35.36 & 0.0 & 0.0 \\ & 1135.36 & -35.36 & -100.0 & 0.0 \\ 对 & & 135.36 & 0.0 & 0.0 \\ & & & 135.36 & 35.36 \\ & 称 & & & 135.36\end{bmatrix}\begin{bmatrix}U_2 \\ U_3 \\ V_3 \\ U_4 \\ V_4\end{bmatrix}$$

（6）解方程，求得未知结点位移为

$$
\begin{bmatrix} U_2 \\ U_3 \\ V_3 \\ U_4 \\ V_4 \end{bmatrix} = 10^{-3} \times \begin{bmatrix} -3.972 \\ 0.822 \\ -3.972 \\ 5.073 \\ -16.25 \end{bmatrix}
$$

其中，位移单位为 m。

（7）计算各单元杆端内力，并作内力图。

由式（2-113）和式（2-114）可求得局部坐标系下各单元的杆端内力。

$$\bar{F}^{(1)} = F^{(1)} = k^{(1)} \Delta^{(1)} = 10^3 \times 10^{-3} \times$$

$$
\begin{bmatrix} 100.0 & 0.0 & -100.0 & 0.0 \\ & 0.0 & 0.0 & 0.0 \\ 对 & & 100.0 & 0.0 \\ & 称 & & 0.0 \end{bmatrix} \times \begin{bmatrix} 0 \\ 0 \\ -3.972 \\ -20.0 \end{bmatrix} = \begin{bmatrix} 397.2 \\ 0.0 \\ -397.2 \\ 0.0 \end{bmatrix} = \begin{bmatrix} \bar{F}_{x1} \\ \bar{F}_{y1} \\ \bar{F}_{x2} \\ \bar{F}_{y2} \end{bmatrix}^{(1)}
$$

$$\bar{F}^{(2)} = T^{(2)} k^{(2)} \Delta^{(2)} = 10^3 \times 10^{-3} \times$$

$$
\begin{bmatrix} 0.0 & 1.0 & 0 & 0 \\ -1.0 & 0.0 & 0 & 0 \\ 0 & 0 & 0.0 & 1.0 \\ 0 & 0 & -1.0 & 0.0 \end{bmatrix} \times \begin{bmatrix} 0.0 & 0.0 & 0.0 & 0.0 \\ & 100.0 & 0.0 & -100.0 \\ 对 & & 0.0 & 0.0 \\ & 称 & & 100.0 \end{bmatrix} \times \begin{bmatrix} 0 \\ 0 \\ 0.822 \\ -3.972 \end{bmatrix}
$$

$$
= \begin{bmatrix} 397.2 \\ 0.0 \\ -397.2 \\ 0.0 \end{bmatrix} = \begin{bmatrix} \bar{F}_{x1} \\ \bar{F}_{y1} \\ \bar{F}_{x3} \\ \bar{F}_{y3} \end{bmatrix}^{(2)}
$$

$$\bar{F}^{(3)} = F^{(3)} = k^{(3)} \Delta^{(3)} = 10^3 \times 10^{-3} \times$$

$$
\begin{bmatrix} 100.0 & 0.0 & -100.0 & 0.0 \\ & 0.0 & 0.0 & 0.0 \\ 对 & & 100.0 & 0.0 \\ & 称 & & 0.0 \end{bmatrix} \times \begin{bmatrix} 0.822 \\ -3.972 \\ 5.073 \\ -16.25 \end{bmatrix} = \begin{bmatrix} -425.1 \\ 0.0 \\ 425.1 \\ 0.0 \end{bmatrix} = \begin{bmatrix} \bar{F}_{x3} \\ \bar{F}_{y3} \\ \bar{F}_{x4} \\ \bar{F}_{y4} \end{bmatrix}^{(3)}
$$

$$\bar{F}^{(4)} = T^{(4)} k^{(4)} \Delta^{(4)} = 10^3 \times 10^{-3} \times$$

$$
\begin{bmatrix} 0.0 & 1.0 & 0 & 0 \\ -1.0 & 0.0 & 0 & 0 \\ 0 & 0 & 0.0 & 1.0 \\ 0 & 0 & -1.0 & 0.0 \end{bmatrix} \times \begin{bmatrix} 0.0 & 0.0 & 0.0 & 0.0 \\ & 100.0 & 0.0 & -100.0 \\ 对 & & 0.0 & 0.0 \\ & 称 & & 100.0 \end{bmatrix} \times \begin{bmatrix} -3.972 \\ -20.0 \\ 5.073 \\ -16.25 \end{bmatrix}
$$

$$
= \begin{bmatrix} -375.1 \\ 0.0 \\ 375.1 \\ 0.0 \end{bmatrix} = \begin{bmatrix} \bar{F}_{x2} \\ \bar{F}_{y2} \\ \bar{F}_{x4} \\ \bar{F}_{y4} \end{bmatrix}^{(4)}
$$

$$\overline{\boldsymbol{F}}^{(5)}=\boldsymbol{T}^{(5)}\boldsymbol{k}^{(5)}\boldsymbol{\Delta}^{(5)}=10^3\times10^{-3}\times0.707$$

$$\begin{bmatrix}1.0 & 1.0 & 0 & 0\\-1.0 & 1.0 & 0 & 0\\0 & 0 & 1.0 & 1.0\\0 & 0 & -1.0 & 1.0\end{bmatrix}\times\begin{bmatrix}35.36 & 35.36 & -35.36 & -35.36\\ & 35.36 & -35.36 & -35.36\\ \text{对} & & 35.36 & 35.36\\ & \text{称} & & 35.36\end{bmatrix}\times\begin{bmatrix}0\\0\\5.073\\-16.25\end{bmatrix}$$

$$=\begin{bmatrix}558.8\\0.0\\-558.8\\0.0\end{bmatrix}=\begin{bmatrix}\overline{F}_{x1}\\\overline{F}_{y1}\\\overline{F}_{x4}\\\overline{F}_{y4}\end{bmatrix}^{(5)}$$

$$\overline{\boldsymbol{F}}^{(6)}=\boldsymbol{T}^{(6)}\boldsymbol{k}^{(6)}\boldsymbol{\Delta}^{(6)}=10^3\times10^{-3}\times0.707$$

$$\begin{bmatrix}1.0 & -1.0 & 0 & 0\\1.0 & 1.0 & 0 & 0\\0 & 0 & 1.0 & -1.0\\0 & 0 & 1.0 & 1.0\end{bmatrix}\times\begin{bmatrix}35.36 & -35.36 & -35.36 & 35.36\\ & 35.36 & 35.36 & -35.36\\ \text{对} & & 35.36 & -35.36\\ & \text{称} & & 35.36\end{bmatrix}\times\begin{bmatrix}0.822\\-3.972\\-3.972\\-20.0\end{bmatrix}$$

$$=\begin{bmatrix}-561.7\\0.0\\561.7\\0.0\end{bmatrix}=\begin{bmatrix}\overline{F}_{x3}\\\overline{F}_{y3}\\\overline{F}_{x2}\\\overline{F}_{y2}\end{bmatrix}^{(6)}$$

据此可作出结构的内力图如图 2-26 所示。

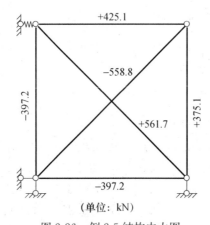

（单位：kN）

图 2-26　例 2-5 结构内力图

【例 2-6】试用先处理法求解图 2-27 所示连续梁的内力。已知各杆材料及截面均相同，$E=30\text{GPa}$，$I=0.05\text{m}^4$，支座位移 $c=0.02\text{m}$。

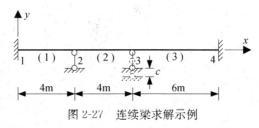

图 2-27　连续梁求解示例

解: (1) 单元划分、结点和单元编号、整体坐标系如图 2-27 所示。

各单元均采用连续梁单元,且采用先处理法,故结点位移基本未知量及其编号为

$$\boldsymbol{\Delta} = (\varPhi_1 \quad \varPhi_2 \quad \varPhi_3 \quad \varPhi_4)^{\mathrm{T}}$$
$$\quad\quad 0 \quad\quad 1 \quad\quad 2 \quad\quad 0$$

各单元局部坐标系和单元定位向量如表 2-5 所示。

表 2-5　例 2-6 局部坐标系和单位定位向量

单元编号	局部坐标系		单元定位向量	
	始端 i	末端 j	始端 i	末端 j
(1)	1	2	0	1
(2)	2	3	1	2
(3)	3	4	2	0

(2) 计算整体坐标系下的单元刚度矩阵。

以下计算过程中的单位均采用 kN 和 m。

单元 (1):直接由式 (2-14) 可求得

$$\boldsymbol{k}^{(1)} = 10^3 \times \begin{bmatrix} 1500 & 750 \\ 750 & 1500 \end{bmatrix}$$

单元 (2):

$$\boldsymbol{k}^{(2)} = 10^3 \times \begin{bmatrix} 1500 & 750 \\ 750 & 1500 \end{bmatrix}$$

单元 (3):

$$\boldsymbol{k}^{(3)} = 10^3 \times \begin{bmatrix} 1000 & 500 \\ 500 & 1000 \end{bmatrix}$$

(3) 结构刚度矩阵。

在先处理法中,单元刚度矩阵编号 0 的元素不送入总刚,故可直接形成结构刚度矩阵

$$\boldsymbol{K} = 10^3 \times \begin{bmatrix} 3000 & 750 \\ 750 & 2500 \end{bmatrix}$$

(4) 计算综合结点荷载,形成结点力列向量。

由于结点位移未知量只考虑了角位移,故本例应将已知支座位移转换为等效结点荷载加以考虑。

单元 (1):

$$\boldsymbol{F}_{\mathrm{E}}^{(1)} = -\overline{\boldsymbol{F}}^{\mathrm{F}(1)} = -\begin{bmatrix} \overline{M}_1^{\mathrm{F}} \\ \overline{M}_2^{\mathrm{F}} \end{bmatrix}^{(1)} = -\begin{bmatrix} 0 \\ 0 \end{bmatrix}^{(1)} = \begin{bmatrix} M_{\mathrm{E}1} \\ M_{\mathrm{E}2} \end{bmatrix}^{(1)}$$

单元 (2):

$$\boldsymbol{F}_{\mathrm{E}}^{(2)} = -\overline{\boldsymbol{F}}^{\mathrm{F}(2)} = -\begin{bmatrix} \overline{M}_2^{\mathrm{F}} \\ \overline{M}_3^{\mathrm{F}} \end{bmatrix}^{(2)} = -\begin{bmatrix} \dfrac{6i}{l}|\Delta| \\ \dfrac{6i}{l}|\Delta| \end{bmatrix}^{(2)} = -\begin{bmatrix} \dfrac{6 \times 3.75 \times 10^5}{4.0} \times 0.02 \\ \dfrac{6 \times 3.75 \times 10^5}{4.0} \times 0.02 \end{bmatrix} = \begin{bmatrix} -11250 \\ -11250 \end{bmatrix} = \begin{bmatrix} M_{\mathrm{E}2} \\ M_{\mathrm{E}3} \end{bmatrix}^{(2)}$$

单元（3）：

$$F_E^{(3)}=-\bar{F}^{F(3)}=-\begin{bmatrix}\bar{M}_3^F\\\bar{M}_4^F\end{bmatrix}^{(3)}=-\begin{bmatrix}-\dfrac{6i}{l}|\Delta|\\[2mm]-\dfrac{6i}{l}|\Delta|\end{bmatrix}^{(3)}=-\begin{bmatrix}-\dfrac{6\times2.5\times10^5}{6.0}\times0.02\\[2mm]-\dfrac{6\times2.5\times10^5}{6.0}\times0.02\end{bmatrix}=\begin{bmatrix}5000\\5000\end{bmatrix}=\begin{bmatrix}M_{E3}\\M_{E4}\end{bmatrix}^{(3)}$$

本例中结点 2、3 上没有直接结点荷载作用，所以综合结点荷载分别为

$$F_2=F_{E2}=M_{E2}=M_{E2}^{(1)}+M_{E2}^{(2)}=0-11250=-11250$$

$$F_3=F_{E3}=M_{E3}=M_{E3}^{(2)}+M_{E3}^{(3)}=-11250+5000=-6250$$

可写出结点力列向量如下：

$$F=\begin{bmatrix}M_2\\M_3\end{bmatrix}=\begin{bmatrix}-11250\\-6250\end{bmatrix}$$

其中，结点力单位为 kN·m。

（5）求解结构刚度方程。

如前所述，可知结构刚度方程如下：

$$\begin{bmatrix}-11250\\-6250\end{bmatrix}=10^3\times\begin{bmatrix}3000&750\\750&2500\end{bmatrix}\begin{bmatrix}\Phi_2\\\Phi_3\end{bmatrix}$$

故可求得未知结点位移为

$$\begin{bmatrix}\Phi_2\\\Phi_3\end{bmatrix}=10^{-3}\times\begin{bmatrix}-3.378\\-1.486\end{bmatrix}$$

其中，位移单位为 rad。

（6）计算各单元杆端内力，并作内力图。

由式（2-113）和式（2-114）可求得局部坐标系下各单元的杆端内力。需要注意的是，对于单元（2）和单元（3），还应叠加上一步中的固端力后才是最终的杆端内力。

$$\bar{F}^{(1)}=T^{(1)}k^{(1)}\Delta^{(1)}=10^3\times10^{-3}\times\begin{bmatrix}1.0&0\\0&1.0\end{bmatrix}\times\begin{bmatrix}1500&750\\750&1500\end{bmatrix}\times\begin{bmatrix}0\\-3.378\end{bmatrix}=\begin{bmatrix}-2533.5\\-5067.0\end{bmatrix}=\begin{bmatrix}\bar{M}_1\\\bar{M}_2\end{bmatrix}^{(1)}$$

$$\bar{F}^{(2)}=T^{(2)}k^{(2)}\Delta^{(2)}+\bar{F}^{F(2)}=10^3\times10^{-3}\times\begin{bmatrix}1.0&0\\0&1.0\end{bmatrix}\times\begin{bmatrix}1500&750\\750&1500\end{bmatrix}\times\begin{bmatrix}-3.378\\-1.486\end{bmatrix}+\begin{bmatrix}11250\\11250\end{bmatrix}$$

$$=\begin{bmatrix}5068.5\\6487.5\end{bmatrix}=\begin{bmatrix}\bar{M}_2\\\bar{M}_3\end{bmatrix}^{(2)}$$

$$\bar{F}^{(3)}=T^{(3)}k^{(3)}\Delta^{(3)}+\bar{F}^{F(3)}=10^3\times10^{-3}\times\begin{bmatrix}1.0&0\\0&1.0\end{bmatrix}\times\begin{bmatrix}1000&500\\500&1000\end{bmatrix}\times\begin{bmatrix}-1.486\\0\end{bmatrix}+\begin{bmatrix}-5000\\-5000\end{bmatrix}$$

$$=\begin{bmatrix}-6486.0\\-5743.0\end{bmatrix}=\begin{bmatrix}\bar{M}_3\\\bar{M}_4\end{bmatrix}^{(3)}$$

应注意在结点 2、3 处由于计算误差造成结点受力不平衡，可将结点两端弯矩作平均化处理。据此可作出结构的弯矩图如图 2-28（a）所示，剪力图则可由平衡条件求出，如图 2-28（b）所示。

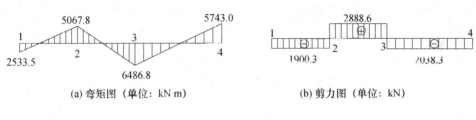

(a) 弯矩图（单位：kN·m）　　　　　　　(b) 剪力图（单位：kN）

图 2-28　例 2-6 结构内力图

2.8　平面杆系结构静力问题的程序设计及使用

本程序的编写目的主要是为初学者了解和掌握矩阵位移法的基本程序编制原理，故而有以下几个特点：

（1）程序编制按照后处理法的求解步骤（不再单独列出程序框图），并对每个程序段有详细的说明，便于初学者查阅学习。为使程序简洁明了，编程时不考虑求解效率而采用满阵存储。

（2）程序中采用一般单元、一端铰结的刚架单元和桁架单元等三种单元，将桁架、刚架、梁、组合结构等的求解统一在一个程序中。

（3）程序采用 Fortran 90 自由格式编写，其中线性方程组的求解直接调用 imsl（Compaq Visual Fortran 6.5 等编程环境，CVF）或 mkl（Intel Visual Fortran Composer XE 2013 等编程环境，IVF）函数库。

（4）考虑到教学要求，程序中未加入求解等效结点荷载的子程序，要求初学者自行计算并在后处理作内力图时加以考虑。读者可在完全掌握程序编制原理的基础上自行加入相关子程序，对程序进行拓展。

平面杆系结构静力问题求解程序
（Compaq Visual Fortran 6.5 等编程环境，CVF）

```
! 使用 imsl 函数库
use numerical_libraries

implicit none

! 定义变量及数组
integer::i,j,k,l,node_number,element_number,property,support_number,support_node,disp_num
integer::moment,load_number
real::length,xi,yi,xj,yj,sin_alpha,cos_alpha,e,a,iz,fx,fy,m
integer,dimension(:),allocatable::node_disp_num
integer,dimension(:,:),allocatable::element,node_orient,element_orient
real,dimension(:,:),allocatable::node,element_property,support,force,stiff_local,stiff_global
real,dimension(:,:),allocatable::translate,temp,total_stiff
real,dimension(:),allocatable::node_force,node_displacement,element_force_global
```

```
real,dimension(:),allocatable::element_force_local

! 定义输入输出文件
!!!!!!!!!!!!!!!!!!!!!!!!!!!!!!!!!!!!!!!!!!!!!!!!!!!!!!!!!!!!!!!!!!!!!!!!!!!!!!!!!!!!!!!
! 定义总体信息、结点坐标、单元、单元材性、支座约束、结点力输入文件,定义结点
! 位移、杆端力输出文件
open(5,file="input.txt")
open(11,file="output.txt")

! 读入总体信息[结点数、单元数、各单元材性是否相同(相同为 1,不相同为 0)、支座结点数、有结点力作用的结点数]
read(5,*)node_number,element_number,property,support_number,load_number

! 分配结点坐标、单元、单元材性、支座约束、单元刚度矩阵和杆端力数组
allocate(node(node_number,2),element(element_number,4),node_disp_num(node_number))
allocate(node_orient(node_number,3),element_orient(element_number,6))
allocate(element_property(element_number,3),support(support_number,7))
allocate(stiff_local(6,6),stiff_global(6,6),translate(6,6),temp(6,6))
allocate(element_force_local(6),element_force_global(6))

! 结点坐标(依次读入每个结点的 x 和 y 坐标)
do i=1,node_number
  read(5,*)(node(i,j),j=1,2)
enddo

! 单元定义(依次读入每个单元的 i 和 j 结点,同时也定义了该单元的局部坐标系,后两个数
! 分别表示 i 和 j 端是否铰结,铰结为 0,刚结为 1)
do i=1,element_number
  read(5,*)(element(i,j),j=1,4)
enddo

! 单元材性(依次读入每个单元的弹性模量、横截面面积、惯性矩,各单元材性相同时只需
! 输一次,不同时则需依次输入每个单元的材性)
if(property==1) then
  read(5,*)e,a,iz
  do i=1,element_number
    element_property(i,1)=e;element_property(i,2)=a;element_property(i,3)=iz
  enddo
else
  do i=1,element_number
    read(5,*)(element_property(i,j),j=1,3)
  enddo
endif

! 支座约束(读入支座结点号,每个支座 x、y 和转角方向的约束情况,0 表示没有约束,1
! 表示有约束,2 表示弹性约束,后 3 个数为相应方向支座位移或弹性约束刚度系数)
do i=1,support_number
```

```
      read(5,* )(support(i,j),j=1,7)
enddo

! 每个结点的位移分量数,刚结点和组合结点为 3,铰结点为 2
do i=1,node_number
  do j=1,element_number
    if(element(j,1)==i) then
      if(element(j,3)==1) then
        moment=1
        exit
      else
        moment=0
      endif
    elseif(element(j,2)==i) then
      if(element(j,4)==1) then
        moment=1
        exit
      else
        moment=0
      endif
    else
    endif
  enddo
  if(moment==0) then
    node_disp_num(i)=2
  else
    node_disp_num(i)=3
  endif
enddo
! 结点的位移分量编号,位移分量总数
disp_num=0
do i=1,node_number
  if(node_disp_num(i)==2) then
    node_orient(i,1)=disp_num+1;node_orient(i,2)=disp_num+2;node_orient(i,3)=0
    disp_num=disp_num+2
  else
    node_orient(i,1)=disp_num+1;node_orient(i,2)=disp_num+2;node_orient(i,3)&
    =disp_num+3
    disp_num=disp_num+3
  endif
enddo
! 单元定位向量
do i=1,element_number
  element_orient(i,1)=node_orient(element(i,1),1)
  element_orient(i,2)=node_orient(element(i,1),2)
  element_orient(i,3)=node_orient(element(i,1),3)
```

```
        element_orient(i,4)=node_orient(element(i,2),1)
        element_orient(i,5)=node_orient(element(i,2),2)
        element_orient(i,6)=node_orient(element(i,2),3)
     enddo


     allocate(total_stiff(disp_num,disp_num),node_force(disp_num),node_displacement(disp_num))
     ! 结点力(依次读入有结点力作用结点的结点号和 x、y、转角方向的集中力、集中力偶,并形成结点力向量,支座结点
     ! 未知反力以 0 表示,但若为弹性支座则需输入该方向作用的外荷载)
     do i=1,disp_num
       node_force(i)=0.0
     enddo
     if(load_number==0) then
     else
        do i=1,load_number
           read(5,*)j,fx,fy,m
           node_force(node_orient(j,1))=fx
           node_force(node_orient(j,2))=fy
           if(node_orient(j,3)/=0) then
             node_force(node_orient(j,3))=m
           endif
        enddo
     endif


     ! 计算单元刚度矩阵并对号入座形成总刚
     !!!!!!!!!!!!!!!!!!!!!!!!!!!!!!!!!!!!!!!!!!!!!!!!!!!!!!!!!!!!!!!!!!!!!!!!!!!!!!!!!!!!!!!!!!!!!!!!
     do i=1,disp_num
        do j=1,disp_num
           total_stiff(i,j)=0.0
        enddo
     enddo
     do i=1,element_number
        ! 计算单元长度和局部坐标系 x 轴方向角的正弦、余弦
        xi=node(element(i,1),1)
        yi=node(element(i,1),2)
        xj=node(element(i,2),1)
        yj=node(element(i,2),2)
        length=sqrt((xj-xi)**2.0+(yj-yi)**2.0)
        sin_alpha=(yj-yi)/length
        cos_alpha=(xj-xi)/length
        ! 计算局部坐标系下的单元刚度矩阵
        e=element_property(i,1)
        a=element_property(i,2)
        iz=element_property(i,3)
        if(element(i,3)==1.and.element(i,4)==1) then! 如果两端为刚结点,采用一般单元
           call element_stiff1(e,a,iz,length,sin_alpha,cos_alpha,stiff_local,translate,stiff_global)
        elseif(element(i,3)==1.and.element(i,4)==0) then ! 如果 i 端刚结、j 端铰结,采用 i 端刚
```

```
                                    ! 结、j 端铰结的刚架单元
     call element_stiff2(e,a,iz,length,sin_alpha,cos_alpha,stiff_local,translate,stiff_global)
   elseif(element(i,3)==0.and.element(i,4)==1) then ! 如果 i 端铰结、j 端刚结,采用 i 端铰
                                    ! 结、j 端刚结的刚架单元
     call element_stiff3(e,a,iz,length,sin_alpha,cos_alpha,stiff_local,translate,stiff_global)
   else! 如果 i 端铰结、j 端铰结,采用 i 端铰结、j 端铰结的单元,即桁架单元
     call element_stiff4(e,a,iz,length,sin_alpha,cos_alpha,stiff_local,translate,stiff_global)
   endif
   ! 按单元定位向量对号入座放入总刚
   do j=1,6
     if(element_orient(i,j)/=0) then
       do k=1,6
         if(element_orient(i,k)/=0) then
           total_stiff(element_orient(i,j),element_orient(i,k))=&
           total_stiff(element_orient(i,j),element_orient(i,k))+stiff_global(j,k)
         endif
       enddo
     endif
   enddo
enddo


! 对总刚采用置大数法处理支座约束条件
!!!!!!!!!!!!!!!!!!!!!!!!!!!!!!!!!!!!!!!!!!!!!!!!!!!!!!!!!!!!!!!!!!!!!!!!!!!!!!!!!!!!
do i=1,support_number
  support_node=int(support(i,1))
  do j=1,3
    if(int(support(i,j+1))==1) then
      total_stiff(node_orient(support_node,j),node_orient(support_node,j))=1.0e20
      node_force(node_orient(support_node,j))=1.0e20* support(i,j+4)
    elseif(int(support(i,j+1))==2) then
      total_stiff(node_orient(support_node,j),node_orient(support_node,j))=&
      total_stiff(node_orient(support_node,j),node_orient(support_node,j))+support(i,j+4)
    endif
  enddo
enddo


! 求解结点位移
!!!!!!!!!!!!!!!!!!!!!!!!!!!!!!!!!!!!!!!!!!!!!!!!!!!!!!!!!!!!!!!!!!!!!!!!!!!!!!!!!!!!
CALL LSARG (disp_num, total_stiff, disp_num, node_force, 1, node_displacement)
! 输出结点位移
write(11,* )'# # # # # # # # # #  node displacement  # # # # # # # # # # #'
write(11,* )'node            U            V            PHI'
do i=1,node_number
  if(node_disp_num(i)==3) then
    write(11,'(i3,e13.4,e13.4,e13.4)')i,node_displacement(node_orient(i,1)),&
    node_displacement(node_orient(i,2)),node_displacement(node_orient(i,3))
```

```
       else
          write(11,'(i3,e13.4,e13.4)')i,node_displacement(node_orient(i,1)),&
          node_displacement(node_orient(i,2))
       endif
    enddo
```

! 求解和输出杆端内力

!!

```
write(11,*)
write(11,*)'# # # # # # # # #   element force  # # # # # # # # # # # # # # #'
write(11,*)'element    Fxi    Fyi    Mi    Fxj    Fyj    Mj'
do i=1,element_number
   ! 获得整体坐标系下的杆端位移
   ! 计算单元长度及局部坐标方向角的正弦、余弦
   xi=node(element(i,1),1)
   yi=node(element(i,1),2)
   xj=node(element(i,2),1)
   yj=node(element(i,2),2)
   length=sqrt((xj-xi)**2.0+(yj-yi)**2.0)
   sin_alpha=(yj-yi)/length
   cos_alpha=(xj-xi)/length
   ! 计算局部坐标系下的单元刚度矩阵
   e=element_property(i,1)
   a=element_property(i,2)
   iz=element_property(i,3)
   if(element(i,3)==1.and.element(i,4)==1) then! 如果两端为刚结点,采用一般单元
      call element_stiff1(e,a,iz,length,sin_alpha,cos_alpha,stiff_local,translate,stiff_global)
   elseif(element(i,3)==1.and.element(i,4)==0) then ! 如果i端刚结、j端铰结,采用i端刚
                                              ! 结、j端铰结的刚架单元
      call element_stiff2(e,a,iz,length,sin_alpha,cos_alpha,stiff_local,translate,stiff_global)
   elseif(element(i,3)==0.and.element(i,4)==1) then ! 如果i端铰结、j端刚结,采用i端铰
                                              ! 结、j端刚结的刚架单元
      call element_stiff3(e,a,iz,length,sin_alpha,cos_alpha,stiff_local,translate,stiff_global)
   else ! 如果i端铰结、j端铰结,采用i端铰结、j端铰结的单元,即桁架单元
      call element_stiff4(e,a,iz,length,sin_alpha,cos_alpha,stiff_local,translate,stiff_global)
   endif
   ! 计算整体坐标系下的杆端内力
   do j=1,6
      element_force_global(j)=0.0
   enddo
   do j=1,6
      do k=1,6
         if(element_orient(i,k)/=0) then
            element_force_global(j)=element_force_global(j)+stiff_global(j,k)* &
            node_displacement(element_orient(i,k))
         endif
```

```
          enddo
      enddo
 ! 计算局部坐标系下的杆端内力
   do j=1,6
       element_force_local(j)=0.0
   enddo
   do j=1,6
       do k=1,6
          element_force_local(j)=element_force_local(j)+translate(j,k)* element_force_global(k)
       enddo
   enddo
 ! 输出局部坐标系下的杆端内力
      if(element(i,3)==1.and.element(i,4)==1) then   ! 如果两端为刚结点,输出 6 个杆端力
         write(11,'(i5,e15.4,e13.4,e13.4,e13.4,e13.4,e13.4)')i,element_force_local(1),&
         element_force_local(2),element_force_local(3),element_force_local(4),&
         element_force_local(5),element_force_local(6)
      elseif(element(i,3)==1.and.element(i,4)==0) then   ! 如果 i 端刚结、j 端铰结,输出 5 个
                                                          ! 杆端力
         write(11,'(i5,e15.4,e13.4,e13.4,e13.4,e13.4)')i,element_force_local(1),&
         element_force_local(2),element_force_local(3),element_force_local(4),&
         element_force_local(5)
      elseif(element(i,3)==0.and.element(i,4)==1) then   ! 如果 i 端铰结、j 端刚结,输出 5 个
                                                          ! 杆端力
         write(11,'(i5,e15.4,e13.4,e26.4,e13.4,e13.4)')i,element_force_local(1),&
         element_force_local(2),element_force_local(4),element_force_local(5),&
         element_force_local(6)
      else                              ! 如果 i 端铰结、j 端铰结,输出 2 个杆端力
         write(11,'(i5,e15.4,e39.4)')i,element_force_local(1),element_force_local(4)
      endif
   enddo

 end

 ! 一般单元在局部和整体坐标系下的单元刚度矩阵子程序
 subroutine element_stiff1(e,a,iz,length,sin_alpha,cos_alpha,stiff_local,translate,stiff_global)
    integer::j,k
    real::e,a,iz,length,sin_alpha,cos_alpha
    real,dimension(6,6)::stiff_local,translate,stiff_global,temp
    stiff_local(1,1)=e* a/length
    stiff_local(1,2)=0.0
    stiff_local(1,3)=0.0
    stiff_local(1,4)=(- 1.0)* e* a/length
    stiff_local(1,5)=0.0
    stiff_local(1,6)=0.0
    stiff_local(2,2)=12.0* e* iz/length* * 3.0
    stiff_local(2,3)=6.0* e* iz/length* * 2.0
```

```
stiff_local(2,4)=0.0
stiff_local(2,5)=(- 1.0)* 12.0* e* iz/length* * 3.0
stiff_local(2,6)=6.0* e* iz/length* * 2.0
stiff_local(3,3)=4.0* e* iz/length
stiff_local(3,4)=0.0
stiff_local(3,5)=(- 1.0)* 6.0* e* iz/length* * 2.0
stiff_local(3,6)=2.0* e* iz/length
stiff_local(4,4)=e* a/length
stiff_local(4,5)=0.0
stiff_local(4,6)=0.0
stiff_local(5,5)=12.0* e* iz/length* * 3.0
stiff_local(5,6)=(- 1.0)* 6.0* e* iz/length* * 2.0
stiff_local(6,6)=4.0* e* iz/length
! 下三角对称
do j=2,6
  do k=1,j- 1
    stiff_local(j,k)=stiff_local(k,j)
  enddo
enddo
! 计算坐标转换矩阵
do j=1,6
  do k=1,6
    translate(j,k)=0.0
  enddo
enddo
translate(1,1)=cos_alpha
translate(1,2)=sin_alpha
translate(2,1)=(-1.0)* sin_alpha
translate(2,2)=cos_alpha
translate(3,3)=1.0
translate(4,4)=cos_alpha
translate(4,5)=sin_alpha
translate(5,4)=(-1.0)* sin_alpha
translate(5,5)=cos_alpha
translate(6,6)=1.0
! 计算整体坐标系下的单元刚度矩阵
do j=1,6
  do k=1,6
    temp(j,k)=0.0
    stiff_global(j,k)=0.0
  enddo
enddo
do j=1,6
  do k=1,6
    do l=1,6
      temp(j,k)=temp(j,k)+translate(l,j)* stiff_local(l,k)
```

```
            enddo
         enddo
      enddo
   do j=1,6
      do k=1,6
         do l=1,6
            stiff_global(j,k)=stiff_global(j,k)+temp(j,l)*translate(l,k)
         enddo
      enddo
   enddo
end subroutine
```

! i端刚结、j端铰结的刚架单元在局部和整体坐标系下的单元刚度矩阵子程序

```
subroutine element_stiff2(e,a,iz,length,sin_alpha,cos_alpha,stiff_local,translate,stiff_global)
   integer::j,k
   real::e,a,iz,length,sin_alpha,cos_alpha
   real,dimension(6,6)::stiff_local,translate,stiff_global,temp
   stiff_local(1,1)=e*a/length
   stiff_local(1,2)=0.0
   stiff_local(1,3)=0.0
   stiff_local(1,4)=(-1.0)*e*a/length
   stiff_local(1,5)=0.0
   stiff_local(1,6)=0.0
   stiff_local(2,2)=3.0*e*iz/length**3.0
   stiff_local(2,3)=3.0*e*iz/length**2.0
   stiff_local(2,4)=0.0
   stiff_local(2,5)=(-1.0)*3.0*e*iz/length**3.0
   stiff_local(2,6)=0.0
   stiff_local(3,3)=3.0*e*iz/length
   stiff_local(3,4)=0.0
   stiff_local(3,5)=(-1.0)*3.0*e*iz/length**2.0
   stiff_local(3,6)=0.0
   stiff_local(4,4)=e*a/length
   stiff_local(4,5)=0.0
   stiff_local(4,6)=0.0
   stiff_local(5,5)=3.0*e*iz/length**3.0
   stiff_local(5,6)=0.0
   stiff_local(6,6)=0.0
   !下三角对称
   do j=2,6
      do k=1,j-1
         stiff_local(j,k)=stiff_local(k,j)
      enddo
   enddo
   !计算坐标转换矩阵
   do j=1,6
```

```
      do k=1,6
        translate(j,k)=0.0
      enddo
    enddo
    translate(1,1)=cos_alpha
    translate(1,2)=sin_alpha
    translate(2,1)=(-1.0)*sin_alpha
    translate(2,2)=cos_alpha
    translate(3,3)=1.0
    translate(4,4)=cos_alpha
    translate(4,5)=sin_alpha
    translate(5,4)=(-1.0)*sin_alpha
    translate(5,5)=cos_alpha
    translate(6,6)=1.0
    ! 计算整体坐标系下的单元刚度矩阵
    do j=1,6
      do k=1,6
        temp(j,k)=0.0
        stiff_global(j,k)=0.0
      enddo
    enddo
    do j=1,6
      do k=1,6
        do l=1,6
          temp(j,k)=temp(j,k)+translate(l,j)*stiff_local(l,k)
        enddo
      enddo
    enddo
    do j=1,6
      do k=1,6
        do l=1,6
          stiff_global(j,k)=stiff_global(j,k)+temp(j,l)*translate(l,k)
        enddo
      enddo
    enddo
end subroutine


! i端铰结、j端刚结的刚架单元在局部和整体坐标系下的单元刚度矩阵子程序
subroutine element_stiff3(e,a,iz,length,sin_alpha,cos_alpha,stiff_local,translate,stiff_global)
  integer::j,k
  real::e,a,iz,length,sin_alpha,cos_alpha
  real,dimension(6,6)::stiff_local,translate,stiff_global,temp
  stiff_local(1,1)=e*a/length
  stiff_local(1,2)=0.0
  stiff_local(1,3)=0.0
  stiff_local(1,4)=(-1.0)*e*a/length
```

```
stiff_local(1,5)=0.0
stiff_local(1,6)=0.0
stiff_local(2,2)=3.0* e* iz/length* * 3.0
stiff_local(2,3)=0.0
stiff_local(2,4)=0.0
stiff_local(2,5)=(- 1.0)* 3.0* e* iz/length* * 3.0
stiff_local(2,6)=3.0* e* iz/length* * 2.0
stiff_local(3,3)=0.0
stiff_local(3,4)=0.0
stiff_local(3,5)=0.0
stiff_local(3,6)=0.0
stiff_local(4,4)=e* a/length
stiff_local(4,5)=0.0
stiff_local(4,6)=0.0
stiff_local(5,5)=3.0* e* iz/length* * 3.0
stiff_local(5,6)=(- 1.0)* 3.0* e* iz/length* * 2.0
stiff_local(6,6)=3.0* e* iz/length
! 下三角对称
do j=2,6
  do k=1,j- 1
    stiff_local(j,k)=stiff_local(k,j)
  enddo
enddo
! 计算坐标转换矩阵
do j=1,6
  do k=1,6
    translate(j,k)=0.0
  enddo
enddo
translate(1,1)=cos_alpha
translate(1,2)=sin_alpha
translate(2,1)=(- 1.0)* sin_alpha
translate(2,2)=cos_alpha
translate(3,3)=1.0
translate(4,4)=cos_alpha
translate(4,5)=sin_alpha
translate(5,4)=(- 1.0)* sin_alpha
translate(5,5)=cos_alpha
translate(6,6)=1.0
! 计算整体坐标系下的单元刚度矩阵
do j=1,6
  do k=1,6
    temp(j,k)=0.0
    stiff_global(j,k)=0.0
  enddo
enddo
```

```
      do j=1,6
        do k=1,6
          do l=1,6
            temp(j,k)=temp(j,k)+translate(l,j)* stiff_local(l,k)
          enddo
        enddo
      enddo
      do j=1,6
        do k=1,6
          do l=1,6
            stiff_global(j,k)=stiff_global(j,k)+temp(j,l)* translate(l,k)
          enddo
        enddo
      enddo
    end subroutine

! 桁架单元在局部和整体坐标系下的单元刚度矩阵子程序
subroutine element_stiff4(e,a,iz,length,sin_alpha,cos_alpha,stiff_local,translate,stiff_global)
  integer::j,k
  real::e,a,iz,length,sin_alpha,cos_alpha
  real,dimension(6,6)::stiff_local,translate,stiff_global,temp
  stiff_local(1,1)=e* a/length
  stiff_local(1,2)=0.0
  stiff_local(1,3)=0.0
  stiff_local(1,4)=(- 1.0)* e* a/length
  stiff_local(1,5)=0.0
  stiff_local(1,6)=0.0
  stiff_local(2,2)=0.0
  stiff_local(2,3)=0.0
  stiff_local(2,4)=0.0
  stiff_local(2,5)=0.0
  stiff_local(2,6)=0.0
  stiff_local(3,3)=0.0
  stiff_local(3,4)=0.0
  stiff_local(3,5)=0.0
  stiff_local(3,6)=0.0
  stiff_local(4,4)=e* a/length
  stiff_local(4,5)=0.0
  stiff_local(4,6)=0.0
  stiff_local(5,5)=0.0
  stiff_local(5,6)=0.0
  stiff_local(6,6)=0.0
  ! 下三角对称
  do j=2,6
    do k=1,j- 1
      stiff_local(j,k)=stiff_local(k,j)
```

```
    enddo
  enddo
! 计算坐标转换矩阵
do j=1,6
  do k=1,6
    translate(j,k)=0.0
  enddo
enddo
translate(1,1)=cos_alpha
translate(1,2)=sin_alpha
translate(2,1)=(-1.0)* sin_alpha
translate(2,2)=cos_alpha
translate(3,3)=1.0
translate(4,4)=cos_alpha
translate(4,5)=sin_alpha
translate(5,4)=(-1.0)* sin_alpha
translate(5,5)=cos_alpha
translate(6,6)=1.0
! 计算整体坐标系下的单元刚度矩阵
do j=1,6
  do k=1,6
    temp(j,k)=0.0
    stiff_global(j,k)=0.0
  enddo
enddo
do j=1,6
  do k=1,6
    do l=1,6
      temp(j,k)=temp(j,k)+translate(l,j)* stiff_local(l,k)
    enddo
  enddo
enddo
do j=1,6
  do k=1,6
    do l=1,6
      stiff_global(j,k)=stiff_global(j,k)+temp(j,l)* translate(l,k)
    enddo
  enddo
enddo
end subroutine
```

　　需要注意的是，若编程环境为 Intel Visual Fortran Composer XE 2013 等，即 IVF，则需将程序作如下变更：

　　（1）删除程序开头的"use numerical＿libraries"语句。

　　（2）将求解结点位移方程组的如下语句

CALL LSARG (disp_num, total_stiff, disp_num, node_force, 1,node_displacement)

　　变更为

CALL SGETRF(disp_num,disp_num,total_stiff,disp_num,ipiv,info)！先 LU 分解求得 ipiv

！再解方程输出结点位移

CALL SGETRS('N',disp_num,disp_num,total_stiff,disp_num,ipiv,node_force,disp_num,info)

【例 2-7】试用平面杆系结构静力问题求解程序计算例 2-4 所示结构的内力。

解：由于本程序中未加入求解等效结点荷载的子程序，故而首先应按例 2-4 解答的第（4）步计算结构的综合结点荷载。

以下为本例的输入文件（"input. txt"）：

```
4  3  1  2  2
0.0   0.0
4.0   3.0
9.0   3.0
9.0   0.0
1  2  1  1
2  3  1  0
3  4  0  0
200e6 1.0e−2 32.0e−5
1 1 1 1 0 0 0
4 1 1 0 0 0 0
2 0.0 −105.0 −25.0
3 0.0 −30.0 0.0
```

程序运行后，输出文件（"output. txt"）如下：

＃＃＃＃＃＃＃＃＃ node displacement ＃＃＃＃＃＃＃＃＃＃

node	U	V	PHI
1	−0.2600E−23	−0.7458E−18	−0.1712E−17
2	0.8321E−02	−0.1128E−01	−0.1723E−02
3	0.8321E−02	−0.9063E−04	
4	0.0000E+00	−0.6042E−18	

＃＃＃＃＃＃＃＃＃ element force ＃＃＃＃＃＃＃＃＃＃＃＃＃

element	Fxi	Fyi	Mi	Fxj	Fyj	Mj
1	0.4475E+02	0.5966E+02	0.1712E+03	−0.4475E+02	−0.5966E+02	0.1271E+03
2	−0.2146E−05	−0.3042E+02	−0.1521E+03	0.2146E−05	0.3042E+02	
3	0.6042E+02			−0.6042E+02		

将杆端内力求解结果叠加上固端力后（如例 2-4 解答第（7）步所示），即可得到最终的杆端内力，并可作出如图 2-24 所示的内力图。

【例 2-8】试用平面杆系结构静力问题求解程序计算例 2-5 所示桁架结构的内力。

解：本例输入文件（"input. txt"）如下：

```
4  6  1  3  1
0.0   0.0
3.0   0.0
0.0   3.0
3.0   3.0
```

```
1 2 0 0
1 3 0 0
3 4 0 0
2 4 0 0
1 4 0 0
3 2 0 0
200E6 1.5E-3 1.0E8
1 1 1 0 0 0 0
2 0 1 0 0 -0.02 0
3 2 0 0 1.0E6 0 0
4 30.0 -20.0 0.0
```

程序运行后，输出文件（"output.txt"）如下：

```
########## node displacement ##########
node        U              V            PHI
  1     -0.7923E-17    -0.7923E-17
  2     -0.3972E-02    -0.2000E-01
  3      0.8223E-03    -0.3972E-02
  4      0.5073E-02    -0.1625E-01


########## element force ###############
element   Fxi      Fyi     Mi       Fxj      Fyj     Mj
  1     0.3972E+03            -0.3972E+03
  2     0.3972E+03            -0.3972E+03
  3    -0.4251E+03             0.4251E+03
  4    -0.3751E+03             0.3751E+03
  5     0.5588E+03            -0.5588E+03
  6    -0.5617E+03             0.5617E+03
```

依据杆端内力求解结果，即可作出如图 2-26 所示的内力图。

使用本程序求解杆系结构静力学问题时，应注意如下数据输入技巧：

（1）如需忽略轴向变形的影响，可以将杆件的横截面面积 A 输一个较大的值，如实际值或其他杆件横截面面积的 $10^3 \sim 10^6$ 倍，注意不宜太大，避免造成方程组病态而影响求解精度。同样，如需忽略某些杆件的弯曲变形（即 $EI = \infty$），则可对这些杆件的惯性矩 I 作同样处理。

（2）本程序未考虑斜向支座。因此在数据输入时，若斜向支座为一活动铰支座，可以将其视为一桁架单元处理，长度可适当选取，而横截面面积 A 输一个较大的值；若斜向支座为一滑动支座，则可以按照图 2-29 的方法进行处理。

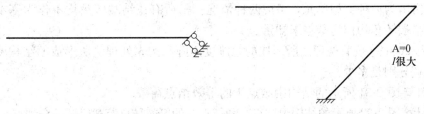

(a) 斜向滑动支座   (b) 等效处理方法

图 2-29 斜向支座的处理方法

复习思考题

1. 杆系结构在用矩阵位移法求解时如何进行离散化？

2. 什么是一般（刚架）单元？

3. 常见的特殊单元有哪些？它们与一般单元有什么关系？

4. 什么是单元刚度方程、单元刚度矩阵？单元刚度矩阵元素的物理意义是什么？

5. 一般单元的单元刚度矩阵为什么是奇异矩阵？有的特殊单元其刚度矩阵是可逆的，为什么？请举例说明。

6. 试述利用虚功原理推导单元刚度矩阵的一般过程。位移模式（函数）、形函数、应变矩阵、应力矩阵的含义是什么？

7. 在杆件体系的矩阵位移法中，为什么要建立两种坐标系？

8. 原始刚度方程是依据哪些条件得到的？

9. 什么是单元定位向量？什么是直接刚度法？结点位移基本未知量的确定和哪些因素有关？总刚度矩阵有哪些性质特点？

10. 试问如果不考虑杆件轴向变形（即 $EA=\infty$），或不考虑杆件弯曲变形（即 $EI=\infty$）时，结点位移基本未知量应如何考虑？

11. 什么是带宽和最大带宽？为什么总刚度矩阵是一个稀疏矩阵？根据这个特点在程序设计中可采用哪些技巧？

12. 对于杆件体系中的铰结点有哪些处理方法？一端铰结的刚架单元与自由度释放是什么关系？

13. 为什么要引入支座约束条件？结构刚度方程是如何得到的？

14. 有支座位移、弹性支座、斜向支座时分别应如何处理？

15. 在计算机编程时如何处理支座约束条件？

16. 先处理法与后处理法的区别是什么？

17. 在矩阵位移法中，为什么要将非结点荷载转化为等效结点荷载？如何进行转化？等效结点荷载的"等效"是什么含义？如何利用虚功原理求解等效结点荷载？

18. 什么是综合结点荷载？综合结点荷载作用下的杆端力结果是最终结果吗？

19. 试对平面杆系结构静力问题求解程序进行改写，增加等效结点荷载、综合结点荷载求解程序段，以及在杆端力结果中叠加固端力的求解程序段。

20. 对图 2-30 所示的结构：（1）划分单元并对结点、单元编号，建立整体和局部坐标系；（2）分别采用后处理法和先处理法对结点位移基本未知量进行编号，列出各单元定位向量并指出为何种类型单元，考虑两种情况：①所有铰结端转角均不作为基本未知量；②所有铰结端转角均作为基本未知量。

21. 题 20 中，按后处理法所形成的总刚度矩阵和按先处理法所形成的结构刚度矩阵，其最大带宽分别是多少？

22. 计算图 2-31 所示的结构中结点 1 的等效结点荷载。

23. 计算图 2-32 所示的结构中结点 2 和结点 3 的等效结点荷载以及综合结点荷载，考虑两种情况：①所有铰结端转角均不作为基本未知量；②所有铰结端转角均作为基本未知量。

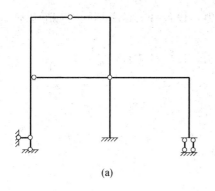

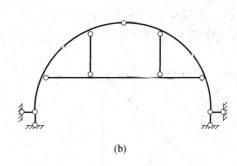

(a)　　　　　　　　　　　　　　(b)

图 2-30　结构离散化

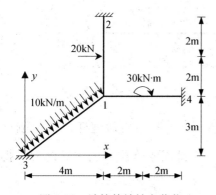

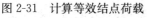

图 2-31　计算等效结点荷载

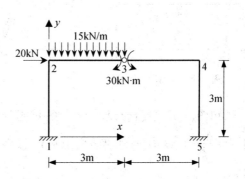

图 2-32　计算等效结点荷载和综合结点荷载

24. 图 2-33 所示的刚架各杆 E、I、A 相同，且 $A=\dfrac{1000I}{l^2}$，试用矩阵位移法求其内力并作出内力图，考虑两种情况：①考虑杆件轴向变形；②不考虑杆件轴向变形（提示：(1) 为计算方便，可暂设 $E=I=l=q=1$，待求出结点线位移、角位移、杆端轴力和剪力、弯矩后，再分别乘以 $\dfrac{ql^4}{EI}$、$\dfrac{ql^3}{EI}$、ql、ql^2 即可；（2）线性方程组可用 matlab 求解，见附录 B）。

25. 用矩阵位移法求解图 2-34 中桁架各杆轴力，设各杆 $\dfrac{EA}{l}$ 相同。

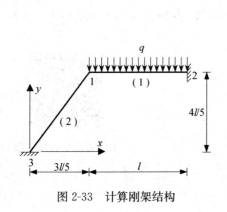

图 2-33　计算刚架结构

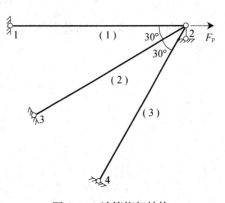

图 2-34　计算桁架结构

26. 用矩阵位移法求解图 2-35 中桁架各杆轴力，设各杆 E、A 相同。如撤去任一水平支座链杆，求解时会出现什么情况？

27. 用矩阵位移法计算图 2-36 中连续梁的内力，设各杆 EI 相同。

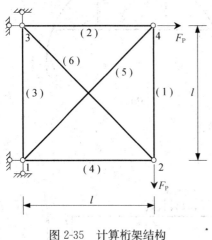

图 2-35　计算桁架结构

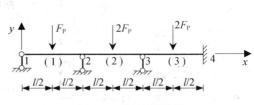

图 2-36　计算连续梁

28. 已知图 2-37 中组合结构横梁的抗弯刚度为 EI，下部加劲链杆的抗拉刚度为 EA，且 $A = \dfrac{10I}{l^2}$，设横梁的轴向变形可以忽略不计，试用矩阵位移法求其内力（提示同题 24）。

29. 图 2-38 中等截面连续梁支座 3 下沉 3cm，已知 $E = 210\text{GPa}$，$I = 2 \times 10^{-4}\,\text{m}^4$，$k = 1.5 \times 10^3\,\text{kN/m}$，试用矩阵位移法求解其弯矩图。计算中忽略杆件轴向变形的影响。

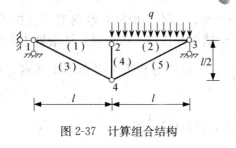

图 2-37　计算组合结构

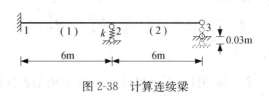

图 2-38　计算连续梁

30. 用平面杆系结构静力问题求解程序计算 24 至 29 题，并与手算结果进行比较。

第 2 章部分习题答案

第3章 平面杆系结构动力与 稳定问题的矩阵位移法

3.1 结构动力分析的有限单元法概述

第 2 章讨论了静力荷载作用下平面杆系结构的矩阵位移法。在实际情形下，若结构受到机械设备振动、冲击、地震、风等随时间变化的动力荷载作用，且惯性力的影响不可忽略时，则成为结构动力分析问题。在结构动力分析问题中，有时还需要考虑阻尼的影响。

本章所讨论的主要内容为结构自振特性，即自振频率和主振型（也称模态振型，简称模态）的计算，而不涉及结构动力响应，即受迫振动问题，也不考虑阻尼的影响。

根据结构动力学，多自由度结构的无阻尼自由振动微分方程可写为

$$M\ddot{\Delta}(t) + K\Delta(t) = 0 \tag{3-1}$$

其中，M 和 K 分别为结构质量矩阵和结构刚度矩阵，$\ddot{\Delta}(t)$ 和 $\Delta(t)$ 分别为结点加速度和结点位移向量。

设式（3-1）的特解具有如下形式：

$$\Delta(t) = X\sin(\omega t + \varphi) \tag{3-2}$$

亦即设所有质点都按同一频率同一相位作同步简谐振动，但质点的振幅各不相同，其中 X 为振幅向量。将式（3-2）代入式（3-1），并消去 $\sin(\omega t + \varphi)$ 可得

$$KX - \omega^2 MX = 0 \tag{3-3}$$

式（3-3）为关于振幅向量的线性齐次方程组，称为振幅方程。在数学上，该式所表示的是一个广义特征值问题。式（3-3）有非零解的条件为方程组的系数行列式为零，即

$$|K - \omega^2 M| = 0 \tag{3-4}$$

式（3-4）称为多自由度结构的特征方程，或频率方程，它是关于 ω^2 的高次代数方程。

若振动自由度为 n，则可以解出 n 个特征值 ω_1^2，ω_2^2，…，ω_n^2，对于每个特征值 ω_i^2，由式（3-3）可以解出相应的特征向量 X_i。将 ω_1，ω_2，…，ω_n 从小到大排列，分别称为结构的第一，第二，…，第 n 自振频率，总称结构的频谱，对应的特征向量 X_1，X_2，…，X_n 则分别称为结构的第一，第二，…，第 n 主振型。

3.2 刚架单元的质量矩阵

在动力分析时，若不考虑阻尼，则除了单元杆端位移引起的杆端力而外，还有单元

惯性力所引起的杆端力。下面将采用虚功原理推导刚架单元中惯性力引起的杆端力表达式。

对于一般的刚架振动问题，可以忽略杆件转动惯量的影响。这样，在局部坐标系下，若单元横截面面积为 A，材料密度为 ρ，则单元轴线上一点的惯性力集度 $\boldsymbol{q}_1(t)$ 可表示为

$$\boldsymbol{q}_1(t) = \begin{bmatrix} \bar{q}_{1x}(t) \\ \bar{q}_{1y}(t) \end{bmatrix} = -\rho A \begin{bmatrix} \bar{\ddot{u}}^{(e)}(t) \\ \bar{\ddot{v}}^{(e)}(t) \end{bmatrix} \tag{3-5}$$

式中，$\bar{q}_{1x}(t)$、$\bar{q}_{1y}(t)$ 分别为该点沿局部坐标系 $\bar{x}$ 和 $\bar{y}$ 轴方向的惯性力集度分量，$\bar{\ddot{u}}^{(e)}(t)$ 和 $\bar{\ddot{v}}^{(e)}(t)$ 则分别为该点沿局部坐标系 $\bar{x}$ 和 $\bar{y}$ 轴方向的加速度分量。

若在动力分析中，仍近似假设单元沿轴向和横向的位移分别呈线性和三次函数变化，如式（2-23）和式（2-39）所示，则由式（2-26）、式（2-42），$\boldsymbol{q}_1(t)$ 可表示为

$$\boldsymbol{q}_1(t) = -\rho A \boldsymbol{N} \bar{\ddot{\boldsymbol{\delta}}}^{(e)}(t) \tag{3-6}$$

式中，$\boldsymbol{N} =$

$$\begin{bmatrix} 1-\dfrac{\bar{x}}{l} & 0 & 0 & \dfrac{\bar{x}}{l} & 0 & 0 \\ 0 & 1-3\left(\dfrac{\bar{x}}{l}\right)^2+2\left(\dfrac{\bar{x}}{l}\right)^3 & l\left[\left(\dfrac{\bar{x}}{l}\right)-2\left(\dfrac{\bar{x}}{l}\right)^2+\left(\dfrac{\bar{x}}{l}\right)^3\right] & 0 & 3\left(\dfrac{\bar{x}}{l}\right)^2-2\left(\dfrac{\bar{x}}{l}\right)^3 & -l\left[\left(\dfrac{\bar{x}}{l}\right)^2-\left(\dfrac{\bar{x}}{l}\right)^3\right] \end{bmatrix} \tag{3-7}$$

$$\bar{\ddot{\boldsymbol{\delta}}}^{(e)}(t) = \begin{bmatrix} \bar{\ddot{u}}_i(t) \\ \bar{\ddot{v}}_i(t) \\ \bar{\ddot{\varphi}}_i(t) \\ \bar{\ddot{u}}_j(t) \\ \bar{\ddot{v}}_j(t) \\ \bar{\ddot{\varphi}}_j(t) \end{bmatrix}^{(e)} \tag{3-8}$$

由式（2-135）可以求得分布惯性力引起的单元等效结点荷载为

$$\bar{\boldsymbol{F}}_{IE}(t) = \int_0^l \boldsymbol{N}^T \boldsymbol{q}_1(t)\,d\bar{x} = -\rho A \int_0^l \boldsymbol{N}^T \boldsymbol{N}\,d\bar{x}\,\bar{\ddot{\boldsymbol{\delta}}}^{(e)}(t) \tag{3-9}$$

由第 2 章可知，单元杆端力为单元等效结点荷载的负值，即

$$\bar{\boldsymbol{F}}_1(t) = \rho A \int_0^l \boldsymbol{N}^T \boldsymbol{N}\,d\bar{x}\,\bar{\ddot{\boldsymbol{\delta}}}^{(e)}(t) \tag{3-10}$$

其中

$$\bar{\boldsymbol{m}} = \rho A \int_0^l \boldsymbol{N}^T \boldsymbol{N}\,d\bar{x} \tag{3-11}$$

为刚架单元在局部坐标系下的质量矩阵，称为一致质量矩阵。将式（3-7）代入式（3-11）就可以得到

$$\bar{\boldsymbol{m}} = \frac{\rho A l}{420} \begin{bmatrix} 140 & 0 & 0 & 70 & 0 & 0 \\ & 156 & 22l & 0 & 54 & -13l \\ & & 4l^2 & 0 & 13l & -3l^2 \\ & 对 & & 140 & 0 & 0 \\ & & & & 156 & -22l \\ & & 称 & & & 4l^2 \end{bmatrix} \tag{3-12}$$

由于结点加速度和结点位移具有相同的坐标转换规律，所以单元质量矩阵由局部坐标系到整体坐标系的坐标转换方法与单元刚度矩阵相同。而由单元质量矩阵形成结构质量矩阵的方法也与结构刚度矩阵的形成过程相同。

此外，还可以采用集中质量法得到单元质量矩阵。若将单元的质量 $m=\rho Al$ 分成两半，分别集中于单元的两端，如图 3-1 所示，则

$$\overline{m}=\begin{bmatrix} \dfrac{m}{2} & 0 & 0 & 0 & 0 & 0 \\ & \dfrac{m}{2} & 0 & 0 & 0 & 0 \\ & & 0 & 0 & 0 & 0 \\ 对 & & & \dfrac{m}{2} & 0 & 0 \\ & & & & \dfrac{m}{2} & 0 \\ & 称 & & & & 0 \end{bmatrix} \tag{3-13}$$

式（3-13）称为单元的集中质量矩阵。

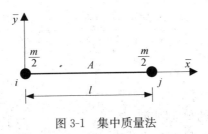

图 3-1　集中质量法

应该指出的是，在分布惯性力作用下结构杆件的位移形态是十分复杂的，单元沿轴向和横向的位移分别呈线性和三次函数变化只是一种近似假设，是将无限振动自由度问题近似转化为有限振动自由度问题进行分析。所以在用有限单元法作动力分析时，较低几个频率的计算精度要好于较高频率的精度，即振型曲线与设定的位移函数较接近时精度较高，且精度随单元划分的细化而提高。此外，用设定的位移函数代替实际振型曲线的方法相当于在体系中施加了某种约束，故而导致计算得到的自振频率值偏大。而采用集中质量矩阵则往往得到偏小的计算结果。

3.3　动力分析计算步骤及示例

如前所述，多自由度结构无阻尼自振频率及主振型的求解可归结于式（3-4）所示频率方程及式（3-3）所示振幅方程的求解。其中，结构刚度矩阵的形成已在第 2 章进行了讲解，而结构质量矩阵亦可同样按"对号入座，同号相加"的方法形成。下面通过两个例题说明结构自振频率和主振型的求解步骤。

【例 3-1】 试用一致质量矩阵求解图 3-2 所示刚架的自振频率及主振型。已知各杆材料和截面均相同，$E=200\text{GPa}$，$I=32\times10^{-5}\text{m}^4$，$A=1.0\times10^{-2}\text{m}^2$，$\rho=7800\text{kg/m}^3$。

解：（1）用先处理法求解，单元划分、结点和单元编号、整体坐标系如图 3-2 所示。

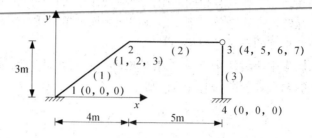

图 3-2 刚架自振特性求解示例

结点位移基本未知量及其编号如下：

$$\boldsymbol{\Delta} = \begin{pmatrix} U_1 & V_1 & \Phi_1 & U_2 & V_2 & \Phi_2 & U_3 & V_3 & \Phi_3^L & \Phi_3^R & U_4 & V_4 & \Phi_4 \end{pmatrix}^T$$
$$\phantom{\boldsymbol{\Delta} = (} 0 \quad\ 0 \quad\ 0 \quad\ 1 \quad\ 2 \quad\ 3 \quad\ 4 \quad\ 5 \quad\ 6 \quad\ 7 \quad\ 0 \quad\ 0 \quad\ 0$$

各单元局部坐标系和单元定位向量如表 3-1 所示。

表 3-1 例 3-1 各单元局部坐标系和单元定位向量

单元编号	局部坐标系		单元定位向量	
	始端 i	末端 j	始端 i	末端 j
(1)	1	2	0 0 0	1 2 3
(2)	2	3	1 2 3	4 5 6
(3)	4	3	0 0 0	4 5 7

（2）计算整体坐标系下的单元刚度矩阵。

以下计算过程中的单位均采用 N 和 m。

单元（1）：$\alpha = 36.87°$，$\cos\alpha = 0.8$，$\sin\alpha = 0.6$，直接由式（2-68）可求得

$$\boldsymbol{k}^{(1)} = 10^6 \times \begin{bmatrix} 258.21 & 189.05 & -9.22 & -258.21 & -189.05 & -9.22 \\ & 147.93 & 12.29 & -189.05 & -147.93 & 12.29 \\ \text{对} & & 51.2 & 9.22 & -12.29 & 25.6 \\ & & & 258.21 & 189.05 & 9.22 \\ & & \text{称} & & 147.93 & -12.29 \\ & & & & & 51.2 \end{bmatrix}$$

单元（2）：$\alpha = 0°$，$\cos\alpha = 1.0$，$\sin\alpha = 0.0$，由式（2-5）可求得

$$\boldsymbol{k}^{(2)} = \overline{\boldsymbol{k}}^{(2)} = 10^6 \times \begin{bmatrix} 400.00 & 0.0 & 0.0 & -400.00 & 0.0 & 0.0 \\ & 6.14 & 15.36 & 0.0 & -6.14 & 15.36 \\ \text{对} & & 51.20 & 0.0 & -15.36 & 25.6 \\ & & & 400.00 & 0.0 & 0.0 \\ & & \text{称} & & 6.14 & -15.36 \\ & & & & & 51.20 \end{bmatrix}$$

单元（3）：$\alpha = 90°$，$\cos\alpha = 0.0$，$\sin\alpha = 1.0$，直接由式（2-68）可求得

$$\boldsymbol{k}^{(3)}=10^6\times\begin{bmatrix}28.44 & 0.0 & -42.67 & -28.44 & 0.0 & -42.67 \\ & 666.67 & 0.0 & 0.0 & -666.67 & 0.0 \\ \text{对} & & 85.33 & 42.67 & 0.0 & 42.67 \\ & & & 28.44 & 0.0 & 42.67 \\ & \text{称} & & & 666.67 & 0.0 \\ & & & & & 85.33\end{bmatrix}$$

（3）计算整体坐标系下的单元质量矩阵。

局部坐标系下各单元的一致质量矩阵按式（3-12）计算，并由式（2-60）计算的坐标转换矩阵求得整体坐标系下的一致质量矩阵。计算过程中的单位均采用 kg 和 m。

单元（1）：

$$\boldsymbol{m}^{(1)}=(\boldsymbol{T}^{(1)})^{\mathrm{T}}\overline{\boldsymbol{m}}^{(1)}\boldsymbol{T}^{(1)}=\begin{bmatrix}135.35 & -7.13 & -61.28 & 59.65 & 7.13 & 36.21 \\ & 139.51 & 81.71 & 7.13 & 55.49 & -48.28 \\ \text{对} & & 92.86 & -36.21 & 48.28 & -69.64 \\ & & & 135.35 & -7.13 & 61.28 \\ & \text{称} & & & 139.51 & -81.71 \\ & & & & & 92.86\end{bmatrix}$$

单元（2）：

$$\boldsymbol{m}^{(2)}=\overline{\boldsymbol{m}}^{(2)}=\begin{bmatrix}130.00 & 0.0 & 0.0 & 65.00 & 0.0 & 0.0 \\ & 144.86 & 102.14 & 0.0 & 50.14 & -60.36 \\ \text{对} & & 92.86 & 0.0 & 60.36 & -69.64 \\ & & & 130.00 & 0.0 & 0.0 \\ & \text{称} & & & 144.86 & -102.14 \\ & & & & & 92.86\end{bmatrix}$$

单元（3）：

$$\boldsymbol{m}^{(3)}=(\boldsymbol{T}^{(3)})^{\mathrm{T}}\overline{\boldsymbol{m}}^{(3)}\boldsymbol{T}^{(3)}=\begin{bmatrix}86.91 & 0.0 & -36.77 & 30.08 & 0.0 & 21.73 \\ & 78.00 & 0.0 & 0.0 & 39.00 & 0.0 \\ \text{对} & & 20.06 & -21.73 & 0.0 & -15.04 \\ & & & 86.90 & 0.0 & 36.77 \\ & \text{称} & & & 78.00 & 0.0 \\ & & & & & 20.06\end{bmatrix}$$

（4）结构刚度矩阵和结构质量矩阵。

由单元定位向量"对号入座，同号相加"即可形成结构刚度矩阵、结构质量矩阵。

$$\boldsymbol{K}=10^6\times\begin{bmatrix}658.21 & 189.05 & 9.22 & -400.00 & 0.0 & 0.0 & 0.0 \\ & 154.07 & 3.07 & 0.0 & -6.14 & 15.36 & 0.0 \\ \text{对} & & 102.40 & 0.0 & -15.36 & 25.60 & 0.0 \\ & & & 428.44 & 0.0 & 0.0 & 42.67 \\ & & & & 672.81 & -15.36 & 0.0 \\ & \text{称} & & & & 51.20 & 0.0 \\ & & & & & & 85.33\end{bmatrix}$$

$$M = \begin{bmatrix} 265.35 & -7.13 & 61.28 & 65.00 & 0.0 & 0.0 & 0.0 \\ & 284.37 & 20.43 & 0.0 & 50.14 & -60.36 & 0.0 \\ 对 & & 185.72 & 0.0 & 60.36 & -69.64 & 0.0 \\ & & & 216.90 & 0.0 & 0.0 & 36.77 \\ & & & & 222.86 & -102.14 & 0.0 \\ & & & 称 & & 92.86 & 0.0 \\ & & & & & & 20.06 \end{bmatrix}$$

(5) 计算自振频率及主振型。

求解式（3-4）和式（3-3），即可得到该刚架的七个自振频率及相应的主振型。其中，前两个自振频率分别为 $\omega_1 = 140.71\,\text{rad/s}$ 和 $\omega_2 = 487.34\,\text{rad/s}$。

对应的归一化主振型向量分别为

$$X_1 = (-0.75 \quad 1.0 \quad 0.15 \quad -0.75 \quad 0.01 \quad -0.41 \quad 0.37)^T$$

$$X_2 = (-0.22 \quad 0.11 \quad -0.76 \quad -0.25 \quad -0.04 \quad 1.0 \quad 0.11)^T$$

由此可作出前两阶主振型曲线如图 3-3 所示。

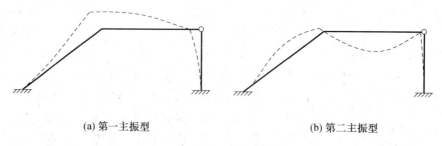

(a) 第一主振型　　　　　　　　　　　　(b) 第二主振型

图 3-3　前两阶主振型曲线

【例 3-2】试用集中质量矩阵求解例 3-1 中刚架的自振频率及主振型。

解：采用集中质量矩阵时，由式（3-13）可求得单元质量矩阵分别为

单元（1）、（2）：

$$\boldsymbol{m}^{(1)} = \bar{\boldsymbol{m}}^{(1)} = \boldsymbol{m}^{(2)} = \begin{bmatrix} 195.00 & 0.0 & 0.0 & 0.0 & 0.0 & 0.0 \\ 0.0 & 195.00 & 0.0 & 0.0 & 0.0 & 0.0 \\ 0.0 & 0.0 & 0.0 & 0.0 & 0.0 & 0.0 \\ 0.0 & 0.0 & 0.0 & 195.00 & 0.0 & 0.0 \\ 0.0 & 0.0 & 0.0 & 0.0 & 195.00 & 0.0 \\ 0.0 & 0.0 & 0.0 & 0.0 & 0.0 & 0.0 \end{bmatrix}$$

单元（3）：

$$\boldsymbol{m}^{(3)} = \bar{\boldsymbol{m}}^{(3)} = \begin{bmatrix} 117.00 & 0.0 & 0.0 & 0.0 & 0.0 & 0.0 \\ 0.0 & 117.00 & 0.0 & 0.0 & 0.0 & 0.0 \\ 0.0 & 0.0 & 0.0 & 0.0 & 0.0 & 0.0 \\ 0.0 & 0.0 & 0.0 & 117.00 & 0.0 & 0.0 \\ 0.0 & 0.0 & 0.0 & 0.0 & 117.00 & 0.0 \\ 0.0 & 0.0 & 0.0 & 0.0 & 0.0 & 0.0 \end{bmatrix}$$

结构质量矩阵为

$$M=\begin{bmatrix} 390.00 & 0.0 & 0.0 & 0.0 & 0.0 & 0.0 & 0.0 \\ 0.0 & 390.00 & 0.0 & 0.0 & 0.0 & 0.0 & 0.0 \\ 0.0 & 0.0 & 0.0 & 0.0 & 0.0 & 0.0 & 0.0 \\ 0.0 & 0.0 & 0.0 & 312.00 & 0.0 & 0.0 & 0.0 \\ 0.0 & 0.0 & 0.0 & 0.0 & 312.00 & 0.0 & 0.0 \\ 0.0 & 0.0 & 0.0 & 0.0 & 0.0 & 0.0 & 0.0 \\ 0.0 & 0.0 & 0.0 & 0.0 & 0.0 & 0.0 & 0.0 \end{bmatrix}$$

由此，可解得四个自振频率。其中，第一阶自振频率为 $\omega_1=131.91\text{rad/s}$，对应的归一化主振型向量为

$$X_1=(-0.75 \quad 1.0 \quad 0.13 \quad -0.75 \quad 0.0 \quad -0.36 \quad 0.37)^{\text{T}}$$

由于例 3-1 中的第二阶主振型以结点 2 的转动为主，所以在本例单元划分的情形下不能求得这个自振频率。

3.4　动力问题的程序设计及使用

平面杆系结构动力问题的程序设计以第 2 章中的静力分析程序为基础，只是单元类型统一采用一般刚架单元。程序中采用一致质量矩阵，且考虑结点有集中质量的情形，广义特征值问题的求解则直接调用 imsl（Compaq Visual Fortran 6.5 等编程环境，CVF）或 mkl（Intel Visual Fortran Composer XE 2013 等编程环境，IVF）函数库。

平面杆系结构动力问题求解程序
(Compaq Visual Fortran 6.5 等编程环境，CVF)

```
! 使用 imsl 函数库
use numerical_libraries

implicit none

! 定义变量及数组
integer::i,j,k,l,node_number,element_number,property,support_number,support_node
integer::disp_num,node_disp_num,node_disp_num_f,ele_num,pin_ele_num,nodemass_number
integer::e_1,e_2,e_3,e_4,e_5,e_6
real::length,xi,yi,xj,yj,sin_alpha,cos_alpha,e,a,iz,roo,mass,max_val,min_val
integer,dimension(:),allocatable::mode_judge
integer,dimension(:,:),allocatable::element,element_orient,node_disp
real,dimension(:,:),allocatable::node,element_property,support,stiff_local,stiff_global
real,dimension(:,:),allocatable::mass_local,mass_global,total_mass,mode,translate,temp,&
total_stiff
real,dimension(:),allocatable::omega

! 定义输入输出文件
!!!!!!!!!!!!!!!!!!!!!!!!!!!!!!!!!!!!!!!!!!!!!!!!!!!!!!!!!!!!!!!!!!!!!!!!!!!!!!!!!!!
```

! 定义总体信息、结点坐标、单元、单元材性、支座约束、结点集中质量输入文件,定义自振频率、主振型输出文件

```
open(5,file="input.txt")
open(11,file="output.txt")


! 读入总体信息[结点数、单元数、各单元材性是否相同(相同为1,不相同为0)、支座结点数、有结点集中质量的结点数]
read(5,*)node_number,element_number,property,support_number,nodemass_number


! 分配结点坐标、单元、单元材性、支座约束、单元刚度和质量矩阵数组
allocate(node(node_number,2),element(element_number,4),node_disp(node_number,3))
allocate(element_orient(element_number,6),element_property(element_number,4))
allocate(support(support_number,7),stiff_local(6,6),stiff_global(6,6))
allocate(mass_local(6,6),mass_global(6,6),translate(6,6),temp(6,6))


! 结点坐标(依次读入每个结点的x和y坐标)
do i=1,node_number
  read(5,*)(node(i,j),j=1,2)
enddo


! 单元定义(依次读入每个单元的i和j结点,同时也定义了该单元的局部坐标系,后两个数
! 分别表示i和j端是否铰结,铰结为0,刚结为1)
do i=1,element_number
  read(5,*)(element(i,j),j=1,4)
enddo


! 单元材性(依次读入每个单元的弹性模量、横截面面积、惯性矩、材料密度,各单元材性
! 相同时只需输一次,不同时则需依次输入每个单元的材性)
if(property==1) then
  read(5,*)e,a,iz,roo
  do i=1,element_number
    element_property(i,1)=e;element_property(i,2)=a;element_property(i,3)=iz
    element_property(i,4)=roo
  enddo
else
  do i=1,element_number
    read(5,*)(element_property(i,j),j=1,4)
  enddo
endif


! 支座约束(读入支座结点号,每个支座x、y和转角方向的约束情况,0表示没有约束,1
! 表示有约束,2表示弹性约束,后3个数为相应方向弹性约束刚度系数)
do i=1,support_number
  read(5,*)(support(i,j),j=1,7)
enddo


! 判定结点类型(刚结点为1,铰结点为2,组合结点为3),计算每个结点的位移分量数、位
! 移分量起始编号及位移分量总数
```

```
disp_num=0
do i=1,node_number
  ele_num=0;pin_ele_num=0
  do j=1,element_number
    if(element(j,1)==i) then
      ele_num=ele_num+1
      if(element(j,3)==0) then
        pin_ele_num=pin_ele_num+1
      endif
    elseif(element(j,2)==i) then
      ele_num=ele_num+1
      if(element(j,4)==0) then
        pin_ele_num=pin_ele_num+1
      endif
    else
    endif
  enddo
  if(pin_ele_num==0) then
    node_disp(i,1)=1
    node_disp_num=3
    disp_num=disp_num+node_disp_num
  elseif(pin_ele_num==ele_num) then
    node_disp(i,1)=2
    node_disp_num=3+pin_ele_num-1
    disp_num=disp_num+node_disp_num
  else
    node_disp(i,1)=3
    node_disp_num=3+pin_ele_num
    disp_num=disp_num+node_disp_num
  endif
  if(i==1) then
    node_disp(i,2)=1
  else
    node_disp(i,2)=node_disp(i-1,2)+node_disp_num_f
  endif
  node_disp_num_f=node_disp_num
enddo
do i=1,node_number
  node_disp(i,3)=node_disp(i,2)
enddo
! 单元定位向量
do i=1,element_number
  element_orient(i,1)=node_disp(element(i,1),2)
  element_orient(i,2)=node_disp(element(i,1),2)+1
  if(node_disp(element(i,1),1)==1) then
    element_orient(i,3)=node_disp(element(i,1),2)+2
```

```fortran
    elseif(node_disp(element(i,1),1)==2) then
      element_orient(i,3)=node_disp(element(i,1),2)+2+(node_disp(element(i,1),3)-&
      node_disp(element(i,1),2))
      node_disp(element(i,1),3)=node_disp(element(i,1),3)+1
    else
      if(element(i,3)==1) then
        element_orient(i,3)=node_disp(element(i,1),2)+2
      else
        element_orient(i,3)=node_disp(element(i,1),2)+3+(node_disp(element(i,1),3)-&
        node_disp(element(i,1),2))
        node_disp(element(i,1),3)=node_disp(element(i,1),3)+1
      endif
    endif
    element_orient(i,4)=node_disp(element(i,2),2)
    element_orient(i,5)=node_disp(element(i,2),2)+1
    if(node_disp(element(i,2),1)==1) then
      element_orient(i,6)=node_disp(element(i,2),2)+2
    elseif(node_disp(element(i,2),1)==2) then
      element_orient(i,6)=node_disp(element(i,2),2)+2+(node_disp(element(i,2),3)-&
      node_disp(element(i,2),2))
      node_disp(element(i,2),3)=node_disp(element(i,2),3)+1
    else
      if(element(i,3)==1) then
        element_orient(i,6)=node_disp(element(i,2),2)+2
      else
        element_orient(i,6)=node_disp(element(i,2),2)+3+(node_disp(element(i,2),3)-&
        node_disp(element(i,2),2))
        node_disp(element(i,2),3)=node_disp(element(i,2),3)+1
      endif
    endif
enddo

allocate(total_stiff(disp_num,disp_num),total_mass(disp_num,disp_num),omega(disp_num))
allocate(mode(disp_num,disp_num),mode_judge(disp_num))

! 计算单元刚度矩阵及单元质量矩阵，并对号入座形成总刚及结构质量矩阵
!!!!!!!!!!!!!!!!!!!!!!!!!!!!!!!!!!!!!!!!!!!!!!!!!!!!!!!!!!!!!!!!!!!!!!!!!!!!!!!!!!!!!!!!
do i=1,disp_num
  do j=1,disp_num
    total_stiff(i,j)=0.0
    total_mass(i,j)=0.0
  enddo
enddo
do i=1,element_number
  ! 计算单元长度及局部坐标方向角的正弦、余弦
  xi=node(element(i,1),1)
```

```
      yi=node(element(i,1),2)
      xj=node(element(i,2),1)
      yj=node(element(i,2),2)
      length=sqrt((xj-xi)**2.0+(yj-yi)**2.0)
      sin_alpha=(yj-yi)/length
      cos_alpha=(xj-xi)/length
      ! 计算局部坐标系下的单元刚度矩阵
      e=element_property(i,1)
      a=element_property(i,2)
      iz=element_property(i,3)
      roo=element_property(i,4)
      call element_stiff_mass(e,a,iz,roo,length,sin_alpha,cos_alpha,stiff_local,mass_local,&
      translate,stiff_global,mass_global)
      ! 按单元定位向量对号入座形成总刚及结构质量矩阵
      do j=1,6
        do k=1,6
          total_stiff(element_orient(i,j),element_orient(i,k))=total_stiff(element_orient(i,j),&
          element_orient(i,k))+stiff_global(j,k)
          total_mass(element_orient(i,j),element_orient(i,k))=total_mass(element_orient(i,j),&
          element_orient(i,k))+mass_global(j,k)
        enddo
      enddo
    enddo


! 将结点集中质量加到结构质量矩阵中
if(nodemass_number==0) then
else
    ! 依次读入有集中质量结点的结点号和集中质量
    do i=1,nodemass_number
      read(5,*)j,mass
      total_mass(node_disp(j,2),node_disp(j,2))=total_mass(node_disp(j,2),node_disp(j,2))&
      +mass
      total_mass(node_disp(j,2)+1,node_disp(j,2)+1)=total_mass(node_disp(j,2)+1,&
      node_disp(j,2)+1)+mass
    enddo
endif


! 对总刚采用"划零置一"法处理支座约束条件
!!!!!!!!!!!!!!!!!!!!!!!!!!!!!!!!!!!!!!!!!!!!!!!!!!!!!!!!!!!!!!!!!!!!!!!!!!!!!!!!!!!!!!!!!!!!!
do i=1,support_number
  support_node=int(support(i,1))
  do j=1,3
    if(int(support(i,j+1))==1) then
      do k=1,disp_num
        total_stiff(node_disp(support_node,2)+j-1,k)=0.0
        total_stiff(k,node_disp(support_node,2)+j-1)=0.0
```

```
          total_mass(node_disp(support_node,2)+j-1,k)=0.0
          total_mass(k,node_disp(support_node,2)+j-1)=0.0
        enddo
        total_stiff(node_disp(support_node,2)+j-1,node_disp(support_node,2)+j-1)=1.0
        total_mass(node_disp(support_node,2)+j-1,node_disp(support_node,2)+j-1)=1.0
      elseif(int(support(i,j+1))==2) then
        total_stiff(node_disp(support_node,2)+j-1,node_disp(support_node,2)+j-1)=&
        total_stiff(node_disp(support_node,2)+j-1,node_disp(support_node,2)+j-&
        1)+support(i,j+4)
      endif
    enddo
  enddo
enddo

! 求解自振频率和主振型,并输出
!!!!!!!!!!!!!!!!!!!!!!!!!!!!!!!!!!!!!!!!!!!!!!!!!!!!!!!!!!!!!!!!!!!!!!!!!!!!!!!!!
CALL GVCSP(disp_num,total_stiff,disp_num,total_mass,disp_num,omega,mode,disp_num)
do i=1,disp_num
  omega(i)=sqrt(omega(i))
enddo
! 舍弃约束位移分量对应的频率及振型分量
do i=1,disp_num
  mode_judge(i)=1
enddo
do i=1,disp_num
  if(omega(i)< 1.00001.and.omega(i)> 0.99999) then
    k=0
    do j=1,disp_num
      if(mode(j,i)< 0.0001.and.mode(j,i)> -0.0001) then
        k=k+1
      endif
    enddo
    if(k==disp_num-1) then
      mode_judge(i)=0
    endif
  else
  endif
enddo
! 输出自振频率
write(11,* )'# # # # # # # # # #    natural frequencies    # # # # # # # # # # #'
write(11,* )'number                frequencies'
j=1
do i=disp_num,1,-1
  if(mode_judge(i)==0) then
  else
    write(11,'(i3,e20.4)')j,omega(i)
    j=j+1
```

```
      endif
   enddo
! 归一化并输出主振型
do i=1,disp_num
   max_val=0.0;min_val=0.0
   do j=1,disp_num
      if(mode(j,i)> max_val) then
         max_val=mode(j,i)
      elseif(mode(j,i)< min_val) then
         min_val=mode(j,i)
      else
      endif
   enddo
   if(abs(max_val)> =abs(min_val)) then
      do j=1,disp_num
         mode(j,i)=mode(j,i)/max_val
      enddo
   else
      do j=1,disp_num
         mode(j,i)=mode(j,i)/min_val
      enddo
   endif
enddo
write(11,* )
write(11,* )'# # # # # # # # # #  natural modes  # # # # # # # # # # # '
j=1
do i=disp_num,1,-1
   if(mode_judge(i)==0) then
   else
      write(11,'(a13,i3)')'mode number:',j
      j=j+1
      do k=1,element_number
         e_1=element_orient(k,1);e_2=element_orient(k,2);e_3=element_orient(k,3)
         e_4=element_orient(k,4);e_5=element_orient(k,5);e_6=element_orient(k,6)
         write(11,'(a8,i3,a1,6e13.4)')'element',k,':',mode(e_1,i),mode(e_2,i),mode(e_3,i),&
         mode(e_4,i),mode(e_5,i),mode(e_6,i)
      enddo
   endif
enddo

end
```

! 一般(刚架)单元在局部和整体坐标系下的单元刚度矩阵、单元质量矩阵子程序

```
subroutine element_stiff_mass(e,a,iz,roo,length,sin_alpha,cos_alpha,stiff_local,mass_local,&
translate,stiff_global,mass_global)
   integer::j,k
```

```
real::e,a,iz,roo,length,sin_alpha,cos_alpha,coef
real,dimension(6,6)::stiff_local,mass_local,translate,stiff_global,mass_global,temp1,temp2
stiff_local(1,1)=e* a/length
stiff_local(1,2)=0.0
stiff_local(1,3)=0.0
stiff_local(1,4)=(-1.0)* e* a/length
stiff_local(1,5)=0.0
stiff_local(1,6)=0.0
stiff_local(2,2)=12.0* e* iz/length* * 3.0
stiff_local(2,3)=6.0* e* iz/length* * 2.0
stiff_local(2,4)=0.0
stiff_local(2,5)=(-1.0)* 12.0* e* iz/length* * 3.0
stiff_local(2,6)=6.0* e* iz/length* * 2.0
stiff_local(3,3)=4.0* e* iz/length
stiff_local(3,4)=0.0
stiff_local(3,5)=(-1.0)* 6.0* e* iz/length* * 2.0
stiff_local(3,6)=2.0* e* iz/length
stiff_local(4,4)=e* a/length
stiff_local(4,5)=0.0
stiff_local(4,6)=0.0
stiff_local(5,5)=12.0* e* iz/length* * 3.0
stiff_local(5,6)=(-1.0)* 6.0* e* iz/length* * 2.0
stiff_local(6,6)=4.0* e* iz/length
coef=roo* a* length/420.0
mass_local(1,1)=coef* 140.0
mass_local(1,2)=0.0
mass_local(1,3)=0.0
mass_local(1,4)=coef* 70.0
mass_local(1,5)=0.0
mass_local(1,6)=0.0
mass_local(2,2)=coef* 156.0
mass_local(2,3)=coef* 22.0* length
mass_local(2,4)=0.0
mass_local(2,5)=coef* 54.0
mass_local(2,6)=coef* (-1.0)* 13.0* length
mass_local(3,3)=coef* 4.0* length* * 2.0
mass_local(3,4)=0.0
mass_local(3,5)=coef* 13.0* length
mass_local(3,6)=coef* (-1.0)* 3.0* length* * 2.0
mass_local(4,4)=coef* 140.0
mass_local(4,5)=0.0
mass_local(4,6)=0.0
mass_local(5,5)=coef* 156.0
mass_local(5,6)=coef* (-1.0)* 22.0* length
mass_local(6,6)=coef* 4.0* length* * 2.0
! 下三角对称
```

```
do j=2,6
  do k=1,j-1
    stiff_local(j,k)=stiff_local(k,j)
    mass_local(j,k)=mass_local(k,j)
  enddo
enddo
! 计算坐标转换矩阵
do j=1,6
  do k=1,6
    translate(j,k)=0.0
  enddo
enddo
translate(1,1)=cos_alpha
translate(1,2)=sin_alpha
translate(2,1)=(-1.0)* sin_alpha
translate(2,2)=cos_alpha
translate(3,3)=1.0
translate(4,4)=cos_alpha
translate(4,5)=sin_alpha
translate(5,4)=(-1.0)* sin_alpha
translate(5,5)=cos_alpha
translate(6,6)=1.0
! 计算整体坐标系下的单元刚度矩阵
do j=1,6
  do k=1,6
    temp1(j,k)=0.0
    stiff_global(j,k)=0.0
    temp2(j,k)=0.0
    mass_global(j,k)=0.0
  enddo
enddo
do j=1,6
  do k=1,6
    do l=1,6
      temp1(j,k)=temp1(j,k)+translate(l,j)* stiff_local(l,k)
      temp2(j,k)=temp2(j,k)+translate(l,j)* mass_local(l,k)
    enddo
  enddo
enddo
do j=1,6
  do k=1,6
    do l=1,6
      stiff_global(j,k)=stiff_global(j,k)+temp1(j,l)* translate(l,k)
      mass_global(j,k)=mass_global(j,k)+temp2(j,l)* translate(l,k)
    enddo
  enddo
```

81

```
enddo
end subroutine
```

若编程环境为 Intel Visual Fortran Composer XE 2013 等，则在求解广义特征值问题时，需首先调用 potrf 子程序将结构质量矩阵进行 cholesky 分解，再调用 sygst 子程序将广义特征值问题转化为标准特征值问题，最后调用 sytrd 以及 steqr 子程序求解特征值及特征向量。

【例 3-3】 试用平面杆系结构动力问题求解程序计算例 3-1 所示结构的自振频率及主振型。

解： 以下为本例的输入文件（"input. txt"）：

```
4 3 1 2 0
0. 0 0. 0
4. 0 3. 0
9. 0 3. 0
9. 0 0. 0
1 2 1 1
2 3 1 0
4 3 1 0
200e9 1.0e-2 32.0e-5 7800
1 1 1 1 0 0 0
4 1 1 1 0 0 0
```

程序运行后，输出文件（"output. txt"）如下：

```
# # # # # # # # #  natural frequencies  # # # # # # # # # #
number              frequencies
   1                0. 1408E＋03
   2                0. 4873E＋03
   3                0. 9414E＋03
   4                0. 1341E＋04
   5                0. 1981E＋04
   6                0. 2631E＋04
   7                0. 3033E＋04
# # # # # # # # #  natural modes   # # # # # # # # # #
mode number：  1
element  1： 0. 0000E＋00   0. 0000E＋00   0. 0000E＋00   －0. 7501E＋00   0. 1000E＋01   0. 1482E＋00
element  2： －0. 7501E＋00  0. 1000E＋01   0. 1482E＋00   －0. 7461E＋00   0. 6076E－02   －0. 4148E＋00
element  3： 0. 0000E＋00   0. 0000E＋00   0. 0000E＋00   －0. 7461E＋00   0. 6076E－02   0. 3684E＋00
mode number：  2
element  1： 0. 0000E＋00   0. 0000E＋00   0. 0000E＋00   －0. 2200E＋00   0. 1162E＋00   －0. 7636E＋00
element  2： －0. 2200E＋00  0. 1162E＋00   －0. 7636E＋00   －0. 2521E＋00   －0. 4754E－01   0. 1000E＋01
element  3： 0. 0000E＋00   0. 0000E＋00   0. 0000E＋00   －0. 2521E＋00   －0. 4754E－01   0. 1062E＋00
mode number：  3
element  1： 0. 0000E＋00   0. 0000E＋00   0. 0000E＋00   0. 4990E＋00   0. 1000E＋01   －0. 8587E＋00
element  2： 0. 4990E＋00   0. 1000E＋01   －0. 8587E＋00   0. 9729E＋00   0. 9562E－02   －0. 1741E＋00
element  3： 0. 0000E＋00   0. 0000E＋00   0. 0000E＋00   0. 9729E＋00   0. 9562E－02   －0. 1452E＋00
mode number：  4
element  1： 0. 0000E＋00   0. 0000E＋00   0. 0000E＋00   －0. 4433E－03   0. 3297E＋00   0. 7013E＋00
```

element　2：　−0.4433E−03　0.3297E+00　　0.7013E+00　　−0.8510E−02　　−0.1829E+00　0.1000E+01

element　3：　0.0000E+00　0.0000E+00　　0.0000E+00　　−0.8510E−02　　−0.1829E+00　−0.4061E−02

mode number：5

element　1：　0.0000E+00　0.0000E+00　　0.0000E+00　　−0.1973E+00　　−0.3793E−01　0.1055E+00

element　2：　−0.1973E+00　−0.3793E−01　0.1055E+00　　0.6549E−01　　−0.2978E−01　0.3351E−01

element　3：　0.0000E+00　0.0000E+00　　0.0000E+00　　0.6549E−01　　−0.2978E−01　0.1000E+01

mode number：6

element　1：　0.0000E+00　0.0000E+00　　0.0000E+00　　0.2307E−01　　0.9806E−01　0.1626E+00

element　2：　0.2307E−01　0.9806E−01　　0.1626E+00　　−0.8386E−01　　0.6745E+00　0.1000E+01

element　3：　0.0000E+00　0.0000E+00　　0.0000E+00　　−0.8386E−01　　0.6745E+00　0.3322E+00

mode number：7

element　1：　0.0000E+00　0.0000E+00　　0.0000E+00　　0.2306E+00　　0.1563E−02　−0.1368E+00

element　2：　0.2306E+00　0.1563E−02　　−0.1368E+00　　−0.3355E+00　　−0.8471E−01　−0.2099E+00

element　3：　0.0000E+00　0.0000E+00　　0.0000E+00　　−0.3355E+00　　−0.8471E−01　0.1000E+01

依据程序计算结果即可绘出结构的各阶主振型。

【例3-4】试用平面杆系结构动力问题求解程序计算例3-2。

解：本例输入文件（"input. txt"）如下：

4 3 1 2 2

0. 0 0. 0

4. 0 3. 0

9. 0 3. 0

9. 0 0. 0

1 2 1 1

2 3 1 0

4 3 1 0

200e9 1.0e-2 32.0e-5 0.01

1 1 1 1 0 0 0

4 1 1 1 0 0 0

2 390. 0

3 312. 0

程序运行后，输出文件（"output. txt"）如下：

＃＃＃＃＃＃＃＃＃　natural frequencies　＃＃＃＃＃＃＃＃＃＃＃

number	frequencies
1	0. 1327E+03
2	0. 7983E+03
3	0. 1527E+04
4	0. 1648E+04
5	0. 4262E+06
6	0. 1113E+07
7	0. 1822E+07

＃＃＃＃＃＃＃＃＃＃　natural modes　＃＃＃＃＃＃＃＃＃＃

mode number：1

element　1：　0.0000E+00　0.0000E+00　　0.0000E+00　　−0.7511E+00　　0.1000E+01　0.1288E+00

element　2：　−0.7511E+00　0.1000E+01　　0.1288E+00　　−0.7474E+00　　0.4174E−02　−0.3630E+00

element　3：　0.0000E+00　0.0000E+00　　0.0000E+00　　−0.7474E+00　　0.4174E−02　0.3737E+00

mode number：2

element 1:	0.0000E+00	0.0000E+00	0.0000E+00	0.5202E+00	0.9886E+00	−0.2639E−02
element 2:	0.5202E+00	0.9886E+00	−0.2639E−02	0.1000E+01	0.2311E−02	−0.2944E+00
element 3:	0.0000E+00	0.0000E+00	0.0000E+00	0.1000E+01	0.2311E−02	−0.5000E+00

mode number：3

element 1:	0.0000E+00	0.0000E+00	0.0000E+00	0.9490E−03	−0.2517E−02	0.8549E−01
element 2:	0.9490E−03	−0.2517E−02	0.8549E−01	0.1829E−03	0.1000E+01	0.2581E+00
element 3:	0.0000E+00	0.0000E+00	0.0000E+00	0.1829E−03	0.1000E+01	−0.8683E−04

mode number：4

element 1:	0.0000E+00	0.0000E+00	0.0000E+00	0.1000E+01	0.2083E+00	−0.9223E−01
element 2:	0.1000E+01	0.2083E+00	−0.9223E−01	−0.9077E+00	−0.3648E−03	−0.1645E−01
element 3:	0.0000E+00	0.0000E+00	0.0000E+00	−0.9077E+00	−0.3648E−03	0.4539E+00

mode number：5

element 1:	0.0000E+00	0.0000E+00	0.0000E+00	0.5048E−07	0.4318E−06	−0.7071E+00
element 2:	0.5048E−07	0.4318E−06	−0.7071E+00	0.2732E−10	0.5157E−06	0.1000E+01
element 3:	0.0000E+00	0.0000E+00	0.0000E+00	0.2732E−10	0.5157E−06	−0.1855E−10

mode number：6

element 1:	0.0000E+00	0.0000E+00	0.0000E+00	−0.1290E−06	0.1872E−06	0.7071E+00
element 2:	−0.1290E−06	0.1872E−06	0.7071E+00	−0.2162E−11	0.1765E−06	0.1000E+01
element 3:	0.0000E+00	0.0000E+00	0.0000E+00	−0.2162E−11	0.1765E−06	−0.5690E−11

mode number：7

element 1:	0.0000E+00	0.0000E+00	0.0000E+00	0.5744E−13	0.1434E−12	0.1696E−10
element 2:	0.5744E−13	0.1434E−12	0.1696E−10	−0.1099E−06	0.7349E−11	0.6403E−10
element 3:	0.0000E+00	0.0000E+00	0.0000E+00	−0.1099E−06	0.7349E−11	0.1000E+01

【例 3-5】试用平面杆系结构动力问题求解程序计算图 3-4 所示刚架发生横向剪切型振动时的自振频率和主振型。已知梁的质量为 $m=3.6\times10^4\text{kg}$，柱的横截面面积和惯性矩分别为 $A=0.24\text{m}^2$ 和 $I=1.28\times10^{-2}\text{m}^4$，材料的弹性模量为 $E=2.5\times10^4\text{MPa}$。设梁的刚度为无穷大，并忽略柱的质量。

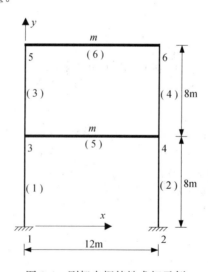

图 3-4 刚架自振特性求解示例

解：本例中，为保证梁的质量与已知条件相符，应取梁的横截面面积为 $A=m/\rho l$，若设 $\rho=2500\text{kg/m}^3$，则 $A=1.2\text{m}^2$。梁的横截面惯性矩可以填一个远大于柱横截面惯性矩的数值，如 $I = 5.0\text{m}^4$。输入文件（"input. txt"）如下：

```
6 6 0 2 0
0.0 0.0
12.0 0.0
0.0 8.0
12.0 8.0
0.0 16.0
12.0 16.0
1 3 1 1
2 4 1 1
3 5 1 1
4 6 1 1
3 4 1 1
5 6 1 1
2.5e10 0.24 1.28e-2 0.0
2.5e10 0.24 1.28e-2 0.0
2.5e10 0.24 1.28e-2 0.0
2.5e10 0.24 1.28e-2 0.0
2.5e10 1.2 5.0 2500
2.5e10 1.2 5.0 2500
1 1 1 1 0 0 0
2 1 1 1 0 0 0
```

程序运行后，输出文件（"output. txt"）如下（为节约篇幅，第二阶以上的结果未列出）：

\# \# \# \# \# \# \# \# \# \#　natural frequencies　\# \# \# \# \# \# \# \# \# \#

number　　　　　　　　　frequencies

　1　　　　　　　　　　0.1248E+02

　2　　　　　　　　　　0.3285E+02

……

\# \# \# \# \# \# \# \# \# \#　natural modes　　\# \# \# \# \# \# \# \# \# \#

mode number：1

element 1：	0.0000E+00	0.0000E+00	0.0000E+00	0.6098E+00	0.9004E−02	−0.1968E−02
element 2：	0.0000E+00	0.0000E+00	0.0000E+00	0.6098E+00	−0.9008E−02	−0.1968E−02
element 3：	0.6098E+00	0.9004E−02	−0.1968E−02	0.1000E+01	0.1151E−01	−0.2098E−02
element 4：	0.6098E+00	−0.9008E−02	−0.1968E−02	0.1000E+01	−0.1151E−01	−0.2098E−02
element 5：	0.6098E+00	0.9004E−02	−0.1968E−02	0.6098E+00	−0.9008E−02	−0.1968E−02
element 6：	0.1000E+01	0.1151E−01	−0.2098E−02	0.1000E+01	−0.1151E−01	−0.2098E−02

mode number：2

element 1：	0.0000E+00	0.0000E+00	0.0000E+00	0.1000E+01	−0.1462E−01	0.2708E−02
element 2：	0.0000E+00	0.0000E+00	0.0000E+00	0.1000E+01	0.1463E−01	0.2708E−02
element 3：	0.1000E+01	−0.1462E−01	0.2708E−02	−0.6097E+00	−0.2534E−01	0.4977E−02
element 4：	0.1000E+01	0.1463E−01	0.2708E−02	−0.6097E+00	0.2534E−01	0.4977E−02
element 5：	0.1000E+01	−0.1462E−01	0.2708E−02	0.1000E+01	0.1463E−01	0.2708E−02
element 6：	−0.6097E+00	−0.2534E−01	0.4977E−02	−0.6097E+00	0.2534E−01	0.4977E−02

……

　　根据输出文件即可绘出相应于各阶自振频率的主振型。

3.5 结构稳定分析的有限单元法概述

结构的破坏形式除了强度破坏以外，还可能丧失稳定性，即失稳破坏。

失稳现象可分为两类[①]。丧失第一类稳定性是指荷载达到一定的数值后结构的平衡状态发生质的突变出现分支，即原有的平衡形式不再稳定，出现新的有质的区别的平衡形式，也称分支点失稳。此时相应的荷载值称为临界荷载，用 F_{Pcr} 表示。丧失第二类稳定性是指平衡形式并不发生质变，但是荷载达到一定数值后，即使不再增加荷载，变形也会按原有形式迅速增长，直到结构破坏，也称极值点失稳，相应的荷载值也称临界荷载。

由于工程结构不可能处于理想的中心受压状态，所以实际上均属于第二类稳定性问题。在发生极值点失稳时，结构的位移一般已超出小位移范围，结构某些部位的变形也不再是弹性变形，因此极值点失稳问题通常是几何非线性和材料非线性同时存在的复杂非线性问题。本章仅限于讨论结构在弹性范围内的分支点失稳，在很多商用有限元软件中，也称屈曲分析。

在静力分析中，结构的刚度矩阵与所受荷载是无关的，这实际上是忽略了轴力对杆件横向刚度的影响，但在作稳定性分析时则必须加以修正。

设在考虑了轴力影响后，局部坐标系下的单元刚度方程修改为

$$\overline{\boldsymbol{F}}^{(e)} = \left[\overline{\boldsymbol{k}}^{(e)} + \overline{\boldsymbol{k}}_\sigma^{(e)} \right] \overline{\boldsymbol{\delta}}^{(e)} \tag{3-14}$$

式（3-14）中，$\overline{\boldsymbol{k}}^{(e)}$ 为不考虑轴力影响时的单元刚度矩阵，如第 2 章所述，而 $\overline{\boldsymbol{k}}_\sigma^{(e)}$ 则用以反映杆件轴力的影响，与单元中的轴力成正比，称为单元初应力矩阵，或单元几何刚度矩阵。相应地，结构刚度方程也修改为

$$\boldsymbol{F} = (\boldsymbol{K} + \boldsymbol{K}_\sigma) \boldsymbol{\Delta} \tag{3-15}$$

其中，$\boldsymbol{K}$ 为不考虑轴力影响时的结构刚度矩阵，而 $\boldsymbol{K}_\sigma$ 则为结构初应力矩阵，或结构几何刚度矩阵。这里，单元初应力矩阵的坐标转换以及结构初应力矩阵的形成方法仍与第 2 章中相同。

若按某一轴力水平求得结构初应力矩阵为 $\boldsymbol{K}_\sigma$，则在其他轴力水平下可采用因子 λ 将结构初应力矩阵写为 $\lambda \boldsymbol{K}_\sigma$。此时，式（3-15）成为

$$\boldsymbol{F} = (\boldsymbol{K} + \lambda \boldsymbol{K}_\sigma) \boldsymbol{\Delta} \tag{3-16}$$

结构发生分支点失稳时进入随遇平衡状态，在外部荷载不变的情况下可由原先的平衡位置转至邻近的平衡位置。如以 $\boldsymbol{\Delta} + \delta\boldsymbol{\Delta}$ 表示这个邻近平衡位置，则有

$$\boldsymbol{F} = (\boldsymbol{K} + \lambda \boldsymbol{K}_\sigma)(\boldsymbol{\Delta} + \delta\boldsymbol{\Delta}) \tag{3-17}$$

将式（3-17）减去式（3-16）可得

$$(\boldsymbol{K} + \lambda \boldsymbol{K}_\sigma)\delta\boldsymbol{\Delta} = 0 \tag{3-18}$$

由此可见，分支点失稳问题的分析同样可归结为广义特征值问题。式（3-18）有非零解的条件为

$$|\boldsymbol{K} + \lambda \boldsymbol{K}_\sigma| = 0 \tag{3-19}$$

称为确定分支点失稳临界荷载的稳定方程。若方程左端为 n 阶矩阵，则求解方程可以得到

---

① 本教材不讨论第三类"跃越失稳"。

n 个特征值 λ_1，$\lambda_2 \cdots \lambda_n$，并可由式（3-18）求得相应的 n 个特征向量，它们分别表示结构的各阶临界荷载及对应的失稳模态。但对于稳定问题来说，通常有实际意义的只是最低的第一阶临界荷载。

3.6   刚架单元的初应力矩阵

推导单元的初应力矩阵时，必须考虑轴向应力在由于横向虚位移所引起的轴向虚应变上所作的虚功。

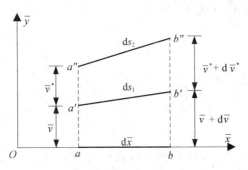

图 3-5   单元微段 ab 在失稳时的变位

图 3-5 所示为单元上某一微段，ab 为其失稳前的位置。当单元进入临界状态时产生平衡分支，微段可以在原位置 ab 处平衡，也可以在邻近的 $a'b'$ 处平衡。设微段发生无穷小横向虚位移至 $a''b''$，则由此引起的轴向虚应变为

$$\bar{\varepsilon}_a^{*(e)} = \frac{\mathrm{d}s_2 - \mathrm{d}s_1}{\mathrm{d}s_1} \tag{3-20}$$

当微段转角 $\dfrac{\mathrm{d}\bar{v}}{\mathrm{d}\bar{x}}$ 很小时，近似有

$$\mathrm{d}s_1 = \sqrt{1 + \left(\frac{\mathrm{d}\bar{v}}{\mathrm{d}\bar{x}}\right)^2}\, \mathrm{d}\bar{x} \approx \mathrm{d}\bar{x} + \frac{1}{2}\left(\frac{\mathrm{d}\bar{v}}{\mathrm{d}\bar{x}}\right)^2 \mathrm{d}\bar{x} \tag{3-21}$$

$$\mathrm{d}s_2 = \sqrt{1 + \left[\frac{\mathrm{d}}{\mathrm{d}\bar{x}}(\bar{v} + \bar{v}^*)\right]^2}\, \mathrm{d}\bar{x} \approx \mathrm{d}\bar{x} + \frac{1}{2}\left(\frac{\mathrm{d}\bar{v}}{\mathrm{d}\bar{x}} + \frac{\mathrm{d}\bar{v}^*}{\mathrm{d}\bar{x}}\right)^2 \mathrm{d}\bar{x} \tag{3-22}$$

将式（3-21）和式（3-22）代入式（3-20）并略去高阶微量，就可以得到

$$\bar{\varepsilon}_a^{*(e)} = \frac{\mathrm{d}\bar{v}}{\mathrm{d}\bar{x}} \frac{\mathrm{d}\bar{v}^*}{\mathrm{d}\bar{x}} \tag{3-23}$$

单元中轴向应力在此虚应变上所作的虚功可以表示为

$$U^* = \int_V \bar{\varepsilon}_a^{*(e)} \bar{\sigma}^{(e)} \mathrm{d}V = \int_0^l \bar{\varepsilon}_a^{*(e)} \bar{F}_N^{(e)} \mathrm{d}\bar{x} = \int_0^l \bar{F}_N^{(e)} \frac{\mathrm{d}\bar{v}}{\mathrm{d}\bar{x}} \frac{\mathrm{d}\bar{v}^*}{\mathrm{d}\bar{x}} \mathrm{d}\bar{x} \tag{3-24}$$

式中，$\bar{F}_N^{(e)}$ 为单元的轴力，以受拉为正。

由此可见，以上虚功可以看成是广义力 $\bar{F}_N^{(e)} \dfrac{\mathrm{d}\bar{v}}{\mathrm{d}\bar{x}}$ 在虚转角 $\dfrac{\mathrm{d}\bar{v}^*}{\mathrm{d}\bar{x}}$ 上所作的功，又可写为

$$U^* = \int_0^l \left(\frac{\mathrm{d}\bar{v}^*}{\mathrm{d}\bar{x}}\right)^{\mathrm{T}} \bar{F}_N^{(e)} \frac{\mathrm{d}\bar{v}}{\mathrm{d}\bar{x}} \mathrm{d}\bar{x} \tag{3-25}$$

若近似假设单元沿横向的位移呈三次函数变化，则将式（2-42）所示关系代入上式就

可以得到

$$U^* = (\bar{\boldsymbol{\delta}}^{*(e)})^{\mathrm{T}} \int_0^l \overline{F}_{\mathrm{N}}^{(e)} \left(\frac{\mathrm{d}\boldsymbol{N}}{\mathrm{d}\overline{x}}\right)^{\mathrm{T}} \frac{\mathrm{d}\boldsymbol{N}}{\mathrm{d}\overline{x}} \mathrm{d}\overline{x} (\bar{\boldsymbol{\delta}}^{(e)}) \tag{3-26}$$

在推导单元刚度矩阵的虚功原理表达式（2-50）中计入这一项，就可以得到单元初应力矩阵的计算式为

$$\bar{\boldsymbol{k}}_{\sigma}^{(e)} = \int_0^l \overline{F}_{\mathrm{N}}^{(e)} \left(\frac{\mathrm{d}\boldsymbol{N}}{\mathrm{d}\overline{x}}\right)^{\mathrm{T}} \frac{\mathrm{d}\boldsymbol{N}}{\mathrm{d}\overline{x}} \mathrm{d}\overline{x} \tag{3-27}$$

将式（2-43）代入式（3-27），并作扩展，补充与轴向杆端力、杆端位移对应的零元素行和列，可得刚架单元的初应力矩阵为

$$\bar{\boldsymbol{k}}_{\sigma}^{(e)} = \frac{\overline{F}_{\mathrm{N}}^{(e)}}{30l} \begin{bmatrix} 0 & 0 & 0 & 0 & 0 & 0 \\ & 36 & 3l & 0 & -36 & 3l \\ & & 4l^2 & 0 & -3l & -l^2 \\ \text{对} & & & 0 & 0 & 0 \\ & & & & 36 & -3l \\ & & \text{称} & & & 4l^2 \end{bmatrix} \tag{3-28}$$

注意，在以上推导过程中杆件的轴力以受拉为正，若按稳定性分析的习惯取受压为正，则需将式（3-18）和式（3-19）中的"+"号换成"−"号。

需要指出的是，考虑轴力对位移的影响时位移函数较为复杂，横向位移按三次函数变化实为近似假设，一般会使结构发生刚化而导致所计算的临界荷载高于精确值，但通过单元划分的细化可以减小计算误差。

3.7　稳定分析计算步骤及示例

如前所述，分支点失稳问题临界荷载及失稳模态的求解可归结于式（3-19）所示稳定方程以及式（3-18）所示广义特征值问题的求解。其中，结构初应力矩阵的形成仍采用第2章中"对号入座，同号相加"的方法。下面通过例题说明结构稳定分析的求解步骤。

【例 3-6】 试求图 3-6 所示刚架的临界荷载。已知各杆材料及截面均相同，$E = 2.5 \times 10^4 \mathrm{MPa}$，$I = 1.0 \times 10^{-4} \mathrm{m}^4$，$A = 0.03 \mathrm{m}^2$。

解：（1）用先处理法求解，单元划分、结点和单元编号、整体坐标系如图 3-6 所示。

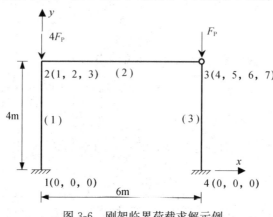

图 3-6　刚架临界荷载求解示例

结点位移基本未知量及其编号如下：

$$\boldsymbol{\Delta}= (U_1 \quad V_1 \quad \varPhi_1 \quad U_2 \quad V_2 \quad \varPhi_2 \quad U_3 \quad V_3 \quad \varPhi_3^L \quad \varPhi_3^R \quad U_4 \quad V_4 \quad \varPhi_4)^T$$
$$\phantom{\boldsymbol{\Delta}= (}\ 0 \quad 0 \quad 0 \quad 1 \quad 2 \quad 3 \quad 4 \quad 5 \quad 6 \quad 7 \quad 0 \quad 0 \quad 0$$

各单元局部坐标系和单元定位向量如表 3-2 所示。

表 3-2 各单元局部坐标系和单元定位向量

单元编号	局部坐标系		单元定位向量	
	始端 i	末端 j	始端 i	末端 j
(1)	1	2	0 0 0	1 2 3
(2)	2	3	1 2 3	4 5 6
(3)	4	3	0 0 0	4 5 7

（2）计算整体坐标系下的单元刚度矩阵。

以下计算过程中的单位均采用 N 和 m。

单元（1）、（3）：$\alpha=90°$，$\cos\alpha=0.0$，$\sin\alpha=1.0$，直接由式（2-68）可求得

$$\boldsymbol{k}^{(1)}=\boldsymbol{k}^{(3)}=10^5 \times \begin{bmatrix} 4.69 & 0.0 & -9.38 & -4.69 & 0.0 & -9.38 \\ & 1875.0 & 0.0 & 0.0 & -1875.0 & 0.0 \\ & & 25.0 & 9.38 & 0.0 & 12.50 \\ & 对 & & 4.69 & 0.0 & 9.38 \\ & & & & 1875.0 & 0.0 \\ & & 称 & & & 25.0 \end{bmatrix}$$

单元（2）：$\alpha=0°$，$\cos\alpha=1.0$，$\sin\alpha=0.0$，由式（2-5）可求得

$$\boldsymbol{k}^{(2)}=\bar{\boldsymbol{k}}^{(2)}=10^5 \times \begin{bmatrix} 1250.0 & 0.0 & 0.0 & -1250.0 & 0.0 & 0.0 \\ & 1.39 & 4.17 & 0.0 & -1.39 & 4.17 \\ & & 16.67 & 0.0 & -4.17 & 8.33 \\ & 对 & & 1250.0 & 0.0 & 0.0 \\ & & & & 1.39 & -4.17 \\ & & 称 & & & 16.67 \end{bmatrix}$$

（3）计算整体坐标系下的单元初应力矩阵。

局部坐标系下各单元的初应力矩阵按式（3-28）计算，并由式（2-60）计算的坐标转换矩阵求得整体坐标系下的初应力矩阵。计算过程中的单位均采用 N 和 m，杆件轴力以受压为正，且计算过程中假设荷载因子 $F_P=1N$。

单元（1）：杆件轴力为 $4F_P$

$$\boldsymbol{k}_\sigma^{(1)}=(\boldsymbol{T}^{(1)})^T\bar{\boldsymbol{k}}_\sigma^{(1)}\boldsymbol{T}^{(1)}= \begin{bmatrix} 1.20 & 0.0 & -0.40 & -1.20 & 0.0 & -0.40 \\ & 0.0 & 0.0 & 0.0 & 0.0 & 0.0 \\ & & 2.13 & 0.40 & 0.0 & -0.53 \\ & 对 & & 1.20 & 0.0 & 0.40 \\ & & & & 0.0 & 0.0 \\ & & 称 & & & 2.13 \end{bmatrix}$$

单元（2）：轴力为零，不存在初应力矩阵

单元（3）：杆件轴力为 F_P

$$\boldsymbol{k}_\sigma^{(3)} = (\boldsymbol{T}^{(3)})^{\mathrm{T}} \bar{\boldsymbol{k}}_\sigma^{(3)} \boldsymbol{T}^{(3)} = \begin{bmatrix} 0.30 & 0.0 & -0.10 & -0.30 & 0.0 & -0.10 \\ & 0.0 & 0.0 & 0.0 & 0.0 & 0.0 \\ & & 0.53 & 0.10 & 0.0 & -0.13 \\ & \text{对} & & 0.30 & 0.0 & 0.10 \\ & & & & 0.0 & 0.0 \\ & & & \text{称} & & 0.53 \end{bmatrix}$$

（4）结构刚度矩阵和结构初应力矩阵。

由单元定位向量"对号入座，同号相加"即可形成结构刚度矩阵、结构初应力矩阵。

$$\boldsymbol{K} = 10^5 \times \begin{bmatrix} 1254.69 & 0.0 & 9.38 & -1250.0 & 0.0 & 0.0 & 0.0 \\ & 1876.39 & 4.17 & 0.0 & -1.39 & 4.17 & 0.0 \\ & & 41.67 & 0.0 & -4.17 & 8.33 & 0.0 \\ & \text{对} & & 1254.69 & 0.0 & 0.0 & 9.38 \\ & & & & 1876.39 & -4.17 & 0.0 \\ & & & & & 16.67 & 0.0 \\ & & & \text{称} & & & 25.0 \end{bmatrix}$$

$$\boldsymbol{K}_\sigma = \begin{bmatrix} 1.20 & 0.0 & 0.40 & 0.0 & 0.0 & 0.0 & 0.0 \\ & 0.0 & 0.0 & 0.0 & 0.0 & 0.0 & 0.0 \\ & & 2.13 & 0.0 & 0.0 & 0.0 & 0.0 \\ & \text{对} & & 0.30 & 0.0 & 0.0 & 0.10 \\ & & & & 0.0 & 0.0 & 0.0 \\ & & & & & 0.0 & 0.0 \\ & & & \text{称} & & & 0.53 \end{bmatrix}$$

（5）计算临界荷载及失稳模态。

求解式（3-19）及式（3-18）（注意轴力以受压为正时应取"－"号），即可得到该刚架的七个临界荷载及相应的失稳模态。其中，有实际意义的第一阶临界荷载为 $F_{\mathrm{Pcr1}} = 244.89\text{kN}$。

对应的归一化失稳模态向量为

$$\delta\boldsymbol{\Delta}_1 = (1.0 \quad 0.0 \quad -0.26 \quad 1.0 \quad 0.0 \quad 0.13 \quad -0.38)^{\mathrm{T}}$$

由此可作出失稳模态如图 3-7 所示。

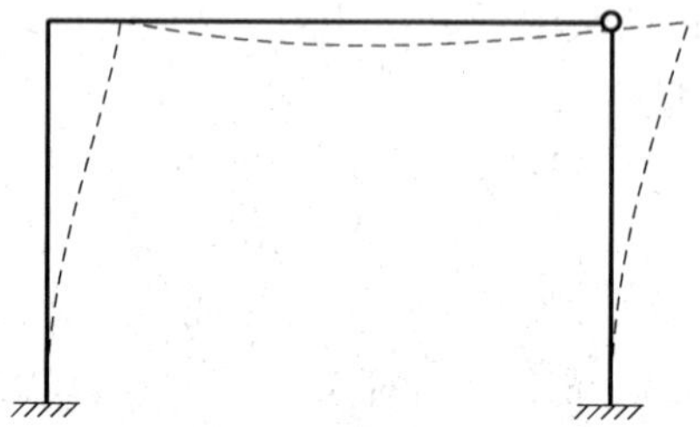

图 3-7 第一阶失稳模态

3.8 稳定问题的程序设计及使用

平面杆系结构稳定问题的程序设计以第 2 章中的静力分析程序为基础，只是单元类型统一采用一般刚架单元。程序先采用静力方法求解单元轴力，再计算结构初应力矩阵，线性方程组和广义特征值问题的求解则直接调用 imsl（Compaq Visual Fortran 6.5 等编程环境，CVF）或 mkl（Intel Visual Fortran Composer XE 2013 等编程环境，IVF）函数库。

平面杆系结构稳定问题求解程序
（Compaq Visual Fortran 6.5 等编程环境，CVF）

```fortran
! 使用 imsl 函数库
use numerical_libraries

implicit none

! 定义变量及数组
integer::i,j,k,l,node_number,element_number,property,support_number,support_node
integer::load_number,disp_num,node_disp_num
integer::node_disp_num_f,ele_num,pin_ele_num,e_1,e_2,e_3,e_4,e_5,e_6
real::length,xi,yi,xj,yj,sin_alpha,cos_alpha,e,a,iz,max_val,min_val,fx,fy,fa
integer,dimension(:),allocatable::mode_judge
integer,dimension(:,:),allocatable::element,element_orient,node_disp
real,dimension(:,:),allocatable::node,element_property,support,stiff_local,stiff_global,translate
real,dimension(:,:),allocatable::temp,total_stiff
real,dimension(:,:),allocatable::geom_stiff_local,geom_stiff_global,total_geom_stiff
real,dimension(:),allocatable::node_force,node_displacement,axial_force,element_force_global
real,dimension(:),allocatable::element_force_local,lbeta
complex,dimension(:),allocatable::lamda,lalpha
complex,dimension(:,:),allocatable::mode

! 定义输入输出文件
!!!!!!!!!!!!!!!!!!!!!!!!!!!!!!!!!!!!!!!!!!!!!!!!!!!!!!!!!!!!!!!!!!!!!!!!!!!!!!!!!!!!!!!!!!!!!!!!!!!!!!!
! 定义总体信息、结点坐标、单元、单元材性、支座约束、结点力输入文件,定义临界荷载、失稳模态输出文件
open(5,file="input.txt")
open(11,file="output.txt")

! 读入总体信息[结点数、单元数、各单元材性是否相同(相同为 1,不相同为 0)、支座结点数、有结点力作用的结点数]
read(5,* )node_number,element_number,property,support_number,load_number

! 分配结点坐标、单元、单元材性、支座约束、单元刚度矩阵、单元初应力矩阵、杆端力、单元轴力数组
allocate(node(node_number,2),element(element_number,4),node_disp(node_number,3))
allocate(element_orient(element_number,6),element_property(element_number,3))
allocate(support(support_number,7),axial_force(element_number),translate(6,6),temp(6,6))
```

```
allocate(stiff_local(6,6),stiff_global(6,6),geom_stiff_local(6,6),geom_stiff_global(6,6))
allocate(element_force_global(6),element_force_local(6))

! 结点坐标(依次读入每个结点的 x 和 y 坐标)
do i=1,node_number
  read(5,* )(node(i,j),j=1,2)
enddo

! 单元定义(依次读入每个单元的 i 和 j 结点,同时也定义了该单元的局部坐标系,后两个数分别表示 i 和 j 端是否
! 铰结,铰结为 0,刚结为 1)
do i=1,element_number
  read(5,* )(element(i,j),j=1,4)
enddo

! 单元材性(依次读入每个单元的弹性模量、横截面面积、惯性矩,各单元材性相同时只需输入一次,不同时则需依次输入
! 每个单元的材性)
if(property==1) then
  read(5,* )e,a,iz
  do i=1,element_number
    element_property(i,1)=e;element_property(i,2)=a;element_property(i,3)=iz
  enddo
else
  do i=1,element_number
    read(5,* )(element_property(i,j),j=1,3)
  enddo
endif

! 支座约束(读入支座结点号,每个支座 x、y 和转角方向的约束情况,0 表示没有约束,1 表示有约束,2 表示弹性约束,
! 后 3 个数为相应方向弹性约束刚度系数)
do i=1,support_number
  read(5,* )(support(i,j),j=1,7)
enddo

! 判定结点类型(刚结点为 1,铰结点为 2,组合结点为 3),计算每个结点的位移分量数、位
! 移分量起始编号及位移分量总数
disp_num=0
do i=1,node_number
  ele_num=0;pin_ele_num=0
  do j=1,element_number
    if(element(j,1)==i) then
      ele_num=ele_num+1
      if(element(j,3)==0) then
        pin_ele_num=pin_ele_num+1
      endif
    elseif(element(j,2)==i) then
      ele_num=ele_num+1
```

```
         if(element(j,4)==0) then
           pin_ele_num=pin_ele_num+1
         endif
       else
       endif
     enddo
   if(pin_ele_num==0) then
     node_disp(i,1)=1
     node_disp_num=3
     disp_num=disp_num+node_disp_num
 elseif(pin_ele_num==ele_num) then
     node_disp(i,1)=2
     node_disp_num=3+pin_ele_num-1
     disp_num=disp_num+node_disp_num
   else
     node_disp(i,1)=3
     node_disp_num=3+pin_ele_num
     disp_num=disp_num+node_disp_num
   endif
   if(i==1) then
     node_disp(i,2)=1
   else
     node_disp(i,2)=node_disp(i-1,2)+node_disp_num_f
   endif
   node_disp_num_f=node_disp_num
 enddo
 do i=1,node_number
   node_disp(i,3)=node_disp(i,2)
 enddo
 !单元定位向量
 do i=1,element_number
   element_orient(i,1)=node_disp(element(i,1),2);element_orient(i,2)=&
   node_disp(element(i,1),2)+1
   if(node_disp(element(i,1),1)==1) then
     element_orient(i,3)=node_disp(element(i,1),2)+2
   elseif(node_disp(element(i,1),1)==2) then
     element_orient(i,3)=node_disp(element(i,1),2)+2+(node_disp(element(i,1),3)-&
     node_disp(element(i,1),2))
     node_disp(element(i,1),3)=node_disp(element(i,1),3)+1
   else
     if(element(i,3)==1) then
       element_orient(i,3)=node_disp(element(i,1),2)+2
     else
       element_orient(i,3)=node_disp(element(i,1),2)+3+(node_disp(element(i,1),3)-&
       node_disp(element(i,1),2))
       node_disp(element(i,1),3)=node_disp(element(i,1),3)+1
```

```
      endif
    endif
    element_orient(i,4)=node_disp(element(i,2),2);element_orient(i,5)=&
    node_disp(element(i,2),2)+1
    if(node_disp(element(i,2),1)==1) then
      element_orient(i,6)=node_disp(element(i,2),2)+2
    elseif(node_disp(element(i,2),1)==2) then
      element_orient(i,6)=node_disp(element(i,2),2)+2+(node_disp(element(i,2),3)-&
      node_disp(element(i,2),2))
      node_disp(element(i,2),3)=node_disp(element(i,2),3)+1
    else
      if(element(i,3)==1) then
        element_orient(i,6)=node_disp(element(i,2),2)+2
      else
        element_orient(i,6)=node_disp(element(i,2),2)+3+(node_disp(element(i,2),3)-&
        node_disp(element(i,2),2))
        node_disp(element(i,2),3)=node_disp(element(i,2),3)+1
      endif
    endif
enddo


allocate(total_stiff(disp_num,disp_num),total_geom_stiff(disp_num,disp_num),lamda(disp_num))
allocate(mode(disp_num,disp_num),mode_judge(disp_num))
allocate(node_force(disp_num),node_displacement(disp_num),lbeta(disp_num),lalpha(disp_num))
! 结点力(读入有结点力作用结点的结点号和 x、y 方向的集中力,并形成结点力向量,支座结点未知反力以 0 表示,
! 但若为弹性支座则需输入该方向作用的外荷载)
do i=1,disp_num
  node_force(i)=0.0
enddo
if(load_number==0) then
else
  do i=1,load_number
    read(5,* )j,fx,fy
    node_force(node_disp(j,2))=fx
    node_force(node_disp(j,2)+1)=fy
  enddo
endif


! 计算单元刚度矩阵,并对号入座形成总刚
!!!!!!!!!!!!!!!!!!!!!!!!!!!!!!!!!!!!!!!!!!!!!!!!!!!!!!!!!!!!!!!!!!!!!!!!!!!!!!!!!!!!!!!!!
do i=1,disp_num
  do j=1,disp_num
    total_stiff(i,j)=0.0
  enddo
enddo
do i=1,element_number
```

```
! 计算单元长度及局部坐标方向角的正弦、余弦
xi=node(element(i,1),1)
yi=node(element(i,1),2)
xj=node(element(i,2),1)
yj=node(element(i,2),2)
length=sqrt((xj-xi)* * 2.0+(yj-yi)* * 2.0)
sin_alpha=(yj-yi)/length
cos_alpha=(xj-xi)/length
! 计算局部坐标系下的单元刚度矩阵
e=element_property(i,1)
a=element_property(i,2)
iz=element_property(i,3)
call element_stiff_geomstiff(e,a,iz,length,sin_alpha,cos_alpha,fa,stiff_local,&
geom_stiff_local,translate,stiff_global,geom_stiff_global)
! 按单元定位向量对号入座形成总刚
do j=1,6
  do k=1,6
    total_stiff(element_orient(i,j),element_orient(i,k))=total_stiff(element_orient(i,j),&
    element_orient(i,k))+stiff_global(j,k)
  enddo
enddo
enddo


! 对总刚采用"划零置一"法处理支座约束条件
!!!!!!!!!!!!!!!!!!!!!!!!!!!!!!!!!!!!!!!!!!!!!!!!!!!!!!!!!!!!!!!!!!!!!!!!!!!!!!!!!!!!!!!!!!!
do i=1,support_number
  support_node=int(support(i,1))
  do j=1,3
    if(int(support(i,j+1))==1) then
      do k=1,disp_num
        total_stiff(node_disp(support_node,2)+j-1,k)=0.0
        total_stiff(k,node_disp(support_node,2)+j-1)=0.0
      enddo
      total_stiff(node_disp(support_node,2)+j-1,node_disp(support_node,2)+j-1)=1.0
      node_force(node_disp(support_node,2)+j-1)=0.0
    elseif(int(support(i,j+1))==2) then
      total_stiff(node_disp(support_node,2)+j-1,node_disp(support_node,2)+j-&
      1)=total_stiff(node_disp(support_node,2)+j-1,node_disp(support_node,2)+j-&
      1)+support(i,j+4)
    endif
  enddo
enddo


! 求解结点位移
!!!!!!!!!!!!!!!!!!!!!!!!!!!!!!!!!!!!!!!!!!!!!!!!!!!!!!!!!!!!!!!!!!!!!!!!!!!!!!!!!!!!!!!!!!!
CALL LSARG (disp_num, total_stiff, disp_num, node_force, 1, node_displacement)
```

```
! 求解杆端内力,得到杆件轴力
!!!!!!!!!!!!!!!!!!!!!!!!!!!!!!!!!!!!!!!!!!!!!!!!!!!!!!!!!!!!!!!!!!!!!!!!!!!!!!!!!!!!!!!!
do i=1,element_number
    ! 获得整体坐标系下的杆端位移
    ! 计算单元长度及局部坐标方向角的正弦、余弦
    xi=node(element(i,1),1)
    yi=node(element(i,1),2)
    xj=node(element(i,2),1)
    yj=node(element(i,2),2)
    length=sqrt((xj-xi)* * 2.0+(yj-yi)* * 2.0)
    sin_alpha=(yj-yi)/length
    cos_alpha=(xj-xi)/length
    ! 计算局部坐标系下的单元刚度矩阵
    e=element_property(i,1)
    a=element_property(i,2)
    iz=element_property(i,3)
    call element_stiff_geomstiff(e,a,iz,length,sin_alpha,cos_alpha,fa,stiff_local,&
    geom_stiff_local,translate,stiff_global,geom_stiff_global)
    ! 计算整体坐标系下的杆端内力
    do j=1,6
        element_force_global(j)=0.0
    enddo
    do j=1,6
        do k=1,6
            element_force_global(j)=element_force_global(j)+stiff_global(j,k)* &
            node_displacement(element_orient(i,k))
        enddo
    enddo
    ! 计算局部坐标系下的杆端内力
    do j=1,6
        element_force_local(j)=0.0
    enddo
        do j=1,6
            do k=1,6
                element_force_local(j)=element_force_local(j)+translate(j,k)* element_force_global(k)
            enddo
        enddo
    ! 单元轴力,以受压为正
    axial_force(i)=element_force_local(1)
enddo

! 计算单元初应力矩阵,并对号入座形成结构初应力矩阵
!!!!!!!!!!!!!!!!!!!!!!!!!!!!!!!!!!!!!!!!!!!!!!!!!!!!!!!!!!!!!!!!!!!!!!!!!!!!!!!!!!!!!!!!
do i=1,disp_num
    do j=1,disp_num
        total_geom_stiff(i,j)=0.0
```

```fortran
      enddo
    enddo
    do i=1,element_number
      ! 计算单元长度及局部坐标方向角的正弦、余弦
      xi=node(element(i,1),1)
      yi=node(element(i,1),2)
      xj=node(element(i,2),1)
      yj=node(element(i,2),2)
      length=sqrt((xj-xi)* * 2.0+(yj-yi)* * 2.0)
      sin_alpha=(yj-yi)/length
      cos_alpha=(xj-xi)/length
      ! 计算局部坐标系下的单元刚度矩阵
      e=element_property(i,1)
      a=element_property(i,2)
      iz=element_property(i,3)
      fa=axial_force(i)
      call element_stiff_geomstiff(e,a,iz,length,sin_alpha,cos_alpha,fa,stiff_local,&
      geom_stiff_local,translate,stiff_global,geom_stiff_global)
      ! 按单元定位向量对号入座形成结构初应力矩阵
      do j=1,6
        do k=1,6
          total_geom_stiff(element_orient(i,j),element_orient(i,k))=total_geom_stiff&
          (element_orient(i,j),element_orient(i,k))+geom_stiff_global(j,k)
        enddo
      enddo
    enddo


    ! 对结构初应力矩阵采用"划零置一"法处理支座约束条件
    !!!!!!!!!!!!!!!!!!!!!!!!!!!!!!!!!!!!!!!!!!!!!!!!!!!!!!!!!!!!!!!!!!!!!!!!!!!!!!!!!!
    do i=1,support_number
      support_node=int(support(i,1))
      do j=1,3
        if(int(support(i,j+1))==1) then
          do k=1,disp_num
            total_geom_stiff(node_disp(support_node,2)+j-1,k)=0.0
            total_geom_stiff(k,node_disp(support_node,2)+j-1)=0.0
          enddo
          total_geom_stiff(node_disp(support_node,2)+j-1,node_disp(support_node,2)+j-1)=1.0
        endif
      enddo
    enddo


    ! 求解临界荷载和失稳模态,并输出
    !!!!!!!!!!!!!!!!!!!!!!!!!!!!!!!!!!!!!!!!!!!!!!!!!!!!!!!!!!!!!!!!!!!!!!!!!!!!!!!!!!
    CALL GVCRG(disp_num,total_stiff,disp_num,total_geom_stiff,disp_num,lalpha,lbeta,&
    mode,disp_num)
```

```
do i=1,disp_num
  lamda(i)=lalpha(i)/lbeta(i)
enddo
! 舍弃约束位移分量对应的临界荷载及失稳模态分量
do i=1,disp_num
  mode_judge(i)=1
enddo
do i=1,disp_num
  if(real(lamda(i))< 1.00001.and.real(lamda(i))> 0.99999) then
    k=0
    do j=1,disp_num
      if(real(mode(j,i))< 0.0001.and.real(mode(j,i))> -0.0001) then
        k=k+1
      endif
    enddo
    if(k==disp_num-1) then
      mode_judge(i)=0
    endif
  elseif(real(lamda(i))> 1.0e20.or.real(lamda(i))< -1.0e20) then
    mode_judge(i)=0
  else
  endif
enddo
! 输出临界荷载
write(11,* )'# # # # # # # # # #  critical load  # # # # # # # # # #'
write(11,* )'number                Fpcr'
j=1
do i=disp_num,1,-1
  if(mode_judge(i)==0) then
  else
    write(11,'(i3,e20.4)')j,real(lamda(i))
    j=j+1
  endif
enddo
! 归一化并输出失稳模态
do i=1,disp_num
  max_val=0.0;min_val=0.0
  do j=1,disp_num
    if(real(mode(j,i))> max_val) then
      max_val=real(mode(j,i))
    elseif(real(mode(j,i))< min_val) then
      min_val=real(mode(j,i))
    else
    endif
  enddo
  if(abs(max_val)> =abs(min_val)) then
```

```
        do j=1,disp_num
          mode(j,i)=real(mode(j,i))/max_val
        enddo
      else
        do j=1,disp_num
          mode(j,i)=real(mode(j,i))/min_val
        enddo
      endif
    enddo
write(11,*)
write(11,*)'# # # # # # # # # #   buckling modes  # # # # # # # # # # #'
j=1
do i=disp_num,1,-1
  if(mode_judge(i)==0) then
  else
    write(11,'(a13,i3)')'mode number:',j
    j=j+1
    do k=1,element_number
      e_1=element_orient(k,1);e_2=element_orient(k,2);e_3=element_orient(k,3)
      e_4=element_orient(k,4);e_5=element_orient(k,5);e_6=element_orient(k,6)
      write(11,'(a8,i3,a1,6e13.4)')'element',k,':',real(mode(e_1,i)),real(mode(e_2,i)),&
      real(mode(e_3,i)),real(mode(e_4,i)),real(mode(e_5,i)),real(mode(e_6,i))
    enddo
  endif
enddo


end


! 一般(刚架)单元在局部和整体坐标系下的单元刚度矩阵、单元初应力矩阵子程序
subroutine element_stiff_geomstiff(e,a,iz,length,sin_alpha,cos_alpha,fa,stiff_local,geom_stiff_&
local,translate,stiff_global,geom_stiff_global)
  integer::j,k
  real::e,a,iz,length,sin_alpha,cos_alpha,coef,fa
  real,dimension(6,6)::stiff_local,geom_stiff_local,translate,stiff_global,geom_stiff_global
  real,dimension(6,6)::temp1,temp2
  stiff_local(1,1)=e*a/length
  stiff_local(1,2)=0.0
  stiff_local(1,3)=0.0
  stiff_local(1,4)=(-1.0)*e*a/length
  stiff_local(1,5)=0.0
  stiff_local(1,6)=0.0
  stiff_local(2,2)=12.0*e*iz/length**3.0
  stiff_local(2,3)=6.0*e*iz/length**2.0
  stiff_local(2,4)=0.0
  stiff_local(2,5)=(-1.0)*12.0*e*iz/length**3.0
  stiff_local(2,6)=6.0*e*iz/length**2.0
```

```
stiff_local(3,3)=4.0* e* iz/length
stiff_local(3,4)=0.0
stiff_local(3,5)=(-1.0)* 6.0* e* iz/length* * 2.0
stiff_local(3,6)=2.0* e* iz/length
stiff_local(4,4)=e* a/length
stiff_local(4,5)=0.0
stiff_local(4,6)=0.0
stiff_local(5,5)=12.0* e* iz/length* * 3.0
stiff_local(5,6)=(-1.0)* 6.0* e* iz/length* * 2.0
stiff_local(6,6)=4.0* e* iz/length
coef=fa/30.0/length
geom_stiff_local(1,1)=0.0
geom_stiff_local(1,2)=0.0
geom_stiff_local(1,3)=0.0
geom_stiff_local(1,4)=0.0
geom_stiff_local(1,5)=0.0
geom_stiff_local(1,6)=0.0
geom_stiff_local(2,2)=coef* 36.0
geom_stiff_local(2,3)=coef* 3.0* length
geom_stiff_local(2,4)=0.0
geom_stiff_local(2,5)=coef* (-1.0)* 36.0
geom_stiff_local(2,6)=coef* 3.0* length
geom_stiff_local(3,3)=coef* 4.0* length* * 2.0
geom_stiff_local(3,4)=0.0
geom_stiff_local(3,5)=coef* (-1.0)* 3.0* length
geom_stiff_local(3,6)=coef* (-1.0)* length* * 2.0
geom_stiff_local(4,4)=0.0
geom_stiff_local(4,5)=0.0
geom_stiff_local(4,6)=0.0
geom_stiff_local(5,5)=coef* 36.0
geom_stiff_local(5,6)=coef* (-1.0)* 3.0* length
geom_stiff_local(6,6)=coef* 4.0* length* * 2.0
! 下三角对称
do j=2,6
  do k=1,j-1
    stiff_local(j,k)=stiff_local(k,j)
    geom_stiff_local(j,k)=geom_stiff_local(k,j)
  enddo
enddo
! 计算坐标转换矩阵
do j=1,6
  do k=1,6
    translate(j,k)=0.0
  enddo
enddo
translate(1,1)=cos_alpha
```

```
translate(1,2)=sin_alpha
translate(2,1)=(-1.0)* sin_alpha
translate(2,2)=cos_alpha
translate(3,3)=1.0
translate(4,4)=cos_alpha
translate(4,5)=sin_alpha
translate(5,4)=(-1.0)* sin_alpha
translate(5,5)=cos_alpha
translate(6,6)=1.0
! 计算整体坐标系下的单元刚度矩阵和单元初应力矩阵
do j=1,6
  do k=1,6
    temp1(j,k)=0.0
    stiff_global(j,k)=0.0
    temp2(j,k)=0.0
    geom_stiff_global(j,k)=0.0
  enddo
enddo
do j=1,6
  do k=1,6
    do l=1,6
      temp1(j,k)=temp1(j,k)+translate(l,j)* stiff_local(l,k)
      temp2(j,k)=temp2(j,k)+translate(l,j)* geom_stiff_local(l,k)
    enddo
  enddo
enddo
do j=1,6
  do k=1,6
    do l=1,6
      stiff_global(j,k)=stiff_global(j,k)+temp1(j,l)* translate(l,k)
      geom_stiff_global(j,k)=geom_stiff_global(j,k)+temp2(j,l)* translate(l,k)
    enddo
  enddo
enddo
end subroutine
```

【例 3-7】试用平面杆系结构稳定问题求解程序计算例 3-6 所示结构的临界荷载及失稳模态。

解：以下为本例的输入文件（"input. txt"）：

```
4 3 1 2 2
0.0 0.0
0.0 4.0
6.0 4.0
6.0 0.0
1 2 1 1
2 3 1 0
```

4 3 1 0

2.5e10 0.03 1.0e-4

1 1 1 1 0 0 0

4 1 1 1 0 0 0

2 0.0 −4.0

3 0.0 −1.0

程序运行后，输出文件（"output. txt"）如下：

＃＃＃＃＃＃＃＃＃＃ critical load ＃＃＃＃＃＃＃＃＃＃

number	Fpcr
1	0.2448E+06
2	0.1770E+07
3	0.4750E+07
4	0.5561E+09
5	−0.7504E+10
6	−0.1803E+13

＃＃＃＃＃＃＃＃＃＃ buckling modes ＃＃＃＃＃＃＃＃＃＃

mode number：1

element 1：0.0000E+00 0.0000E+00 0.0000E+00 0.1000E+01 0.2890E−03 −0.2601E+00

element 2：0.1000E+01 0.2890E−03 −0.2601E+00 0.9997E+00 −0.2890E−03 0.1299E+00

element 3：0.0000E+00 0.0000E+00 0.0000E+00 0.9997E+00 −0.2890E−03 −0.3852E+00

mode number：2

element 1：0.0000E+00 0.0000E+00 0.0000E+00 0.1098E+00 −0.1111E−02 0.1000E+01

element 2：0.1098E+00 −0.1111E−02 0.1000E+01 0.1102E+00 0.1111E−02 −0.4993E+00

element 3：0.0000E+00 0.0000E+00 0.0000E+00 0.1102E+00 0.1111E−02 −0.5388E−01

mode number：3

element 1：0.0000E+00 0.0000E+00 0.0000E+00 0.7701E−01 0.1291E−04 −0.1161E−01

element 2：0.7701E−01 0.1291E−04 −0.1161E−01 0.7387E−01 −0.1291E−04 0.5795E−02

element 3：0.0000E+00 0.0000E+00 0.0000E+00 0.7387E−01 −0.1291E−04 0.1000E+01

mode number：4

element 1：0.0000E+00 0.0000E+00 0.0000E+00 −0.2499E+00 −0.5945E−04 0.4680E−01

element 2：−0.2499E+00 −0.5945E−04 0.4680E−01 0.1000E+01 0.5947E−04 −0.2095E−01

element 3：0.0000E+00 0.0000E+00 0.0000E+00 0.1000E+01 0.5947E−04 −0.1859E+00

mode number：5

element 1：0.0000E+00 0.0000E+00 0.0000E+00 0.2738E−04 −0.1115E−02 −0.8317E−04

element 2：0.2738E−04 −0.1115E−02 −0.8317E−04 0.1575E−05 0.1115E−02 0.1000E+01

element 3：0.0000E+00 0.0000E+00 0.0000E+00 0.1575E−05 0.1115E−02 −0.2934E−06

mode number：6

element 1：0.0000E+00 0.0000E+00 0.0000E+00 0.1156E−04 −0.1000E+01 −0.3449E−04

element 2：0.1156E−04 −0.1000E+01 −0.3449E−04 0.1427E−06 0.1000E+01 0.2489E+00

element 3：0.0000E+00 0.0000E+00 0.0000E+00 0.1427E−06 0.1000E+01 −0.3147E−07

由此可知临界荷载为 $F_{Pcr1}=244.89$kN，并可依据程序计算结果绘出对应的失稳模态如图 3-7 所示。

【例 3-8】 试用平面杆系结构稳定问题求解程序计算图 3-8 所示结构的临界荷载及失稳模态。设杆件 $EA=\infty$，$EI=\infty$。

解： 本例在求临界荷载系数时，可假设 $E=k=l=F_P=1$，A 和 I 假设一个比较大的数，如 $A=1.0\times10^5$，$I=1.0\times10^3$。

以下为本例的输入文件（"input. txt"）：

```
3 2 1 3 1
0. 0 0. 0
0. 0 1. 0
0. 0 2. 0
1 2 1 0
2 3 0 1
1. 0 100000. 0 1000. 0
1 1 1 0 0 0 0
2 2 0 0 1. 0 0 0
3 2 0 0 1. 0 0 0
3 0. 0 −1. 0
```

程序运行后，输出文件（"output. txt"）如下：

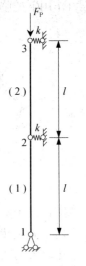

图 3-8 无限刚性
柱临界荷载
求解示例

```
＃＃＃＃＃＃＃＃＃＃  critical load  ＃＃＃＃＃＃＃＃＃＃＃
number              Fpcr
  1                 0. 3818E+00
  2                 0. 2617E+01
  3                 0. 1200E+05
  4                 0. 1200E+05
  5                 0. 6000E+05
  6                 0. 6000E+05
＃＃＃＃＃＃＃＃＃＃  buckling modes  ＃＃＃＃＃＃＃＃＃＃＃
```

mode number： 1
element 1： 0. 0000E+00   0. 0000E+00   −0. 6194E+00   0. 6194E+00   −0. 4695E−08   −0. 6194E+00
element 2： 0. 6194E+00   −0. 4695E−08   0. 1000E+01   −0. 3806E+00   −0. 5322E−08   0. 1000E+01

mode number： 2
element 1： 0. 0000E+00   0. 0000E+00   −0. 6176E+00   0. 6176E+00   −0. 2444E−08   −0. 6176E+00
element 2： 0. 6176E+00   −0. 2444E−08   −0. 3824E+00   0. 1000E+01   0. 6972E−08   −0. 3824E+00

mode number： 3
element 1： 0. 0000E+00   0. 0000E+00   0. 1000E+01   −0. 4505E−07   0. 2252E−08   −0. 1000E+01
element 2： −0. 4505E−07   0. 2252E−08   −0. 4228E−08   −0. 3478E−07   0. 3280E−08   −0. 4228E−08

mode number： 4
element 1： 0. 0000E+00   0. 0000E+00   0. 1704E+00   0. 6073E−07   0. 3837E−09   −0. 1704E+00
element 2： 0. 6073E−07   0. 3837E−09   −0. 1000E+01   0. 9615E−07   0. 5589E−09   0. 1000E+01

mode number： 5
element 1： 0. 0000E+00   0. 0000E+00   0. 1000E+01   0. 4505E−07   0. 6999E−09   0. 1000E+01
element 2： 0. 4505E−07   0. 6999E−09   0. 4228E−08   0. 3478E−07   0. 5290E−08   0. 4228E−08

mode number： 6
element 1： 0. 0000E+00   0. 0000E+00   0. 1000E+01   0. 3675E−07   0. 6211E−09   0. 1000E+01
element 2： 0. 3675E−07   0. 6211E−09   0. 5567E−01   0. 3629E−07   0. 5229E−08   0. 5567E−01

本例前两阶临界荷载系数的精确解分别为 $F_{Pcr1}=0.382$ 和 $F_{Pcr2}=2.618$，由此可知求解结果是非常精确的。

【例 3-9】 试用平面杆系结构稳定问题求解程序计算图 3-9（a）所示两铰圆拱在均布水

103

压力作用下的临界荷载和失稳模态。其中 $f/l=0.3$，忽略轴向变形的影响。

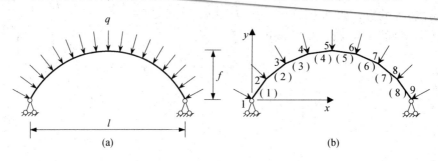

图 3-9　两铰圆拱临界荷载求解示例

解：对于圆拱，可采用"以直代曲"的方法建立有限元模型，如图 3-9（b）所示，并将均布荷载转化为作用于结点上的集中力。本例参数可假设 $E=I=l=q=1$，A 则假设一个比较大的数，如 $A=1.0\times10^5$。

以下为本例的输入文件（"input.txt"）：

```
9 8 1 2 7
0.0 0.0
0.0893 0.1238
0.2085 0.2192
0.3487 0.2794
0.5 0.3
0.6513 0.2794
0.7916 0.2192
0.9107 0.1238
1.0 0.0
1 2 1 1
2 3 1 1
3 4 1 1
4 5 1 1
5 6 1 1
6 7 1 1
7 8 1 1
8 9 1 1
1.0 100000.0 1.0
1 1 1 0 0 0 0
9 1 1 0 0 0 0
2 0.1103 -0.1065
3 0.0790 -0.1314
4 0.0397 -0.1481
5 0.0 -0.1533
6 -0.0397 -0.1481
7 -0.0790 -0.1314
8 -0.1103 -0.1065
```

程序运行后，输出文件（"output.txt"）如下（为节约篇幅，此处仅列出第一阶结果）：

```
＃＃＃＃＃＃＃＃＃  critical load  ＃＃＃＃＃＃＃＃＃＃
number              Fpcr
   1                0.4487E＋02
……


＃＃＃＃＃＃＃＃＃  buckling modes  ＃＃＃＃＃＃＃＃＃＃
mode number：1
element 1：  0.0000E＋00    0.0000E＋00    0.1000E＋01   −0.1126E＋00    0.8119E−01    0.7352E＋00
element 2：  −0.1126E＋00 0.8119E−01    0.7352E＋00   −0.1544E＋00    0.1335E＋00    0.1099E＋00
element 3：  −0.1544E＋00 0.1335E＋00    0.1099E＋00   −0.1413E＋00    0.1030E＋00   −0.5104E＋00
element 4：  −0.1413E＋00 0.1030E＋00   −0.5104E＋00   −0.1273E＋00   −0.6601E−04   −0.7696E＋00
element 5：  −0.1273E＋00 −0.6601E−04   −0.7696E＋00   −0.1413E＋00   −0.1031E＋00   −0.5097E＋00
element 6：  −0.1413E＋00 −0.1031E＋00   −0.5097E＋00   −0.1544E＋00   −0.1334E＋00    0.1110E＋00
element 7：  −0.1544E＋00 −0.1334E＋00 0.1110E＋00   −0.1124E＋00   −0.8111E−01    0.7345E＋00
element 8：  −0.1124E＋00 −0.8111E−01 0.7345E＋00    0.0000E＋00    0.0000E＋00    0.9988E＋00
……
```

　　本例的精确临界荷载系数为 40.9，计算结果与其相比高了约 9.7%。求出的失稳模态则与理论解一致，为反对称失稳。若进一步细化单元划分，则可以得到更为精确的结果。

复习思考题

　　1. 结构动力分析与静力分析的主要差别是什么？

　　2. 结构自振特性分析的主要目的是什么？

　　3. 何为振幅方程？这在数学上是一个什么问题？何为频率方程？

　　4. 什么是一致质量矩阵？其物理意义是什么？何为集中质量矩阵？

　　5. 为什么在用矩阵位移法计算结构的自振特性时精度随单元划分的细化而提高？

　　6. 试用矩阵位移法计算图 3-10 所示的两端固端梁的前两阶自振频率并绘出相应的主振型，采用一致质量矩阵并忽略轴向变形的影响，考虑两种单元划分：①划分为三个单元；②划分为四个单元。（提示：广义特征值问题可用 matlab 求解，见附录 B）

　　7. 试采用集中质量矩阵计算题 6 中两端固端梁的前两阶自振频率并绘出相应的主振型，忽略轴向变形的影响，设单元划分如图 3-11 所示，其中 $m = \dfrac{\rho A l}{4}$。

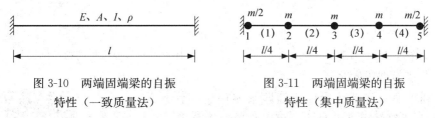

图 3-10　两端固端梁的自振　　　　图 3-11　两端固端梁的自振
　　　特性（一致质量法）　　　　　　　特性（集中质量法）

　　8. 试采用一致质量矩阵计算图 3-12 所示刚架的前两阶自振频率并绘出相应的主振型。已知 $E = 2.5 \times 10^4$ MPa，$\rho = 2500$ kg/m³，柱的横截面面积和惯性矩分别为 $A_1 = 0.01$m²，$I_1 = 8.3333 \times 10^{-6}$ m⁴，梁的横截面面积和惯性矩分别为 $A_2 = 0.015$m²，$I_2 =$

$2.8125 \times 10^{-5} \mathrm{m}^4$。

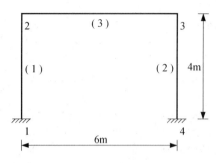

图 3-12　计算刚架的自振特性

9. 利用平面杆系结构动力问题求解程序计算题 6 至题 8，并与手算结果进行对比。其中题 8 可以将单元划分进一步细化后再进行比较。

10. 失稳现象分为几类？其各自的破坏形态有何区别？什么是临界荷载？

11. 采用矩阵位移法时，静力分析和稳定性分析有什么不同？

12. 什么是单元初应力（几何刚度）矩阵？

13. 第一类稳定性问题的矩阵位移法与前述自振特性的分析有何相似之处？

14. 什么是失稳模态？为什么通常有实际意义的只是最低的第一阶临界荷载？

15. 单元划分的细化对临界荷载的计算结果有何影响？为什么？

16. 试用矩阵位移法计算图示等截面柱的临界荷载并绘出失稳模态。已知 EI 为常数，忽略轴向变形的影响。

17. 试用矩阵位移法计算图示刚架的临界荷载并绘出失稳模态。已知 EI 为常数，忽略轴向变形的影响。

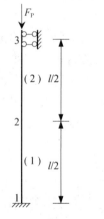

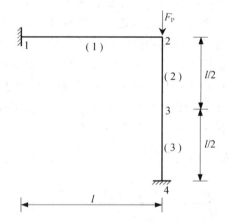

图 3-13　计算等截
面柱的临界荷载

图 3-14　计算刚架的临界荷载

18. 利用平面杆系结构稳定问题求解程序计算题 16、题 17，并与手算结果进行对比。可以将单元划分进一步细化后再进行比较。

第 3 章部分习题答案

第4章 弹性力学平面问题的常应变单元

4.1 弹性力学平面问题的基本方程

将平面杆系结构的矩阵位移法推广到一般弹性连续体的求解中去，即为通常意义上的有限元法。本书仅以弹性力学平面问题为例，说明其基本求解过程。

在弹性力学中，平面问题分为平面应力问题和平面应变问题。平面应力问题是指很薄的等厚度薄板，只在板边受有平行于板面且不沿厚度变化的面力，同时体力也平行于板面且不沿厚度变化，如深梁。而平面应变问题是指很长的柱形体，其支承情况不沿长度变化，柱面受到平行于横截面且不沿长度变化的面力，同时体力也平行于横截面且不沿长度变化，如档土墙。

弹性力学平面问题的基本理论可参阅相关教材，下面仅列出平面应力问题的有限元法中，推导单元刚度方程需要用到的基本向量和方程。

应力列向量：

$$\boldsymbol{\sigma} = (\sigma_x \quad \sigma_y \quad \tau_{xy})^{\mathrm{T}} \tag{4-1}$$

应变列向量：

$$\boldsymbol{\varepsilon} = (\varepsilon_x \quad \varepsilon_y \quad \gamma_{xy})^{\mathrm{T}} \tag{4-2}$$

位移列向量：

$$\boldsymbol{f} = (u \quad v)^{\mathrm{T}} \tag{4-3}$$

几何方程：

$$\boldsymbol{\varepsilon} = (\varepsilon_x \quad \varepsilon_y \quad \gamma_{xy})^{\mathrm{T}} = \left(\frac{\partial u}{\partial x} \quad \frac{\partial v}{\partial y} \quad \frac{\partial u}{\partial y} + \frac{\partial v}{\partial x} \right)^{\mathrm{T}} \tag{4-4}$$

物理方程：

$$\boldsymbol{\sigma} = \boldsymbol{D}\boldsymbol{\varepsilon} \tag{4-5}$$

弹性矩阵：

$$\boldsymbol{D} = \frac{E}{1-\mu^2} \begin{bmatrix} 1 & \mu & 0 \\ \mu & 1 & 0 \\ 0 & 0 & \dfrac{1-\mu}{2} \end{bmatrix} \tag{4-6}$$

其中，μ 为泊松比。若为平面应变问题，则只需将式（4-6）中的 E 换成 $\dfrac{E}{1-\mu^2}$，μ 换成 $\dfrac{\mu}{1-\mu}$。

4.2 连续弹性体的离散化

和平面杆系结构一样，在用有限元法求解弹性力学平面问题时，首先需要将结构离散化为若干个只在结点处相互联结的单元。

本章所采用的单元为平面问题中最简单的单元形式——三结点三角形常应变单元。图4-1（a）所示为一均匀拉伸带孔等厚度薄板，由于结构和荷载均为双轴对称，所以可以利用对称性只取 $\frac{1}{4}$ 结构进行计算分析。图 4-1（b）即为采用三结点三角形常应变单元离散化后的效果，但图中未标注结点和单元编号。

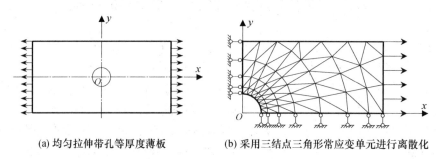

(a) 均匀拉伸带孔等厚度薄板　　　(b) 采用三结点三角形常应变单元进行离散化

图 4-1　连续弹性体的离散化

连续体的离散化也称为网格划分或单元划分，在网格划分时应注意以下问题：

（1）从整体来说，单元的大小要根据精度要求和计算机性能来确定。

根据误差分析，应力的误差与单元的尺寸成正比，位移的误差与单元尺寸的平方成正比，可见单元分得越小，计算结果越精确。但另一方面，单元越多，计算时间也越长，对计算机的性能要求也越高。因此，需综合考虑工程上对精度的要求以及计算机的容量限制，合理选择单元大小。

（2）对于不同部位，应采用不同大小的单元。

对于边界比较曲折的部位、应力和位移需要详细了解的部位以及应力和位移变化比较剧烈的部位，单元必须划分得小一些，例如图 4-1（b）的圆孔附近。而对于边界比较平直的部位、次要部位以及应力和位移变化比较平缓的部位，单元就可以划分得大一些。

如果应力和位移的变化情况不易事先预估，则可以先用比较均匀的网格计算一次，然后依据计算结果重新划分单元进行第二次计算。在某些大型有限元软件如 ANSYS 中，还具备自动网格重新划分，即自适应网格的功能。

（3）单元的形状应合理。

根据误差分析，应力和位移的误差都与单元最小内角的正弦成反比。因此，应尽量使三角形单元的三个内角大小比较接近。

（4）结构中分界线等特殊部位的网格划分。

由于一个单元的厚度、弹性模量、泊松比等为常量，所以结构中不同厚度、不同材料的变化处应作为单元划分的分界线，即不要使突变线穿过单元。另外，由于厚度或弹性常数的突变必然伴随着应力的突变，故而在这些部位处应加密网格。

如果结构受有集度突变的分布荷载或集中力的作用，则也应在这些部位将网格加密，并在突变点或集中力作用点布置结点，以反映该部位的应力突变。

4.3　单元的位移模式和形函数　收敛准则

4.3.1　三结点三角形常应变单元的位移模式和形函数

下面采用虚功原理推导三结点三角形常应变单元的单元刚度矩阵。这和桁架单元、梁单元的单刚推导过程类似，首先必须假设单元的位移模式。

图 4-2 所示为一整体坐标系 Oxy 中的任意单元（e）（注意，和杆件单元单刚矩阵推导过程不同的是，此处不使用单元局部坐标系），其三个结点分别为 i、j、m。假设其位移模式为

$$\begin{cases} u^{(e)} = \alpha_1 + \alpha_2 x + \alpha_3 y \\ v^{(e)} = \alpha_4 + \alpha_5 x + \alpha_6 y \end{cases} \tag{4-7}$$

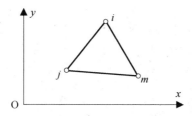

图 4-2　三结点三角形常应变单元

在单元的三个结点 i、j、m 处，位移分别为 u_i、v_i、u_j、v_j、u_m、v_m，将其代入（4-7）就有

$$\begin{cases} u_i = \alpha_1 + \alpha_2 x_i + \alpha_3 y_i \\ v_i = \alpha_4 + \alpha_5 x_i + \alpha_6 y_i \end{cases} \quad (i,\ j,\ m) \tag{4-8}$$

求解方程可以得到

$$\alpha_1 = \frac{1}{2A} \begin{vmatrix} u_i & x_i & y_i \\ u_j & x_j & y_j \\ u_m & x_m & y_m \end{vmatrix}, \quad \alpha_2 = \frac{1}{2A} \begin{vmatrix} 1 & u_i & y_i \\ 1 & u_j & y_j \\ 1 & u_m & y_m \end{vmatrix}, \quad \alpha_3 = \frac{1}{2A} \begin{vmatrix} 1 & x_i & u_i \\ 1 & x_j & u_j \\ 1 & x_m & u_m \end{vmatrix} \tag{4-9}$$

式中

$$A = \frac{1}{2} \begin{vmatrix} 1 & x_i & y_i \\ 1 & x_j & y_j \\ 1 & x_m & y_m \end{vmatrix} \tag{4-10}$$

为单元的面积（注意，用此式计算面积时，i、j、m 编号需按逆时针顺序，否则要取绝对值）。

将式（4-9）代入式（4-7）并整理可得

$$u^{(e)} = \frac{1}{2A} \left[(a_i + b_i x + c_i y) u_i + (a_j + b_j x + c_j y) u_j + (a_m + b_m x + c_m y) u_m \right] \tag{4-11}$$

式中

$$\begin{cases} a_i = x_j y_m - x_m y_j \\ b_i = y_j - y_m \qquad (i, j, m) \\ c_i = x_m - x_j \end{cases} \tag{4-12}$$

令

$$N_i = \frac{1}{2A}(a_i + b_i x + c_i y) \quad (i, j, m) \tag{4-13}$$

则式（4-11）可写为

$$u^{(e)} = N_i u_i + N_j u_j + N_m u_m \tag{4-14}$$

同理可得

$$v^{(e)} = N_i v_i + N_j v_j + N_m v_m \tag{4-15}$$

将式（4-14）、式（4-15）写成矩阵形式，就有

$$f^{(e)} = \begin{Bmatrix} u \\ v \end{Bmatrix}^{(e)} = \mathbf{N} \boldsymbol{\delta}^{(e)} \tag{4-16}$$

其中，

$$\mathbf{N} = \begin{bmatrix} N_i & 0 & N_j & 0 & N_m & 0 \\ 0 & N_i & 0 & N_j & 0 & N_m \end{bmatrix} \tag{4-17}$$

为形函数矩阵。

$$\boldsymbol{\delta}^{(e)} = (u_i \quad v_i \quad u_j \quad v_j \quad u_m \quad v_m)^{\mathrm{T}} \tag{4-18}$$

为单元的结点位移列向量。

常应变单元的形函数有如下性质：

（1）N_i 在 i 点处的函数值为 1，在 j 点及 m 点处的函数值为零。N_j 及 N_m 也有类似的性质。

（2）在单元内任一点处，N_i、N_j、N_m 之和为 1。

4.3.2 收敛准则

对于有限元法而言，解答收敛是指随着网格的逐步细分，得到的数值解答逐渐逼近问题的精确解。解答的收敛性依赖于位移模式逼近真实位移形态的状况，要使有限元解收敛于真解，位移模式必须满足一定的收敛准则。具体来说，须满足以下三个条件：

（1）位移模式必须包含单元的刚体位移。

一般而言，单元的位移由两部分组成，一部分是由本单元形变引起的，另一部分则是与本单元形变无关的刚体位移，是由于其他单元发生了形变连带引起的。因此，为了正确反映单元的位移形态，位移模式必须包含单元的刚体位移。

在式（4-7）中，α_1 和 α_4 不随坐标变化，在整个单元中都一样，分别反映了单元沿 x 和 y 方向的刚体平移，而 $\omega_z = \frac{1}{2}\left(\frac{\partial v}{\partial x} - \frac{\partial u}{\partial y}\right) = \frac{1}{2}(\alpha_5 - \alpha_3)$ 则代表了刚体转动。

（2）位移模式必须包含单元的常量应变。

每个单元的应变一般也包含两个部分，一部分与该单元各点的位置坐标有关，为变量应变，另一部分则与位置坐标无关，为常量应变。当单元尺寸趋于无穷小时，每个单元中

各点的应变应趋于常量。因此，如果位移模式不包含这些常量应变，数值结果就不可能收敛于真解。

将式（4-7）代入几何方程式（4-4），可以得到 $\varepsilon_x = \alpha_2$，$\varepsilon_y = \alpha_6$，$\gamma_{xy} = \alpha_3 + \alpha_5$，可见位移模式反映了常量正应变和常量切应变。

（3）位移模式在单元内要处处连续，并使相邻单元间的位移协调。

在连续弹性体中，位移是连续的，不会发生两相邻部分间互相侵入或互相脱离的现象，所以对于离散化以后的结构，保持这种连续性可使位移收敛于真解。

对于三结点三角形常应变单元而言，式（4-7）为单值连续函数，满足在单元内的连续性要求。又因为相邻两个单元在公共结点处的位移相同，位移模式又是线性的，故而在公共边界上位移处处相同，保证了相邻单元之间的位移连续性。

理论和计算实践均已证明，条件（1）和条件（2）是有限元法收敛于真解的必要条件，加上条件（3）才构成有限元解收敛的充分条件。在许多有限元法的文献中，把满足条件（1）和条件（2）的单元称为完备单元，同时又满足条件（3）的单元称为协调单元，而放松条件（3）的要求，即只满足条件（3）前一部分而不满足后一部分要求的单元称为非协调单元。由此可见，三结点三角形常应变单元是完备的协调单元。在某些梁、板、壳的分析中，由于要使单元满足条件（3）的全部要求比较困难，所以采用了非协调单元，但即使如此，其收敛性还是令人满意的，并已获得了很多成功的应用。

在选择位移模式时，除了完备性和协调性，还需要考虑的一个因素是，位移模式应与局部坐标系的方位无关，这一性质称为几何各向同性。经验证明，实现几何各向同性的一种方法是，可以根据图 4-3 所示的 Pascal 三角形来选择二维多项式的各项。

在二维多项式中，若包含有 Pascal 三角形对称轴一侧的任意一项，则必须同时包含另一侧的对称项。例如，若有 x^2y 项，则必须同时有 xy^2 项。多项式位移模式的项数必须等于或稍大于单元结点的自由度数，通常是取项数与自由度数相等。

$$
\begin{array}{c}
1 \\
x \quad y \\
x^2 \quad xy \quad y^2 \\
x^3 \quad x^2y \quad xy^2 \quad y^3 \\
x^4 \quad x^3y \quad x^2y^2 \quad xy^3 \quad y^4 \\
x^5 \quad x^4y \quad x^3y^2 \quad x^2y^3 \quad xy^4 \quad y^5
\end{array}
$$

图 4-3　Pascal 三角形

4.4　单元刚度矩阵

将式（4-14）、式（4-15）代入平面问题的几何方程式（4-4），并整理可得

$$\boldsymbol{\varepsilon}^{(e)} = (\varepsilon_x \quad \varepsilon_y \quad \gamma_{xy})^{\mathrm{T}} = \boldsymbol{B}\boldsymbol{\delta}^{(e)} = \begin{bmatrix} \boldsymbol{B}_i & \boldsymbol{B}_j & \boldsymbol{B}_m \end{bmatrix} \boldsymbol{\delta}^{(e)} \tag{4-19}$$

其中，$\boldsymbol{B}$ 为常应变单元的单元应变矩阵，其子阵的具体形式为

$$\boldsymbol{B}_i = \frac{1}{2A} \begin{bmatrix} b_i & 0 \\ 0 & c_i \\ c_i & b_i \end{bmatrix} \quad (i,\ j,\ m) \tag{4-20}$$

式中，A 为单元面积，其余元素的计算式见式（4-12）。

由于在一个单元中 $\boldsymbol{B}$ 的各元素皆为常量，因而单元的各应变分量也都是常量。所以，平面问题的三结点三角形单元为常应变单元。

将式（4-19）代入平面应力问题的物理方程式（4-5），并整理可得

$$\boldsymbol{\sigma}^{(e)} = (\sigma_x \quad \sigma_y \quad \tau_{xy})^{\mathrm{T}} = \boldsymbol{DB}\boldsymbol{\delta}^{(e)} = \boldsymbol{S}\boldsymbol{\delta} = [\boldsymbol{S}_i \quad \boldsymbol{S}_j \quad \boldsymbol{S}_m]\boldsymbol{\delta}^{(e)} \tag{4-21}$$

其中，$\boldsymbol{S}=\boldsymbol{DB}$ 为常应变单元的单元应力矩阵，其子阵的具体形式为

$$\boldsymbol{S}_i = \frac{E}{2(1-\mu^2)A}\begin{bmatrix} b_i & \mu c_i \\ \mu b_i & c_i \\ \dfrac{(1-\mu)}{2}c_i & \dfrac{(1-\mu)}{2}b_i \end{bmatrix} \quad (i, \ j, \ m) \tag{4-22}$$

由此可知，单元的各应力分量也都是常量。若为平面应变问题，则只需将式（4-22）中的 E 换成 $\dfrac{E}{1-\mu^2}$，μ 换成 $\dfrac{\mu}{1-\mu}$。

所以，在用常应变单元求解平面问题时，相邻单元公共边界上的位移连续，而应力却是不连续的，会发生突变。但如 4.3.2 节所述，当单元尺寸逐步减小时，应力的突变将随之缓和而趋于真解。

根据虚功原理，将式（2-50）写成整体坐标系下的向量形式有

$$(\boldsymbol{\delta}^{*(e)})^{\mathrm{T}}\boldsymbol{F}^{(e)} = \int_V (\boldsymbol{\varepsilon}^{*(e)})^{\mathrm{T}}\boldsymbol{\sigma}^{(e)}\mathrm{d}V \tag{4-23}$$

式中

$$\boldsymbol{F}^{(e)} = (F_{xi} \quad F_{yi} \quad F_{xj} \quad F_{yj} \quad F_{xm} \quad F_{ym})^{\mathrm{T}} \tag{4-24}$$

为单元的结点力列向量。

常应变单元的单元厚度 t 为常量，且应力、应变不沿厚度方向发生变化。所以式（4-23）可写为

$$(\boldsymbol{\delta}^{*(e)})^{\mathrm{T}}\boldsymbol{F}^{(e)} = \int_A (\boldsymbol{\varepsilon}^{*(e)})^{\mathrm{T}}\boldsymbol{\sigma}^{(e)}t\mathrm{d}x\mathrm{d}y \tag{4-25}$$

将式（4-19）、式（4-21）代入式（4-25）可得

$$(\boldsymbol{\delta}^{*(e)})^{\mathrm{T}}\boldsymbol{F}^{(e)} = (\boldsymbol{\delta}^{*(e)})^{\mathrm{T}}\int_A \boldsymbol{B}^{\mathrm{T}}\boldsymbol{DB}t\,\mathrm{d}x\mathrm{d}y\,\boldsymbol{\delta}^{(e)} \tag{4-26}$$

由于虚位移为任意的，所以有

$$\boldsymbol{F}^{(e)} = \boldsymbol{k}^{(e)}\boldsymbol{\delta}^{(e)} \tag{4-27}$$

其中

$$\boldsymbol{k}^{(e)} = \int_A \boldsymbol{B}^{\mathrm{T}}\boldsymbol{DB}t\,\mathrm{d}x\mathrm{d}y \tag{4-28}$$

即为三结点三角形常应变单元的单元刚度矩阵。将式（4-20）、（4-22）代入并积分可得

$$\boldsymbol{k}^{(e)} = \begin{bmatrix} \boldsymbol{k}_{ii} & \boldsymbol{k}_{ij} & \boldsymbol{k}_{im} \\ \boldsymbol{k}_{ji} & \boldsymbol{k}_{jj} & \boldsymbol{k}_{jm} \\ \boldsymbol{k}_{mi} & \boldsymbol{k}_{mj} & \boldsymbol{k}_{mn} \end{bmatrix} \tag{4-29}$$

式中

$$k_{rs} = \frac{Et}{4(1-\mu^2)A} \begin{bmatrix} b_r b_s + \dfrac{1-\mu}{2} c_r c_s & \mu b_r c_s + \dfrac{1-\mu}{2} c_r b_s \\ \mu c_r b_s + \dfrac{1-\mu}{2} b_r c_s & c_r c_s + \dfrac{1-\mu}{2} b_r b_s \end{bmatrix} \quad (r, s=i, j, m) \qquad (4\text{-}30)$$

若为平面应变问题，则只需将式（4-30）中的 E 换成 $\dfrac{E}{1-\mu^2}$，μ 换成 $\dfrac{\mu}{1-\mu}$。

4.5　单元的等效结点荷载

如 2.6.2 节所述，可以利用虚功原理得到非结点荷载作用下常应变单元的单元等效结点荷载列向量

$$\boldsymbol{F}_E^{(e)} = (F_{Exi} \quad F_{Eyi} \quad F_{Exj} \quad F_{Eyj} \quad F_{Exm} \quad F_{Eym})^T \qquad (4\text{-}31)$$

如在单元内部一点 P 作用有集中力 $\boldsymbol{F}=(F_x \quad F_y)^T$，则等效结点荷载为

$$\boldsymbol{F}_E^{(e)} = \boldsymbol{N}^T \boldsymbol{F} \qquad (4\text{-}32)$$

其中，$\boldsymbol{N}$ 为点 P 处的形函数值，按式（4-17）计算。

如在单元的一边上作用有分布面力 $\boldsymbol{q}=(q_x \quad q_y)^T$，则等效结点荷载为

$$\boldsymbol{F}_E^{(e)} = \int_S \boldsymbol{N}^T \boldsymbol{q} t \, \mathrm{d}s \qquad (4\text{-}33)$$

如单元受到分布体力 $\boldsymbol{p}=(p_x \quad p_y)^T$ 作用，则等效结点荷载为

$$\boldsymbol{F}_E^{(e)} = \int_A \boldsymbol{N}^T \boldsymbol{p} t \, \mathrm{d}x \mathrm{d}y \qquad (4\text{-}34)$$

在一些比较常见的非结点荷载作用下，单元等效结点荷载的表达式如下：

（1）自重作用。

如单元自重为 $W=\rho g t A$，则

$$\boldsymbol{F}_E^{(e)} = \left(0 \quad -\frac{W}{3} \quad 0 \quad -\frac{W}{3} \quad 0 \quad -\frac{W}{3} \right)^T$$

亦即将 $\dfrac{1}{3}$ 的重力移置到各个结点上。

（2）均布面力作用。

在图 4-4 所示均布面力作用下，单元等效结点荷载为：

$$\boldsymbol{F}_E^{(e)} = \left(\frac{q_x t l}{2} \quad 0 \quad 0 \quad 0 \quad \frac{q_x t l}{2} \quad 0 \right)^T$$

亦即将 $\dfrac{1}{2}$ 的均布面力合力移置到两端的结点上。

（3）三角形分布面力作用。

在图 4-5 所示三角形分布面力作用下，单元等效结点荷载为：

$$\boldsymbol{F}_E^{(e)} = \left(\frac{q_x t l}{6} \quad 0 \quad 0 \quad 0 \quad \frac{q_x t l}{3} \quad 0 \right)^T$$

亦即将 $\dfrac{1}{3}$ 的面力合力移置到 i 点，将 $\dfrac{2}{3}$ 的面力合力移置到 m 点。

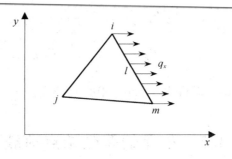

图 4-4　均布面力作用下的单元等效结点荷载

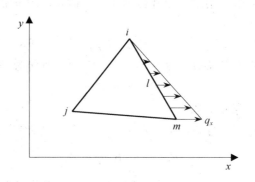

图 4-5　三角形分布面力作用下的单元等效结点荷载

4.6　计算步骤及示例

平面静力问题有限元法的求解步骤与第 2 章中平面杆系结构静力问题矩阵位移法的求解步骤基本相同。以后处理法为例，可归纳如下：

（1）对结构进行网格划分，并对结点、单元、结点位移基本未知量编号，选定整体坐标系。

（2）计算各单元在整体坐标系下的单元刚度矩阵。

（3）按单元定位向量由直接刚度法形成总刚度矩阵。

（4）若单元有非结点荷载作用，计算等效结点荷载以及综合结点荷载。

（5）引入支座约束条件，建立结构刚度方程。

（6）求解结构刚度方程，得到结点位移。

（7）计算各单元的应力。

【例 4-1】 试用常应变单元求解如图 4-6（a）所示的正方形薄板，已知薄板厚度为 t，边长为 $2\sqrt{2}$ m，四周受集度为 $1\,\text{N/m}^2$ 的均布压力作用，且在两对角顶点作用有 $2\,\text{N/m}$ 的集中力，荷载均沿厚度方向均匀分布。设材料的弹性模量为 E，泊松比 $\mu=0$。

解：本题为平面应力问题，可利用双轴对称的特点，取 $\frac{1}{4}$ 结构进行计算，如图 4-6（b）所示。

（1）网格划分、结点和单元编号、整体坐标系如图 4-6（b）所示。

结点位移基本未知量及其编号如下：

$$\boldsymbol{\Delta} = (\,U_1 \quad V_1 \quad U_2 \quad V_2 \quad U_3 \quad V_3 \quad U_4 \quad V_4 \quad U_5 \quad V_5 \quad U_6 \quad V_6\,)^{\mathrm{T}}$$
$$\phantom{\boldsymbol{\Delta} = (\,} 1 \qquad 2 \qquad 3 \qquad 4 \qquad 5 \qquad 6 \qquad 7 \qquad 8 \qquad 9 \qquad 10 \quad 11 \quad 12$$

各单元定位向量如表 4-1 所示。

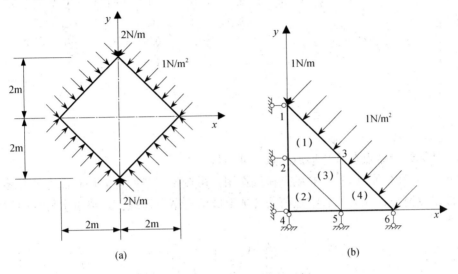

(a)   (b)

图 4-6 平面应力问题求解示例

表 4-1 例 4-1 单元结点编码和单元定位向量

单元编号	单元结点编码			单元定位向量					
	i	j	m	i		j		m	
(1)	3	1	2	5 6		1 2		3 4	
(2)	5	2	4	9 10		3 4		7 8	
(3)	2	5	3	3 4		9 10		5 6	
(4)	6	3	5	11 12		5 6		9 10	

（2）计算整体坐标系下的单元刚度矩阵。

单元（1）、（2）、（3）、（4）：由式（4-29）、（4-30）计算，四个单元的单刚矩阵相同：

$$\boldsymbol{k}^{(1)} = \boldsymbol{k}^{(2)} = \boldsymbol{k}^{(3)} = \boldsymbol{k}^{(4)} = \frac{Et}{2} \times \begin{bmatrix} 1.0 & 0 & 0 & 0 & -1.0 & 0 \\ & 0.5 & 0.5 & 0 & -0.5 & -0.5 \\ & & 0.5 & 0 & -0.5 & -0.5 \\ & \text{对} & & 1.0 & 0 & -1.0 \\ & & & & 1.5 & 0.5 \\ & & \text{称} & & & 1.5 \end{bmatrix}$$

（3）总刚度矩阵

由直接刚度法，各单刚元素按表 4-1 所示的单元定位向量"对号入座，同号相加"即可形成总刚度矩阵。

$$\boldsymbol{K}^0 = \frac{Et}{2} \times \begin{bmatrix} 0.5 & 0 & -0.5 & -0.5 & 0 & 0.5 & 0 & 0 & 0 & 0 & 0 & 0 \\ & 1.0 & 0 & -1.0 & 0 & 0 & 0 & 0 & 0 & 0 & 0 & 0 \\ & & 3.0 & 0.5 & -2.0 & -0.5 & -0.5 & -0.5 & 0 & 0.5 & 0 & 0 \\ & & & 3.0 & -0.5 & -1.0 & 0 & -1.0 & 0.5 & 0 & 0 & 0 \\ & & & & 3.0 & 0.5 & 0 & 0 & -1.0 & -0.5 & 0 & 0.5 \\ & & & & & 3.0 & 0 & 0 & -0.5 & -2.0 & 0 & 0 \\ & \text{对} & & & & & 1.5 & 0.5 & -1.0 & -0.5 & 0 & 0 \\ & & & & & & & 1.5 & 0 & -0.5 & 0 & 0 \\ & & & & & & & & 3.0 & 0.5 & -1.0 & -0.5 \\ & \text{称} & & & & & & & & 3.0 & 0 & -0.5 \\ & & & & & & & & & & 1.0 & 0 \\ & & & & & & & & & & & 0.5 \end{bmatrix}$$

（4）计算综合结点荷载，形成结点力列向量。

单元（1）和单元（4）有非结点荷载作用，可按 4.5 节所述的均布面力等效移置方法得到等效结点荷载，并与原有结点荷载叠加形成综合结点荷载。最终可求得结构的结点力列向量为

$$\boldsymbol{F} = \begin{bmatrix} X_1 \\ Y_1 \\ X_2 \\ Y_2 \\ X_3 \\ Y_3 \\ X_4 \\ Y_4 \\ X_5 \\ Y_5 \\ X_6 \\ Y_6 \end{bmatrix} = t \begin{bmatrix} X_1 \\ -1.5 \\ X_2 \\ 0.0 \\ -1.0 \\ -1.0 \\ X_4 \\ Y_4 \\ 0.0 \\ Y_5 \\ -0.5 \\ Y_6 \end{bmatrix}$$

与第 2 章中一样，支座约束方向的结点力应为综合结点荷载和支座反力的代数和，由于支座反力为未知量，并且在进行支座约束条件处理时其对应的行被删除，故其结点力仅以未知量表示。

（5）引入支座约束条件，建立结构刚度方程。

将零结点位移分量编号对应的行、列删除，即可得到结构刚度方程：

$$t \begin{bmatrix} -1.5 \\ 0.0 \\ -1.0 \\ -1.0 \\ 0.0 \\ -0.5 \end{bmatrix} = \frac{Et}{2} \times \begin{bmatrix} 1.0 & -1.0 & 0 & 0 & 0 & 0 \\ & 3.0 & -0.5 & -1.0 & 0.5 & 0 \\ & & 3.0 & 0.5 & -1.0 & 0 \\ & \text{对} & & 3.0 & -0.5 & 0 \\ & & & & 3.0 & -1.0 \\ & & \text{称} & & & 1.0 \end{bmatrix} \begin{bmatrix} V_1 \\ V_2 \\ U_3 \\ V_3 \\ U_5 \\ U_6 \end{bmatrix}$$

（6）解方程，求得未知结点位移为：

$$
\begin{bmatrix} V_1 \\ V_2 \\ U_3 \\ V_3 \\ U_5 \\ U_6 \end{bmatrix} = \frac{1}{E} \times \begin{bmatrix} -5.25 \\ -2.25 \\ -1.09 \\ -1.37 \\ -0.82 \\ -1.82 \end{bmatrix}
$$

（7）计算各单元应力。

由式（4-21）、（4-22）即可求得整体坐标系下各单元的应力分量。

$$
\begin{bmatrix} \sigma_x \\ \sigma_y \\ \tau_{xy} \end{bmatrix}^{(1)} = E \times \begin{bmatrix} 1.0 & 0.0 & 0.0 & 0.0 & -1.0 & 0.0 \\ 0.0 & 0.0 & 0.0 & 1.0 & 0.0 & -1.0 \\ 0.0 & 0.5 & 0.5 & 0.0 & -0.5 & -0.5 \end{bmatrix} \times \frac{1}{E} \begin{bmatrix} -1.09 \\ -1.37 \\ 0 \\ -5.25 \\ 0 \\ -2.25 \end{bmatrix} = \begin{bmatrix} -1.09 \\ -3.00 \\ 0.44 \end{bmatrix} (\text{N/m}^2)
$$

$$
\begin{bmatrix} \sigma_x \\ \sigma_y \\ \tau_{xy} \end{bmatrix}^{(2)} = E \times \begin{bmatrix} 1.0 & 0.0 & 0.0 & 0.0 & -1.0 & 0.0 \\ 0.0 & 0.0 & 0.0 & 1.0 & 0.0 & -1.0 \\ 0.0 & 0.5 & 0.5 & 0.0 & -0.5 & -0.5 \end{bmatrix} \times \frac{1}{E} \begin{bmatrix} -0.82 \\ 0 \\ 0 \\ -2.25 \\ 0 \\ 0 \end{bmatrix} = \begin{bmatrix} -0.82 \\ -2.25 \\ 0.0 \end{bmatrix} (\text{N/m}^2)
$$

$$
\begin{bmatrix} \sigma_x \\ \sigma_y \\ \tau_{xy} \end{bmatrix}^{(3)} = E \times \begin{bmatrix} -1.0 & 0.0 & 0.0 & 0.0 & 1.0 & 0.0 \\ 0.0 & 0.0 & 0.0 & -1.0 & 0.0 & 1.0 \\ 0.0 & -0.5 & -0.5 & 0.0 & 0.5 & 0.5 \end{bmatrix} \times \frac{1}{E} \begin{bmatrix} 0 \\ -2.25 \\ -0.82 \\ 0 \\ -1.09 \\ -1.37 \end{bmatrix} = \begin{bmatrix} -1.09 \\ -1.37 \\ 0.31 \end{bmatrix} (\text{N/m}^2)
$$

$$
\begin{bmatrix} \sigma_x \\ \sigma_y \\ \tau_{xy} \end{bmatrix}^{(4)} = E \times \begin{bmatrix} 1.0 & 0.0 & 0.0 & 0.0 & -1.0 & 0.0 \\ 0.0 & 0.0 & 0.0 & 1.0 & 0.0 & -1.0 \\ 0.0 & 0.5 & 0.5 & 0.0 & -0.5 & -0.5 \end{bmatrix} \times \frac{1}{E} \begin{bmatrix} -1.82 \\ 0 \\ -1.09 \\ -1.37 \\ -0.82 \\ 0 \end{bmatrix} = \begin{bmatrix} -1.00 \\ -1.37 \\ -0.13 \end{bmatrix} (\text{N/m}^2)
$$

如需计算单元的主应力和应力主向，可按材料力学相关公式进行，此处从略。支座反力为支座方向上所有单元的结点力之和加上反号的综合结点荷载。以结点1处的支座为例，由 $k^{(1)} \delta^{(1)}$ 可求得水平方向的单元结点力为0.22N/m，水平方向的综合结点荷载为 -0.5N/m，故而可求得支座反力为0.72N/m。

4.7　平面问题常应变单元的程序设计及使用

　　如前所述，除单元刚度矩阵、坐标变换、单元求解结果不相同而外，平面问题常应变单元的程序设计与平面杆系结构静力问题的求解程序基本相同。

　　对于非结点荷载，本节亦未加入将其转换为等效结点荷载的子程序。读者可在完全掌握程序编制原理的基础上自行设计相关子程序，对程序进行拓展。

平面问题静力求解程序

（三结点三角形常应变单元）

（Compaq Visual Fortran 6.5 等编程环境，CVF）

```fortran
! 使用 imsl 函数库
use numerical_libraries

implicit none

! 定义变量及数组
integer::i,j,k,node_number,element_number,property,support_number,load_number,node_i
integer::node_j,node_m, problem_type
real::xi,yi,xj,yj,xm,ym,la,lb,lc,s,a,e,t,u,coef
integer,dimension(:,:),allocatable::element
real,dimension(:,:),allocatable::node,element_property,force,stiff_global,total_stiff,c,support
real,dimension(:),allocatable::node_force,node_displacement,disp,element_stress

! 定义输入输出文件
!!!!!!!!!!!!!!!!!!!!!!!!!!!!!!!!!!!!!!!!!!!!!!!!!!!!!!!!!!!!!!!!!!!!!!!!!!!!!!!!!!!!!!!!!!!!
! 定义总体信息、结点坐标、单元、单元材性、支座约束、结点力输入文件,定义结点位移、单元应力输出文件
open(5,file="input.txt")
open(11,file="output.txt")

! 读入总体信息[平面问题类别(平面应力问题为1,平面应变问题为2)、结点数、单元数、
! 各单元材性是否相同(相同为1,不相同为0)、支座结点数、有结点力作用的结点数]
read(5,* ) problem_type,node_number,element_number,property,support_number,load_number

! 分配结点坐标、单元、单元材性、支座约束、结点力数组
allocate(node(node_number,2),element(element_number,3),element_property(element_number,3))
allocate(support(support_number,5),force(load_number,3))
allocate(stiff_global(6,6),total_stiff(node_number* 2,node_number* 2),c(3,6),disp(6))
allocate(node_force(node_number* 2),node_displacement(node_number* 2),element_stress(3))

! 结点坐标(依次读入每个结点的 x 和 y 坐标)
do i=1,node_number
  read(5,* )(node(i,j),j=1,2)
```

```
enddo

! 单元定义 (依次读入每个单元的 i、j、m 结点)
do i=1,element_number
  read(5,* )(element(i,j),j=1,3)
enddo

! 单元材性 (依次读入每个单元的弹性模量、单元厚度、泊松比,各单元材性相同时只需输一
! 次,不同时则需依次输入每个单元的材性)
if(property==1) then
  read(5,* )e,t,u
  do i=1,element_number
    element_property(i,1)=e;element_property(i,2)=t;element_property(i,3)=u
  enddo
else
  do i=1,element_number
    read(5,* )(element_property(i,j),j=1,3)
  enddo
endif

! 支座约束 (读入每个支座 x、y 方向的约束情况,0 表示没有约束,1 表示有约束,2 表示弹
! 性约束,后 2 个数为相应方向支座位移或弹性约束刚度系数)
do i=1,support_number
  read(5,* )(support(i,j),j=1,5)
enddo

! 结点力 (依次读入有结点力作用结点的结点号和 x、y 方向的集中力,并形成结点力向量,
! 支座结点未知反力以 0 表示,但若为弹性支座则需输入该方向作用的外荷载)
do i=1,node_number
  node_force((i-1)* 2+1)=0.0
  node_force((i-1)* 2+2)=0.0
enddo
if(load_number==0) then
else
  do i=1,load_number
    read(5,* )(force(i,j),j=1,3)
    node_force((int(force(i,1))-1)* 2+1)=force(i,2)
    node_force((int(force(i,1))-1)* 2+2)=force(i,3)
  enddo
endif

close(5)

! 计算单元刚度矩阵并对号入座形成总刚
!!!!!!!!!!!!!!!!!!!!!!!!!!!!!!!!!!!!!!!!!!!!!!!!!!!!!!!!!!!!!!!!!!!!!!!!!!!!!!!!!!!!!!!!!!!!!!!!!!!!!!!!!!
do i=1,node_number* 2
```

```
    do j=1,node_number* 2
      total_stiff(i,j)=0.0
    enddo
  enddo
do i=1,element_number
  ! 计算单元面积
  node_i=element(i,1);node_j=element(i,2);node_m=element(i,3)
  xi=node(node_i,1)
  yi=node(node_i,2)
  xj=node(node_j,1)
  yj=node(node_j,2)
  xm=node(node_m,1)
  ym=node(node_m,2)
  la=sqrt((xi-xj)* * 2.0+(yi-yj)* * 2.0)
  lb=sqrt((xj-xm)* * 2.0+(yj-ym)* * 2.0)
  lc=sqrt((xi-xm)* * 2.0+(yi-ym)* * 2.0)
  s=(la+lb+lc)/2.0
  a=sqrt(s* (s-la)* (s-lb)* (s-lc))
  ! 计算单元刚度矩阵
  e=element_property(i,1)
  t=element_property(i,2)
  u=element_property(i,3)
  if(problem_type==2) then
    e=e/(1.0-u* * 2.0);u=u/(1.0-u)
  endif
  coef=e* t/4.0/(1-u* * 2.0)/a
  stiff_global(1,1)=coef* ((yj-ym)* (yj-ym)+(1.0-u)/2.0* (xm-xj)* (xm-xj))
  stiff_global(1,2)=coef* (u* (yj-ym)* (xm-xj)+(1.0-u)/2.0* (xm-xj)* (yj-ym))
  stiff_global(1,3)=coef* ((yj-ym)* (ym-yi)+(1.0-u)/2.0* (xm-xj)* (xi-xm))
  stiff_global(1,4)=coef* (u* (yj-ym)* (xi-xm)+(1.0-u)/2.0* (xm-xj)* (ym-yi))
  stiff_global(1,5)=coef* ((yj-ym)* (yi-yj)+(1.0-u)/2.0* (xm-xj)* (xj-xi))
  stiff_global(1,6)=coef* (u* (yj-ym)* (xj-xi)+(1.0-u)/2.0* (xm-xj)* (yi-yj))
  stiff_global(2,2)=coef* ((xm-xj)* (xm-xj)+(1.0-u)/2.0* (yj-ym)* (yj-ym))
  stiff_global(2,3)=coef* (u* (xm-xj)* (ym-yi)+(1.0-u)/2.0* (yj-ym)* (xi-xm))
  stiff_global(2,4)=coef* ((xm-xj)* (xi-xm)+(1.0-u)/2.0* (yj-ym)* (ym-yi))
  stiff_global(2,5)=coef* (u* (xm-xj)* (yi-yj)+(1.0-u)/2.0* (yj-ym)* (xj-xi))
  stiff_global(2,6)=coef* ((xm-xj)* (xj-xi)+(1.0-u)/2.0* (yj-ym)* (yi-yj))
  stiff_global(3,3)=coef* ((ym-yi)* (ym-yi)+(1.0-u)/2.0* (xi-xm)* (xi-xm))
  stiff_global(3,4)=coef* (u* (ym-yi)* (xi-xm)+(1.0-u)/2.0* (xi-xm)* (ym-yi))
  stiff_global(3,5)=coef* ((ym-yi)* (yi-yj)+(1.0-u)/2.0* (xi-xm)* (xj-xi))
  stiff_global(3,6)=coef* (u* (ym-yi)* (xj-xi)+(1.0-u)/2.0* (xi-xm)* (yi-yj))
  stiff_global(4,4)=coef* ((xi-xm)* (xi-xm)+(1.0-u)/2.0* (ym-yi)* (ym-yi))
  stiff_global(4,5)=coef* (u* (xi-xm)* (yi-yj)+(1.0-u)/2.0* (ym-yi)* (xj-xi))
  stiff_global(4,6)=coef* ((xi-xm)* (xj-xi)+(1.0-u)/2.0* (ym-yi)* (yi-yj))
  stiff_global(5,5)=coef* ((yi-yj)* (yi-yj)+(1.0-u)/2.0* (xj-xi)* (xj-xi))
  stiff_global(5,6)=coef* (u* (yi-yj)* (xj-xi)+(1.0-u)/2.0* (xj-xi)* (yi-yj))
```

```fortran
stiff_global(6,6)=coef* ((xj-xi)* (xj-xi)+(1.0-u)/2.0* (yi-yj)* (yi-yj))
! 下三角对称
do j=2,6
  do k=1,j-1
    stiff_global(j,k)=stiff_global(k,j)
  enddo
enddo
! 对号入座放入总刚
do j=1,2
  do k=1,2
    total_stiff((node_i-1)* 2+j,(node_i-1)* 2+k)=total_stiff((node_i-1)* 2+j,(node_i-&
1)* 2+k)+stiff_global(j,k)
    total_stiff((node_i-1)* 2+j,(node_j-1)* 2+k)=total_stiff((node_i-1)* 2+j,(node_j-&
1)* 2+k)+stiff_global(j,2+k)
    total_stiff((node_i-1)* 2+j,(node_m-1)* 2+k)=total_stiff((node_i-1)* 2+j,(node_m-&
1)* 2+k)+stiff_global(j,4+k)
    total_stiff((node_j-1)* 2+j,(node_i-1)* 2+k)=total_stiff((node_j-1)* 2+j,(node_i-&
1)* 2+k)+stiff_global(2+j,k)
    total_stiff((node_j-1)* 2+j,(node_j-1)* 2+k)=total_stiff((node_j-1)* 2+j,(node_j-&
1)* 2+k)+stiff_global(2+j,2+k)
    total_stiff((node_j-1)* 2+j,(node_m-1)* 2+k)=total_stiff((node_j-1)* 2+j,(node_m-&
1)* 2+k)+stiff_global(2+j,4+k)
    total_stiff((node_m-1)* 2+j,(node_i-1)* 2+k)=total_stiff((node_m-1)* 2+j,(node_i-&
1)* 2+k)+stiff_global(4+j,k)
    total_stiff((node_m-1)* 2+j,(node_j-1)* 2+k)=total_stiff((node_m-1)* 2+j,(node_j-&
1)* 2+k)+stiff_global(4+j,2+k)
    total_stiff((node_m-1)* 2+j,(node_m-1)* 2+k)=total_stiff((node_m-1)* 2+j,&
(node_m-1)* 2+k)+stiff_global(4+j,4+k)
  enddo
  enddo
enddo


! 对总刚采用置大数法处理支座约束条件
!!!!!!!!!!!!!!!!!!!!!!!!!!!!!!!!!!!!!!!!!!!!!!!!!!!!!!!!!!!!!!!!!!!!!!!!!!!!!!!!!!!!!!!!!!!
do i=1,support_number
  do j=1,2
    if(int(support(i,j+1))==1) then
      total_stiff((int(support(i,1))-1)* 2+j,(int(support(i,1))-1)* 2+j)=1.0e20
      node_force((int(support(i,1))-1)* 2+j)=1.0e20* support(i,j+3)
    elseif(int(support(i,j+1))==2) then
      total_stif((int(support(i,1))-1)* 2+j,(int(support(i,1))-1)* 2+j)=total_stiff((int&
      (support(i,1))-1)* 2+j,(int(support(i,1))-1)* 2+j)+support(i,j+3)
    else
    endif
  enddo
enddo
```

! 求解结点位移

!!!

```fortran
CALL LSARG (node_number* 2, total_stiff, node_number* 2, node_force, 1, node_displacement)
! 输出结点位移
write(11,* )'# # # # # # # # # #   node displacement  # # # # # # # # # #'
write(11,* )'node              u              v'
do i=1,node_number
  write(11,'(i3,e13.4,e13.4)')i,node_displacement((i-1)* 2+1),node_displacement((i-1)* 2+2)
enddo


! 求解和输出单元应力
!!!!!!!!!!!!!!!!!!!!!!!!!!!!!!!!!!!!!!!!!!!!!!!!!!!!!!!!!!!!!!!!!!!!!!!!!!!!!!!!!!!!!!!!!!!!!!!!!!!
write(11,* )
write(11,* )'# # # # # # # # # #   element stress  # # # # # # # # # # # #'
write(11,* )'element    Sigma_x       Sigma_y      Gamma_xy'
do i=1,element_number
  ! 获得整体坐标系下的结点位移
  node_i=element(i,1);node_j=element(i,2);node_m=element(i,3)
  do j=1,2
    disp(j)=node_displacement((node_i-1)* 2+j)
    disp(2+j)=node_displacement((node_j-1)* 2+j)
    disp(4+j)=node_displacement((node_m-1)* 2+j)
  enddo
  ! 计算单元面积
  xi=node(node_i,1)
  yi=node(node_i,2)
  xj=node(node_j,1)
  yj=node(node_j,2)
  xm=node(node_m,1)
  ym=node(node_m,2)
  la=sqrt((xi-xj)* * 2.0+(yi-yj)* * 2.0)
  lb=sqrt((xj-xm)* * 2.0+(yj-ym)* * 2.0)
  lc=sqrt((xi-xm)* * 2.0+(yi-ym)* * 2.0)
  s=(la+lb+lc)/2.0
  a=sqrt(s* (s-la)* (s-lb)* (s-lc))
  ! 计算单元应力
  e=element_property(i,1)
  t=element_property(i,2)
  u=element_property(i,3)
  if(problem_type==2) then
    e=e/(1.0-u* * 2.0);u=u/(1.0-u)
  endif
  coef=e/2.0/(1.0-u* * 2.0)/a
  c(1,1)=coef* (yj-ym);c(1,2)=coef* u* (xm-xj);c(2,1)=coef* u* (yj-ym);c(2,2)=coef* &
  (xm-xj);c(3,1)=coef^ (1.0-u)/2.0* (xm-xj);c(3,2)=coef* (1.0-u)/2.0* (yj-ym)
  c(1,3)=coef* (ym-yi);c(1,4)=coef* u* (xi-xm);c(2,3)=coef* u* (ym-yi);c(2,4)=coef* &
```

```
(xi-xm);c(3,3)=coef* (1.0-u)/2.0* (xi-xm);c(3,4)=coef* (1.0-u)/2.0* (ym-yi)
c(1,5)=coef* (yi-yj);c(1,6)=coef* u* (xj-xi);c(2,5)=coef* u* (yi-yj);c(2,6)=coef* &
(xj-xi);c(3,5)=coef* (1.0-u)/2.0* (xj-xi);c(3,6)=coef* (1.0-u)/2.0* (yi-yj)
do j=1,3
  element_stress(j)=0.0
enddo
do j=1,3
  do k=1,6
    element_stress(j)=element_stress(j)+disp(k)* c(j,k)
  enddo
enddo
! 输出单元应力
write(11,'(i5,e15.4,e13.4,e13.4)')i,element_stress(1),element_stress(2),element_stress(3)
enddo

end
```

若编程环境为 Intel Visual Fortran Composer XE 2013 等，即 IVF，应调用 getrf 和 getrs 子程序求解线性方程组。

【例 4-2】试用平面问题静力求解程序计算例 4-1 所示结构。

解：由于本程序中未加入求解等效结点荷载的子程序，故而首先应按例 4-1 解答的第（4）步计算结构的综合结点荷载。

以下为本例的输入文件（"input. txt"）：

```
1 6 4 1 5 3
0.0 2.0
0.0 1.0
1.0 1.0
0.0 0.0
1.0 0.0
2.0 0.0
3 1 2
5 2 4
2 5 3
6 3 5
1.0 1.0 0.0
1 1 0 0 0
2 1 0 0 0
4 1 1 0 0
5 0 1 0 0
6 0 1 0 0
1 0.0 -1.5
3 -1.0 -1.0
6 -0.5 0.0
```

程序运行后，输出文件（"output. txt"）如下：

```
# # # # # # # # #    node displacement    # # # # # # # # #
node              u                        v
1              −0.2198E−20              −0.5253E+01
2              −0.8681E−20              −0.2253E+01
3              −0.1088E+01              −0.1374E+01
4              −0.4121E−20              −0.1126E−19
5              −0.8242E+00              −0.1440E−19
6              −0.1824E+01               0.6593E−21

# # # # # # # # #    element stress    # # # # # # # # # # # #
element   Sigma _ x      Sigma _ y       Gamma _ xy
1        −0.1088E+01    −0.3000E+01      0.4396E+00
2        −0.8242E+00    −0.2253E+01     −0.3846E−20
3        −0.1088E+01    −0.1374E+01      0.3077E+00
4        −0.1000E+01    −0.1374E+01     −0.1319E+00
```

【例 4-3】 图 4-7（a）所示的厚壁圆筒，内直径为 400mm，外直径为 600mm，承受 100kPa 的内压作用，试用平面问题静力求解程序计算其位移及应力分布。设材料的弹性模量为 $E=1.0\times10^5\text{MPa}$，泊松比 $\mu=0.25$，不考虑材料自重。

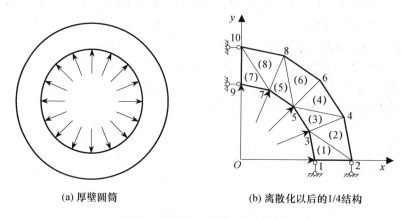

(a) 厚壁圆筒   (b) 离散化以后的1/4结构

图 4-7　平面应变问题求解示例

解：本题应按平面应变问题求解，厚度可取 1。利用双轴对称的特点，本例可取 $\frac{1}{4}$ 结构进行计算，网格划分、结点和单元编号、整体坐标系等如图 4-7（b）所示。由于本程序中未加入求解等效结点荷载的子程序，故而首先应按 4.5 节所述的均布面力等效移置方法得到等效结点荷载。

以下为本例的输入文件（"input. txt"），单位采用 N 和 m：

```
2 10 8 1 4 5
0.2 0.0
0.3 0.0
0.185 0.076
0.277 0.115
0.141 0.141
0.212 0.212
0.076 0.185
```

```
0. 115 0. 277
0. 0 0. 2
0. 0 0. 3
1 2 3
3 2 4
3 4 5
5 4 6
7 5 8
5 6 8
9 7 10
7 8 10
1.0e11 1.0 0. 25
1 0 1 0 0
2 0 1 0 0
9 1 0 0 0
10 1 0 0 0
1 3926. 99 0. 0
3 7256. 13 3005. 59
5 5553. 60 5553. 60
7 3005. 59 7256. 13
9 0. 0 3926. 99
```

程序运行后，输出文件（"output. txt"）如下：

＃＃＃＃＃＃＃＃＃ node displacement ＃＃＃＃＃＃＃＃＃＃

node	u	v
1	0. 5348E−06	0. 1326E−15
2	0. 4198E−06	0. 6479E−16
3	0. 4673E−06	0. 1939E−06
4	0. 3900E−06	0. 1654E−06
5	0. 3404E−06	0. 3404E−06
6	0. 3012E−06	0. 3012E−06
7	0. 1939E−06	0. 4673E−06
8	0. 1654E−06	0. 3900E−06
9	0. 1326E−15	0. 5348E−06
10	0. 6479E−16	0. 4198E−06

＃＃＃＃＃＃＃＃＃ element stress ＃＃＃＃＃＃＃＃＃＃＃＃

element	Sigma _ x	Sigma _ y	Gamma _ xy
1	−0. 3589E+05	0. 2601E+06	−0. 4458E+05
2	−0. 3000E+05	0. 1254E+06	−0. 4963E+05
3	0. 6240E+05	0. 1903E+06	−0. 1177E+06
4	0. 5075E+05	0. 8266E+05	−0. 7754E+05
5	0. 1903E+06	0. 6240E+05	−0. 1177E+06
6	0. 8266E+05	0. 5075E+05	−0. 7754E+05
7	0. 2601E+06	−0. 3589E+05	−0. 4458E+05
8	0. 1254E+06	−0. 3000E+05	−0. 4963E+05

读者可将本例结果与弹性力学中该问题的极坐标精确理论解进行对比，以了解本例网格划分条件下的求解精度。

4.8 计算成果的整理

对计算成果进行整理是有限元法分析的一个重要方面，本节主要介绍位移和应力的整理。

就位移来说，由于计算出的是结点位移分量，所以可据此绘制结构的变形图、位移等值线图、指定剖面的位移分布曲线等。

而有限元应力的精度比位移的精度低一阶，尤其是常应变单元，由于单元内各点的应力也为常量，所以精度较低，需要采取一些处理方法消除其误差，达到较好的近似。其中，绕结点平均法和二单元平均法是比较简单有效的处理方法。

所谓绕结点平均法，就是把环绕某一结点的各单元常量应力加以平均，用以表征该结点处的应力。运用该方法时，环绕该结点的各单元面积不能相差太大，同时它们在该结点处所张的角度也不能相差太大。

所谓二单元平均法，是指将两个相邻单元的常量应力加以平均，用以表征这两个单元公共边中点处的应力。运用该方法时，两个相邻单元的面积同样不能相差太大。

在应力变化不太剧烈的部位，这两种平均法得到的结果相差不大。但在应力变化比较剧烈的部位，如出现应力集中的部位，则二单元平均法的表征性能要优于绕结点平均法。

应用平均法时，要注意如果相邻单元的厚度或弹性常数不同，则平均法是没有意义的。

需要指出的是，对于结构边界上的应力点而言，是无法用二单元平均法处理的，而用绕结点平均法时又由于相邻单元个数太少而不能得到较好的结果。此时，可以采用内部应力点外推的方法求得边界点的应力，在外推时可采用抛物线插值公式。类似地，在求解平行于边界的最大主应力时，也可以由边界应力点的数值计算出连续插值函数，并用求极值的方法求得最大主应力。

当得到表征性较好的应力成果后，便可据此绘制应力分布等值线图、指定剖面的应力分布曲线、主应力矢量图等。

复习思考题

1. 平面应力问题和平面应变问题有什么不同？

2. 连续弹性体如何离散化？应注意哪些问题？

3. 三结点三角形常应变单元的位移模式是怎样的？其形函数有哪些性质？

4. 收敛准则需满足哪些条件？完备性和协调性指什么？如果三结点三角形单元选取以下两种位移模式行不行？为什么？①$u=\alpha_1+\alpha_2 x^2+\alpha_3 y$，$v=\alpha_4+\alpha_5 x+\alpha_6 y^2$；②$u=\alpha_1 x^2+\alpha_2 xy+\alpha_3 y^2$，$v=\alpha_4 x^2+\alpha_5 xy+\alpha_6 y^2$。

5. 为什么说三结点三角形单元为常应变单元？用其解题时会出现什么现象？为了提高应力精度，应如何整理常应变单元的应力成果？

6. 如何求解非结点荷载作用下常应变单元的等效结点荷载？

7. 平面问题的有限元法求解步骤与平面杆系结构静力问题的矩阵位移法一样吗？

8. 如图 4-8 所示平面应力状态下的三结点等边三角形单元，其边长为 a，厚度为 t，μ

$=\dfrac{1}{6}$。①写出单元的形函数矩阵、应变矩阵、应力矩阵、刚度矩阵；②若产生结点位移

$u_i=v_i=u_j=0$，$v_j=1$，$u_m=-\dfrac{\sqrt{3}}{2}$，$v_m=-\dfrac{1}{2}$，则单元的应力为多少？说明原因；③设单元在 jm 边上作用有沿其内法线方向的压力，在 j 点和 m 点的集度分别为 q_j 和 q_m，试求单元的等效结点荷载。

9. 试求图 4-6（b）中各支座链杆的反力。

10. 试求图 4-9 所示薄板结点 1、2 的位移及各单元应力，要求利用对称性，已知薄板厚度为 t，材料的弹性模量为 E，泊松比 $\mu=\dfrac{1}{6}$，集中力 $F_P=1.0\times10^3\,\mathrm{N/m}$，荷载沿厚度方向均匀分布。

11. 试求图 4-10 所示薄板各单元的应力，已知薄板厚度为 t，材料的弹性模量为 E，泊松比 $\mu=0$，集中力 $F_P=1.0\times10^3\,\mathrm{N/m}$，均布面力 $q=0.2\times10^3\,\mathrm{N/m^2}$，荷载沿厚度方向均匀分布。（提示：线性方程组可用 matlab 求解，见附录 B）

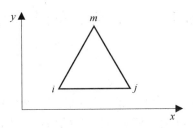

图 4-8　三结点等边三角形单元

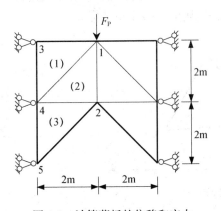

图 4-9　计算薄板的位移和应力

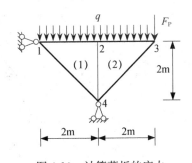

图 4-10　计算薄板的应力

12. 利用平面问题静力求解程序计算题 10、题 11，并与手算结果进行对比。可以将单元划分进一步细化后再进行比较。

第 4 章部分习题答案

第5章　弹性力学平面问题的较精密单元

第4章介绍的三结点三角形常应变单元，其应力应变皆为常量，计算精度受到一定限制。为了更好地反映结构的位移和应力状态，减少由于离散化所产生的误差，有限元法中发展了具有较高精度的其他平面单元。本章将介绍其中的六结点三角形单元、四结点矩形单元以及八结点四边形等参数单元。

5.1　六结点三角形单元

5.1.1　面积坐标

面积坐标是一种用以表示三角形内部一点位置的特殊坐标系。

如图 5-1 所示，三角形 ijm 内，任意一点 P 的坐标可以由面积比

$$L_i = \frac{A_i}{A}, \quad L_j = \frac{A_j}{A}, \quad L_m = \frac{A_m}{A} \tag{5-1}$$

表示。其中，A 为三角形 ijm 的面积，A_i 为三角形 Pjm 的面积，A_j 为三角形 Pmi 的面积，A_m 为三角形 Pij 的面积。L_i、L_j、L_m 即称为点 P 的面积坐标。

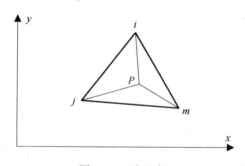

图 5-1　面积坐标

对于面积坐标，显然有

$$L_i + L_j + L_m = 1 \tag{5-2}$$

所以三个面积坐标中，只有两个是独立的。在各结点处，面积坐标分别为

结点 i：$L_i = 1$，$L_j = 0$，$L_m = 0$

结点 j：$L_i = 0$，$L_j = 1$，$L_m = 0$

结点 m：$L_i = 0$，$L_j = 0$，$L_m = 1$

由三角形的面积计算式（4-10），可以很容易地得到

$$L_i = \frac{1}{2A}(a_i + b_i x + c_i y) \quad (i, j, m) \tag{5-3}$$

式中 a_i、b_i、c_i 等元素的计算见式（4-12）。

由式（5-3）又可以得到

$$x = L_i x_i + L_j x_j + L_m x_m \tag{5-4}$$

$$y = L_i y_i + L_j y_j + L_m y_m \tag{5-5}$$

将式（5-3）与式（4-13）对比可知

$$L_i = N_i \quad (i, j, m) \tag{5-6}$$

对于面积坐标，由复合函数的求导法则可知

$$\frac{\partial}{\partial x} = \frac{\partial L_i}{\partial x}\frac{\partial}{\partial L_i} + \frac{\partial L_j}{\partial x}\frac{\partial}{\partial L_j} + \frac{\partial L_m}{\partial x}\frac{\partial}{\partial L_m} = \frac{b_i}{2A}\frac{\partial}{\partial L_i} + \frac{b_j}{2A}\frac{\partial}{\partial L_j} + \frac{b_m}{2A}\frac{\partial}{\partial L_m} \tag{5-7}$$

$$\frac{\partial}{\partial y} = \frac{\partial L_i}{\partial y}\frac{\partial}{\partial L_i} + \frac{\partial L_j}{\partial y}\frac{\partial}{\partial L_j} + \frac{\partial L_m}{\partial y}\frac{\partial}{\partial L_m} = \frac{c_i}{2A}\frac{\partial}{\partial L_i} + \frac{c_j}{2A}\frac{\partial}{\partial L_j} + \frac{c_m}{2A}\frac{\partial}{\partial L_m} \tag{5-8}$$

此外，面积坐标有以下积分公式

$$\int_A L_i^a L_j^b L_m^c \mathrm{d}x\mathrm{d}y = \frac{a!b!c!}{(a+b+c+2)!} \times 2A \tag{5-9}$$

$$\int_l L_i^a L_j^b \mathrm{d}s = \frac{a!b!}{(a+b+1)!} l \quad (i,j,m) \tag{5-10}$$

5.1.2 六结点三角形单元的位移模式和单元刚度矩阵

六结点三角形单元如图 5-2 所示。除了结点 i、j、m 外，其余三个结点 1、2、3 分别为 jm、im、ij 边的中点。

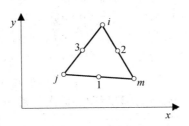

图 5-2 六结点三角形单元

该单元的位移模式可设为

$$\begin{cases} u^{(e)} = \alpha_1 + \alpha_2 x + \alpha_3 y + \alpha_4 x^2 + \alpha_5 xy + \alpha_6 y^2 \\ v^{(e)} = \alpha_7 + \alpha_8 x + \alpha_9 y + \alpha_{10} x^2 + \alpha_{11} xy + \alpha_{12} y^2 \end{cases} \tag{5-11}$$

由结点处的位移条件，利用面积坐标可得

$$f^{(e)} = \begin{Bmatrix} u \\ v \end{Bmatrix}^{(e)} = N \delta^{(e)} \tag{5-12}$$

其中，

$$N = \begin{bmatrix} N_i & 0 & N_j & 0 & N_m & 0 & N_1 & 0 & N_2 & 0 & N_3 & 0 \\ 0 & N_i & 0 & N_j & 0 & N_m & 0 & N_1 & 0 & N_2 & 0 & N_3 \end{bmatrix} \tag{5-13}$$

为形函数矩阵，式中

$$\begin{cases} N_i = L_i(2L_i - 1) & (i, j, m) \\ N_1 = 4L_jL_m & (1, 2, 3; i, j, m) \end{cases} \tag{5-14}$$

$$\boldsymbol{\delta}^{(e)} = (u_i \quad v_i \quad u_j \quad v_j \quad u_m \quad v_m \quad u_1 \quad v_1 \quad u_2 \quad v_2 \quad u_3 \quad v_3)^{\mathrm{T}} \tag{5-15}$$

则为单元的结点位移列向量。

将式 (5-12) 代入平面问题的几何方程式 (4-4)，并整理可得

$$\boldsymbol{\varepsilon}^{(e)} = (\varepsilon_x \quad \varepsilon_y \quad \gamma_{xy})^{\mathrm{T}} = \boldsymbol{B}\boldsymbol{\delta}^{(e)} = [\boldsymbol{B}_i \quad \boldsymbol{B}_j \quad \boldsymbol{B}_m \quad \boldsymbol{B}_1 \quad \boldsymbol{B}_2 \quad \boldsymbol{B}_3]\boldsymbol{\delta}^{(e)} \tag{5-16}$$

其中，$\boldsymbol{B}$ 为单元应变矩阵，其子阵的具体形式为

$$\boldsymbol{B}_i = \frac{1}{2A} \begin{bmatrix} b_i(4L_i - 1) & 0 \\ 0 & c_i(4L_i - 1) \\ c_i(4L_i - 1) & b_i(4L_i - 1) \end{bmatrix} \quad (i, j, m) \tag{5-17}$$

$$\boldsymbol{B}_1 = \frac{1}{2A} \begin{bmatrix} 4(b_jL_m + L_jb_m) & 0 \\ 0 & 4(c_jL_m + L_jc_m) \\ 4(c_jL_m + L_jc_m) & 4(b_jL_m + L_jb_m) \end{bmatrix} \quad (1, 2, 3; i, j, m) \tag{5-18}$$

由此可知，在六结点三角形单元内应变呈线性变化，而不再是常量。

将式 (5-16) 代入平面应力问题的物理方程式 (4-5)，并整理可得

$$\boldsymbol{\sigma}^{(e)} = (\sigma_x \quad \sigma_y \quad \tau_{xy})^{\mathrm{T}} = \boldsymbol{DB}\boldsymbol{\delta}^{(e)} = \boldsymbol{S}\boldsymbol{\delta}^{(e)} = [\boldsymbol{S}_i \quad \boldsymbol{S}_j \quad \boldsymbol{S}_m \quad \boldsymbol{S}_1 \quad \boldsymbol{S}_2 \quad \boldsymbol{S}_3]\boldsymbol{\delta}^{(e)} \tag{5-19}$$

其中，$\boldsymbol{S} = \boldsymbol{DB}$ 为单元应力矩阵，其子阵的具体形式为

$$\boldsymbol{S}_i = \frac{E}{4(1-\mu^2)A}(4L_i - 1) \begin{bmatrix} 2b_i & 2\mu c_i \\ 2\mu b_i & 2c_i \\ (1-\mu)c_i & (1-\mu)b_i \end{bmatrix} \quad (i, j, m) \tag{5-20}$$

$$\boldsymbol{S}_1 = \frac{E}{4(1-\mu^2)A} \begin{bmatrix} 8(b_jL_m + L_jb_m) & 8\mu(c_jL_m + L_jc_m) \\ 8\mu(b_jL_m + L_jb_m) & 8(c_jL_m + L_jc_m) \\ 4(1-\mu)(c_jL_m + L_jc_m) & 4(1-\mu)(b_jL_m + L_jb_m) \end{bmatrix} \quad (1, 2, 3; i, j, m)$$
$$\tag{5-21}$$

由此可知，单元的各应力分量也都呈线性变化。若为平面应变问题，则只需将式 (5-20)、(5-21) 中的 E 换成 $\dfrac{E}{1-\mu^2}$，μ 换成 $\dfrac{\mu}{1-\mu}$。

将 $\boldsymbol{B}$ 和 $\boldsymbol{S}$ 代入式 (4-28) 并积分即可得六结点三角形单元的单元刚度矩阵

$$\boldsymbol{k}^{(e)} = \frac{Et}{24(1-\mu^2)A} \begin{bmatrix} \boldsymbol{F}_i & \boldsymbol{P}_{ij} & \boldsymbol{P}_{im} & \boldsymbol{0} & -4\boldsymbol{P}_{im} & -4\boldsymbol{P}_{ij} \\ \boldsymbol{P}_{ji} & \boldsymbol{F}_j & \boldsymbol{P}_{jm} & -4\boldsymbol{P}_{jm} & \boldsymbol{0} & -4\boldsymbol{P}_{ji} \\ \boldsymbol{P}_{mi} & \boldsymbol{P}_{mj} & \boldsymbol{F}_m & -4\boldsymbol{P}_{mj} & -4\boldsymbol{P}_{mi} & \boldsymbol{0} \\ \boldsymbol{0} & -4\boldsymbol{P}_{mj} & -4\boldsymbol{P}_{jm} & \boldsymbol{G}_i & \boldsymbol{Q}_{ij} & \boldsymbol{Q}_{im} \\ -4\boldsymbol{P}_{mi} & \boldsymbol{0} & -4\boldsymbol{P}_{im} & \boldsymbol{Q}_{ji} & \boldsymbol{G}_j & \boldsymbol{Q}_{jm} \\ -4\boldsymbol{P}_{ji} & -4\boldsymbol{P}_{ij} & \boldsymbol{0} & \boldsymbol{Q}_{mi} & \boldsymbol{Q}_{mj} & \boldsymbol{G}_m \end{bmatrix} \tag{5-22}$$

式中

$$\boldsymbol{F}_i = \begin{bmatrix} 6b_i^2 + 3(1-\mu)c_i^2 & 对称 \\ 3(1+\mu)b_ic_i & 6c_i^2 + 3(1-\mu)b_i^2 \end{bmatrix} \quad (i, j, m) \tag{5-23}$$

$$G_i = \begin{bmatrix} 16(b_i^2 - b_j b_m) + 8(1-\mu)(c_i^2 - c_j c_m) & \text{对称} \\ 4(1+\mu)(b_i c_i + b_j c_j + b_m c_m) & 16(c_i^2 - c_j c_m) + 8(1-\mu)(b_i^2 - b_j b_m) \end{bmatrix} (i, j, m)$$

$$(5\text{-}24)$$

$$P_{rs} = \begin{bmatrix} -2b_r b_s - (1-\mu)c_r c_s & -2\mu b_r c_s - (1-\mu)c_r b_s \\ -2\mu c_r b_s - (1-\mu)b_r c_s & -2c_r c_s - (1-\mu)b_r b_s \end{bmatrix} (r, s = i, j, m) \quad (5\text{-}25)$$

$$Q_{rs} = \begin{bmatrix} 16b_r b_s + 8(1-\mu)c_r c_s & \text{对称} \\ 4(1+\mu)(c_r b_s + b_r c_s) & 16c_r c_s + 8(1-\mu)b_r b_s \end{bmatrix} (r, s = i, j, m) \quad (5\text{-}26)$$

若为平面应变问题，需将式（5-22）～（5-26）中的 E 换成 $\dfrac{E}{1-\mu^2}$，μ 换成 $\dfrac{\mu}{1-\mu}$。

六结点三角形单元等效结点荷载的计算同样应用式（4-32）至式（4-34）积分求解，在对面积坐标进行积分时可应用式（5-9）、（5-10）。

在结点数量大致相同的情况下，六结点三角形单元的计算精度要远高于三结点三角形常应变单元。所以，为了达到相同的精度，在采用六结点三角形单元时，单元数就可以取得很少。在用绕结点平均法整理边界结点的应力成果时，无须由内点推算，表征性就很好。但六结点三角形单元对非均匀性及曲线边界的适应性却不如三结点三角形常应变单元，且结构刚度矩阵带宽较大，计算所耗机时会比较多。

【例 5-1】 试用附录 C 中平面问题静力求解程序（六结点三角形单元）计算例 4-1 所示结构。

解：单元划分和结点编号如图 5-3 所示。由于本程序中未加入求解等效结点荷载的子程序，故而首先应按式（4-33）计算均布面力作用下的等效结点荷载以及结构的综合结点荷载。

设单元厚度为 t，在长度为 l 的 ij 边上有均布面力 q 作用，则等效移置结果为将 qlt 的各 $\dfrac{1}{6}$ 移置到 i 和 j 结点上，而将 qlt 的 $\dfrac{2}{3}$ 移置到中间的 3 结点上。

以下为本例的输入文件（"input. txt"）：

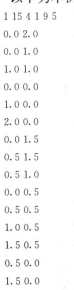

```
1 15 4 1 9 5
0.0 2.0
0.0 1.0
1.0 1.0
0.0 0.0
1.0 0.0
2.0 0.0
0.0 1.5
0.5 1.5
0.5 1.0
0.0 0.5
0.5 0.5
1.0 0.5
1.5 0.5
0.5 0.0
1.5 0.0
1 7 2 9 3 8
```

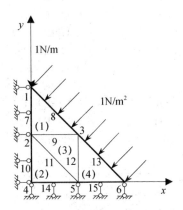

图 5-3　六结点三角形
单元求解示例

```
2 10 4 14 5 11
2 11 5 12 3 9
3 12 5 15 6 13
1.0 1.0 0.0
1 1 0 0 0
2 1 0 0 0
4 1 1 0 0
5 0 1 0 0
6 0 1 0 0
7 1 0 0 0
10 1 0 0 0
14 0 1 0 0
15 0 1 0 0
1 −0.167 −1.167
8 −0.667 −0.667
3 −0.333 −0.333
13 −0.667 −0.667
6 −0.167 −0.167
```

程序运行后，输出文件（"output.txt"）如下：

＃＃＃＃＃＃＃＃＃＃　　node displacement　　＃＃＃＃＃＃＃＃＃＃

node	u	v
1	−0.3330E−20	−0.7189E+01
2	−0.2310E−20	−0.2271E+01
3	−0.9818E+00	−0.1375E+01
4	−0.1083E−20	−0.3408E−20
5	−0.7530E+00	−0.4968E−20
6	−0.1722E+01	0.7171E−22
7	−0.7241E−20	−0.4209E+01
8	−0.7723E+00	−0.2986E+01
9	−0.4101E+00	−0.1965E+01
10	−0.4376E−20	−0.1079E+01
11	−0.3573E+00	−0.9627E+00
12	−0.7993E+00	−0.7208E+00
13	−0.1308E+01	−0.5302E+00
14	−0.3507E+00	−0.1286E−19
15	−0.1229E+01	−0.7178E−20

＃＃＃＃＃＃＃＃＃＃　element stress　＃＃＃＃＃＃＃＃＃＃＃＃＃

element：　　1

node	Sigma_x	Sigma_y	Gamma_xy
1	−0.2108E+01	−0.7002E+01	0.1998E+01
7	−0.1383E+01	−0.4918E+01	0.1081E+01
2	−0.6587E+00	−0.2834E+01	0.1643E+00
9	−0.9818E+00	−0.1000E+01	0.8567E−01
3	−0.1305E+01	0.8334E+00	0.7079E−02
8	−0.1706E+01	−0.3084E+01	0.1003E+01

element：　　2

node	Sigma _ x	Sigma _ y	Gamma _ xy
2	−0.6761E+00	−0.2497E+01	0.2327E+00
10	−0.6629E+00	−0.2271E+01	0.1163E+00
4	−0.6498E+00	−0.2045E+01	−0.2409E−19
14	−0.7530E+00	−0.1812E+01	−0.6567E−02
5	−0.8562E+00	−0.1580E+01	−0.1313E−01
11	−0.7661E+00	−0.2038E+01	0.1098E+00

element：　　3

node	Sigma _ x	Sigma _ y	Gamma _ xy
2	−0.6587E+00	−0.2634E+01	0.1729E+00
11	−0.7226E+00	−0.2071E+01	0.1153E+00
5	−0.7864E+00	−0.1508E+01	0.5774E−01
12	−0.1046E+01	−0.1375E+01	0.2693E+00
3	−0.1305E+01	−0.1243E+01	0.4809E+00
9	−0.9818E+00	−0.1939E+01	0.3269E+00

element：　　4

node	Sigma _ x	Sigma _ y	Gamma _ xy
3	−0.1065E+01	−0.1243E+01	0.1306E+00
12	−0.1001E+01	−0.1375E+01	0.7617E−01
5	−0.9357E+00	−0.1508E+01	0.2177E−01
15	−0.9689E+00	−0.1127E+01	−0.1063E−01
6	−0.1002E+01	−0.7456E+00	−0.4302E−01
13	−0.1034E+01	−0.9943E+00	0.4377E−01

　　本程序未加入采用绕结点平均法整理计算成果的功能，只是给出了各单元六个结点处的应力计算结果，读者可自行将成果整理后与例 4-1 的计算结果进行比较。从比较结果可以看出，在单元数相同的情况下，采用六结点三角形单元更好地表征了结点 1 处的应力集中现象。

5.2　四结点矩形单元

　　四结点矩形单元如图 5-4 所示，设其边长分别为 $2a$ 和 $2b$，以四个顶点 i、j、m、p 为结点。为了简便，在推导其单元刚度矩阵时需建立如图 5-4 所示的局部坐标系。

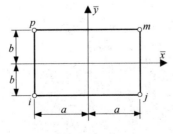

图 5-4　四结点矩形单元

该单元的位移模式可设为

$$\begin{cases} \bar{u}^{(e)} = \alpha_1 + \alpha_2 \bar{x} + \alpha_3 \bar{y} + \alpha_4 \bar{x}\bar{y} \\ \bar{v}^{(e)} = \alpha_5 + \alpha_6 \bar{x} + \alpha_7 \bar{y} + \alpha_8 \bar{x}\bar{y} \end{cases} \tag{5-27}$$

由结点处的位移条件，可得

$$\bar{\boldsymbol{f}}^{(e)} = \left\{ \begin{matrix} \bar{u} \\ \bar{v} \end{matrix} \right\}^{(e)} = \bar{\boldsymbol{N}}\, \bar{\boldsymbol{\delta}}^{(e)} \tag{5-28}$$

其中，

$$\bar{\boldsymbol{N}} = \begin{bmatrix} \bar{N}_i & 0 & \bar{N}_j & 0 & \bar{N}_m & 0 & \bar{N}_p & 0 \\ 0 & \bar{N}_i & 0 & \bar{N}_j & 0 & \bar{N}_m & 0 & \bar{N}_p \end{bmatrix} \tag{5-29}$$

为形函数矩阵。式中

$$\begin{cases} \bar{N}_i = \dfrac{1}{4}\left(1 - \dfrac{\bar{x}}{a}\right)\left(1 - \dfrac{\bar{y}}{b}\right) \\[2mm] \bar{N}_j = \dfrac{1}{4}\left(1 + \dfrac{\bar{x}}{a}\right)\left(1 - \dfrac{\bar{y}}{b}\right) \\[2mm] \bar{N}_m = \dfrac{1}{4}\left(1 + \dfrac{\bar{x}}{a}\right)\left(1 + \dfrac{\bar{y}}{b}\right) \\[2mm] \bar{N}_p = \dfrac{1}{4}\left(1 - \dfrac{\bar{x}}{a}\right)\left(1 + \dfrac{\bar{y}}{b}\right) \end{cases}$$

$$\bar{\boldsymbol{\delta}}^{(e)} = (\bar{u}_i \quad \bar{v}_i \quad \bar{u}_j \quad \bar{v}_j \quad \bar{u}_m \quad \bar{v}_m \quad \bar{u}_p \quad \bar{v}_p)^{\mathrm{T}} \tag{5-30}$$

则为单元的结点位移列向量。

将式（5-28）代入平面问题的几何方程式（4-4），并整理可得

$$\bar{\boldsymbol{\varepsilon}}^{(e)} = (\bar{\varepsilon}_x \quad \bar{\varepsilon}_y \quad \bar{\gamma}_{xy})^{\mathrm{T}} = \bar{\boldsymbol{B}}\, \bar{\boldsymbol{\delta}}^{(e)} \tag{5-31}$$

其中，

$$\bar{\boldsymbol{B}} = \frac{1}{4ab}\begin{bmatrix} -(b-\bar{y}) & 0 & b-\bar{y} & 0 & b+\bar{y} & 0 & -(b+\bar{y}) & 0 \\ 0 & -(a-\bar{x}) & 0 & -(a+\bar{x}) & 0 & a+\bar{x} & 0 & a-\bar{x} \\ -(a-\bar{x}) & -(b-\bar{y}) & -(a+\bar{x}) & b-\bar{y} & a+\bar{x} & b+\bar{y} & a-\bar{x} & -(b+\bar{y}) \end{bmatrix}$$

$$\tag{5-32}$$

为单元应变矩阵。

由此可知，在四结点矩形单元内应变亦呈线性变化。

将式（5-31）代入平面应力问题的物理方程式（4-5），并整理可得

$$\bar{\boldsymbol{\sigma}}^{(e)} = (\bar{\sigma}_x \quad \bar{\sigma}_y \quad \bar{\tau}_{xy})^{\mathrm{T}} = \boldsymbol{D}\bar{\boldsymbol{B}}\, \bar{\boldsymbol{\delta}}^{(e)} = \bar{\boldsymbol{S}}\, \bar{\boldsymbol{\delta}}^{(e)} \tag{5-33}$$

其中，

$$\bar{\boldsymbol{S}} = \frac{E}{4ab(1-\mu^2)}\left[\begin{matrix} -(b-\bar{y}) & -\mu(a-\bar{x}) & b-\bar{y} & -\mu(a+\bar{x}) \\ -\mu(b-\bar{y}) & -(a-\bar{x}) & \mu(b-\bar{y}) & -(a+\bar{x}) \\ -\dfrac{(1-\mu)}{2}(a-\bar{x}) & -\dfrac{(1-\mu)}{2}(b-\bar{y}) & -\dfrac{(1-\mu)}{2}(a+\bar{x}) & \dfrac{(1-\mu)}{2}(b-\bar{y}) \end{matrix}\right.$$

$$\left.\begin{matrix} b+\bar{y} & \mu(a+\bar{x}) & -(b+\bar{y}) & \mu(a-\bar{x}) \\ \mu(b+\bar{y}) & a+\bar{x} & -\mu(b+\bar{y}) & a-\bar{x} \\ \dfrac{(1-\mu)}{2}(a+\bar{x}) & \dfrac{(1-\mu)}{2}(b+\bar{y}) & \dfrac{(1-\mu)}{2}(a-\bar{x}) & -\dfrac{(1-\mu)}{2}(b+\bar{y}) \end{matrix}\right] \tag{5-34}$$

为单元应力矩阵。

由此可知，单元的各应力分量也都呈线性变化。对于平面应变问题，只需将式（5-34）中的 E 换成 $\dfrac{E}{1-\mu^2}$，μ 换成 $\dfrac{\mu}{1-\mu}$。

将 $\overline{\boldsymbol{B}}$ 和 $\overline{\boldsymbol{S}}$ 代入式（4-28）并积分即可得四结点矩形单元的单元刚度矩阵

$$\boldsymbol{k}^{(e)}=\overline{\boldsymbol{k}}^{(e)}=\frac{Et}{1-\mu^2}\left[\begin{array}{cccccccc}
\frac{1}{3}\frac{b}{a}+\frac{1-\mu}{6}\frac{a}{b} & \frac{1+\mu}{8} & -\frac{1}{3}\frac{b}{a}+\frac{1-\mu}{12}\frac{a}{b} & -\frac{1-3\mu}{8} & -\frac{1}{6}\frac{b}{a}-\frac{1-\mu}{12}\frac{a}{b} & -\frac{1+\mu}{8} & \frac{1}{6}\frac{b}{a}-\frac{1-\mu}{6}\frac{a}{b} & \frac{1-3\mu}{8} \\
 & \frac{1}{3}\frac{a}{b}+\frac{1-\mu}{6}\frac{b}{a} & \frac{1-3\mu}{8} & \frac{1}{6}\frac{a}{b}-\frac{1-\mu}{6}\frac{b}{a} & -\frac{1+\mu}{8} & -\frac{1}{6}\frac{a}{b}-\frac{1-\mu}{12}\frac{b}{a} & -\frac{1-3\mu}{8} & -\frac{1}{3}\frac{a}{b}+\frac{1-\mu}{12}\frac{b}{a} \\
 & & \frac{1}{3}\frac{b}{a}+\frac{1-\mu}{6}\frac{a}{b} & -\frac{1+\mu}{8} & \frac{1}{6}\frac{b}{a}-\frac{1-\mu}{6}\frac{a}{b} & -\frac{1-3\mu}{8} & -\frac{1}{6}\frac{b}{a}-\frac{1-\mu}{12}\frac{a}{b} & \frac{1+\mu}{8} \\
 & 对 & & \frac{1}{3}\frac{a}{b}+\frac{1-\mu}{6}\frac{b}{a} & \frac{1-3\mu}{8} & -\frac{1}{3}\frac{a}{b}+\frac{1-\mu}{12}\frac{b}{a} & \frac{1+\mu}{8} & -\frac{1}{6}\frac{a}{b}-\frac{1-\mu}{12}\frac{b}{a} \\
 & & & & \frac{1}{3}\frac{b}{a}+\frac{1-\mu}{6}\frac{a}{b} & \frac{1+\mu}{8} & -\frac{1}{3}\frac{b}{a}+\frac{1-\mu}{12}\frac{a}{b} & -\frac{1-3\mu}{8} \\
 & & & & & \frac{1}{3}\frac{a}{b}+\frac{1-\mu}{6}\frac{b}{a} & \frac{1-3\mu}{8} & \frac{1}{6}\frac{a}{b}-\frac{1-\mu}{6}\frac{b}{a} \\
 & & 称 & & & & \frac{1}{3}\frac{b}{a}+\frac{1-\mu}{6}\frac{a}{b} & -\frac{1+\mu}{8} \\
 & & & & & & & \frac{1}{3}\frac{a}{b}+\frac{1-\mu}{6}\frac{b}{a}
\end{array}\right]$$

$$(5-35)$$

若为平面应变问题，需将式（5-35）中的 E 换成 $\dfrac{E}{1-\mu^2}$，μ 换成 $\dfrac{\mu}{1-\mu}$。

由于四结点矩形单元中应力分量呈线性变化而不是常量，所以其计算精度同样要高于三结点三角形单元。但是矩形单元有其明显的缺陷：一是不能适应斜边界和曲线边界，二是不便于在不同部位采用不同大小的单元。为了弥补这些缺陷，可以把矩形单元和常应变单元混合使用，亦即在复杂边界附近使用常应变单元，或将常应变单元作为不同大小矩形单元之间的过渡。

【例5-2】试用附录C中平面问题静力求解程序（四结点矩形单元）计算图5-5（a）所示深梁。设梁的截面宽度为 $b=1\mathrm{m}$，材料弹性模量 $E=2.5\times10^4\mathrm{MPa}$，泊松比 $\mu=0.2$，按平面应力问题求解。

解：利用结构的对称性，单元划分和结点编号如图5-5（b）所示。

以下为本例的输入文件（"input.txt"）：

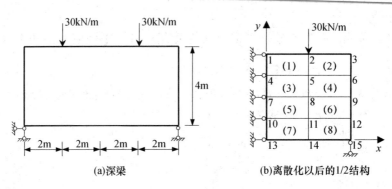

(a)深梁   (b)离散化以后的1/2结构

图 5-5　四结点矩形单元求解示例

0.0 4.0

2.0 4.0

4.0 4.0

0.0 3.0

2.0 3.0

4.0 3.0

0.0 2.0

2.0 2.0

4.0 2.0

0.0 1.0

2.0 1.0

4.0 1.0

0.0 0.0

2.0 0.0

4.0 0.0

4 5 2 1

5 6 3 2

7 8 5 4

8 9 6 5

10 11 8 7

11 12 9 8

13 14 11 10

14 15 12 11

2.5e10 1.0 0.2

1 1 0 0 0

4 1 0 0 0

7 1 0 0 0

10 1 0 0 0

13 1 0 0 0

15 0 1 0 0

2 0.0 −30000.0

程序运行后，输出文件（"output. txt"）如下：

＃＃＃＃＃＃＃＃＃＃　node displacement　＃＃＃＃＃＃＃＃＃＃＃

node   u   v

1	−0.5848E−16	−0.6377E−05
2	−0.1366E−05	−0.6877E−05
3	−0.2261E−05	−0.2936E−05
4	−0.1460E−15	−0.6787E−05
5	−0.6696E−06	−0.6121E−05
6	−0.6915E−06	−0.3182E−05
7	−0.2474E−16	−0.6899E−05
8	−0.9635E−07	−0.5723E−05
9	0.6311E−07	−0.2776E−05
10	0.1213E−15	−0.6903E−05
11	0.6352E−06	−0.5619E−05
12	0.1054E−05	−0.1717E−05
13	0.1079E−15	−0.6664E−05
14	0.1942E−05	−0.5802E−05
15	0.3329E−05	−0.3000E−15

######### element stress ##############

element: 1

node	Sigma _ x	Sigma _ y	Gamma _ xy
4	−0.6585E+04	0.8923E+04	0.3470E+04
5	−0.1266E+05	−0.2143E+05	−0.3780E+04
2	−0.2172E+05	−0.2324E+05	−0.9851E+04
1	−0.1565E+05	0.7111E+04	−0.2601E+04

element: 2

node	Sigma _ x	Sigma _ y	Gamma _ xy
5	−0.4223E+04	−0.1974E+05	0.8056E+04
6	0.9941E+03	0.6340E+04	−0.1043E+04
3	−0.1038E+05	0.4065E+04	0.4174E+04
2	−0.1560E+05	−0.2202E+05	0.1327E+05

element: 3

node	Sigma _ x	Sigma _ y	Gamma _ xy
7	−0.6717E+03	0.2663E+04	0.6123E+04
8	−0.3326E+04	−0.1061E+05	0.1525E+03
5	−0.1079E+05	−0.1210E+05	−0.2501E+04
4	−0.8135E+04	0.1170E+04	0.3470E+04

element: 4

node	Sigma _ x	Sigma _ y	Gamma _ xy
8	0.5166E+01	−0.9940E+04	0.9377E+04
9	−0.3703E+02	−0.1015E+05	0.7488E+04
6	−0.2399E+04	−0.1062E+05	0.7446E+04
5	−0.2356E+04	−0.1041E+05	0.9335E+04

element: 5

node	Sigma _ x	Sigma _ y	Gamma _ xy
10	0.8293E+04	0.1769E+04	0.6690E+04
11	0.7726E+04	−0.1066E+04	−0.9295E+03
8	−0.1799E+04	−0.2971E+04	−0.1496E+04
7	−0.1232E+04	−0.1361E+03	0.6123E+04

element： 6

node	Sigma _ x	Sigma _ y	Gamma _ xy
11	0.4913E+04	−0.1629E+04	0.1270E+05
12	−0.6030E+02	−0.2649E+05	0.9997E+04
9	−0.3441E+04	−0.2717E+05	0.5024E+04
8	0.1532E+04	−0.2305E+04	0.7728E+04

element： 7

node	Sigma _ x	Sigma _ y	Gamma _ xy
13	0.2405E+05	−0.1170E+04	0.4492E+04
14	0.2624E+05	0.9821E+04	−0.9125E+04
11	0.9223E+04	0.6417E+04	−0.6927E+04
10	0.7025E+04	−0.4574E+04	0.6690E+04

element： 8

node	Sigma _ x	Sigma _ y	Gamma _ xy
14	0.1901E+05	0.8375E+04	0.1660E+05
15	0.9115E+04	−0.4110E+05	0.6519E+04
12	−0.3486E+04	−0.4362E+05	−0.3377E+04
11	0.6409E+04	0.5854E+04	0.6704E+04

本程序未加入采用绕结点平均法整理计算成果的功能，只是给出了各单元四个结点处的应力计算结果，读者可自行整理成果。在 $x=0$ 处的横截面上，通过与材料力学弯曲正应力计算结果的对比可以发现，对于深梁而言 σ_x 的分布并不符合平截面假定。

5.3 八结点四边形等参数单元

矩形单元精度较高，但适应性差。因此，在使用中便希望找出一种高精度的任意四边形单元。但任意四边形单元几何形状不规整，要写出统一的形函数非常困难。为解决这个矛盾，便出现了等参数单元。

5.3.1 等参数单元的概念

等参数单元的实质是坐标变换，是将不规则的任意形状单元通过坐标变换映射成另一种坐标系下的规则单元。所谓等参数单元是指位移模式和坐标变换采用相同形函数的单元。

以三结点三角形常应变单元为例，其用形函数表达的位移模式为式（4-14）、（4-15），而将单元坐标从直角坐标系映射为面积坐标系时的坐标变换式为式（5-4）、（5-5），且有 $L_i=N_i$（i，j，m）。所以依据等参数单元的定义可以知道，三结点三角形常应变单元就是一种等参数单元。

5.3.2 八结点四边形等参数单元的坐标变换及单元刚度矩阵

图 5-6（a）所示为一八结点任意四边形单元，这在等参数单元中称为实际单元。现通过坐标变换将其映射到 $\xi-\eta$ 坐标系，该坐标系是这样设定的：取四边形四条边的 ξ、η 坐标分别为 $\xi=\pm1$、$\eta=\pm1$，如图 5-6（a）所示。

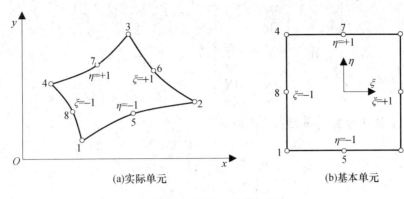

(a)实际单元　　　　　　　　　(b)基本单元

图 5-6　八结点四边形等参数单元

　　这样，就可以将 $x-y$ 坐标系下的任意四边形实际单元变换为 $\xi-\eta$ 坐标系下的正方形单元，如图 5-6（b）所示，这在等参元中称为基本单元，或母单元。实际单元各点和基本单元各点之间存在一一对应的关系。

　　根据等参元的定义，这种映射关系的坐标变换式为

$$x = \sum_{i=1}^{8} N_i x_i，y = \sum_{i=1}^{8} N_i y_i \tag{5-36}$$

　　而实际单元的位移模式也采用相同的形函数，即

$$u = \sum_{i=1}^{8} N_i u_i，v = \sum_{i=1}^{8} N_i v_i \tag{5-37}$$

其中，各形函数为

$$\left\{
\begin{aligned}
N_1 &= \frac{1}{4}(1-\xi)(1-\eta)(-\xi-\eta-1) \\
N_2 &= \frac{1}{4}(1+\xi)(1-\eta)(+\xi-\eta-1) \\
N_3 &= \frac{1}{4}(1+\xi)(1+\eta)(+\xi+\eta-1) \\
N_4 &= \frac{1}{4}(1-\xi)(1+\eta)(-\xi+\eta-1)
\end{aligned}
\right.,
\left\{
\begin{aligned}
N_5 &= \frac{1}{2}(1-\xi^2)(1-\eta) \\
N_6 &= \frac{1}{2}(1+\xi)(1-\eta^2) \\
N_7 &= \frac{1}{2}(1-\xi^2)(1+\eta) \\
N_8 &= \frac{1}{2}(1-\xi)(1-\eta^2)
\end{aligned}
\right. \tag{5-38}$$

以上各形函数又可以合并写为

$$N_i = \frac{1}{4}(1+\xi_0)(1+\eta_0)(\xi_0+\eta_0-1)\xi_i^2\eta_i^2 + \frac{1}{2}(1-\xi^2)(1+\eta_0)(1-\xi_i^2)\eta_i^2$$
$$+ \frac{1}{2}(1-\eta^2)(1+\xi_0)(1-\eta_i^2)\xi_i^2 \quad (i=1,2,\cdots,8) \tag{5-39}$$

式中 $\xi_0 = \xi_i\xi$，$\eta_0 = \eta_i\eta$。

　　由此可知，在用实际单元划分网格时，用到的只是八个结点在 Oxy 整体坐标系中的坐标 $(x_i,y_i)(i=1,2,\cdots,8)$，而与四边的曲线形状无关，四个中结点也不一定是各曲线边的中点。

　　平面八结点等参元的单元应变矩阵为

$$\boldsymbol{B} = \begin{bmatrix} \boldsymbol{B}_1 & \boldsymbol{B}_2 & \boldsymbol{B}_3 & \boldsymbol{B}_4 & \boldsymbol{B}_5 & \boldsymbol{B}_6 & \boldsymbol{B}_7 & \boldsymbol{B}_8 \end{bmatrix} \tag{5-40}$$

其子矩阵的形式为

$$\boldsymbol{B}_i = \begin{bmatrix} \dfrac{\partial N_i}{\partial x} & 0 \\ 0 & \dfrac{\partial N_i}{\partial y} \\ \dfrac{\partial N_i}{\partial y} & \dfrac{\partial N_i}{\partial x} \end{bmatrix} \quad (i=1,\ 2,\ \cdots,\ 8) \tag{5-41}$$

由于 x、y 分别为 ξ、η 的函数，所以有

$$\begin{bmatrix} \dfrac{\partial N_i}{\partial x} \\ \dfrac{\partial N_i}{\partial y} \end{bmatrix} = \boldsymbol{J}^{-1} \begin{bmatrix} \dfrac{\partial N_i}{\partial \xi} \\ \dfrac{\partial N_i}{\partial \eta} \end{bmatrix} \tag{5-42}$$

式中

$$\boldsymbol{J} = \begin{bmatrix} \dfrac{\partial x}{\partial \xi} & \dfrac{\partial y}{\partial \xi} \\ \dfrac{\partial x}{\partial \eta} & \dfrac{\partial y}{\partial \eta} \end{bmatrix} \tag{5-43}$$

为雅可比矩阵。其中

$$\frac{\partial x}{\partial \xi} = \sum_{i=1}^{8} \frac{\partial N_i}{\partial \xi} x_i,\ \frac{\partial x}{\partial \eta} = \sum_{i=1}^{8} \frac{\partial N_i}{\partial \eta} x_i,\ \frac{\partial y}{\partial \xi} = \sum_{i=1}^{8} \frac{\partial N_i}{\partial \xi} y_i,\ \frac{\partial y}{\partial \eta} = \sum_{i=1}^{8} \frac{\partial N_i}{\partial \eta} y_i \tag{5-44}$$

而

$$\begin{cases} \dfrac{\partial N_i}{\partial \xi} = \dfrac{1}{4}(1+\eta_0)(2\xi+\xi_i\eta_0)\xi_i^2\eta_i^2 - \xi(1+\eta_0)(1-\xi_i^2)\eta_i^2 + \dfrac{1}{2}\xi_i(1-\eta^2)(1-\eta_i^2)\xi_i^2 \\ \dfrac{\partial N_i}{\partial \eta} = \dfrac{1}{4}(1+\xi_0)(2\eta+\eta_i\xi_0)\xi_i^2\eta_i^2 - \eta(1+\xi_0)(1-\eta_i^2)\xi_i^2 + \dfrac{1}{2}\eta_i(1-\xi^2)(1-\xi_i^2)\eta_i^2 \end{cases} \quad (i=1,\ 2,\ \cdots,\ 8) \tag{5-45}$$

由物理方程即可得到八结点等参数单元的单元应力矩阵

$$\boldsymbol{S} = \begin{bmatrix} \boldsymbol{S}_1 & \boldsymbol{S}_2 & \boldsymbol{S}_3 & \boldsymbol{S}_4 & \boldsymbol{S}_5 & \boldsymbol{S}_6 & \boldsymbol{S}_7 & \boldsymbol{S}_8 \end{bmatrix} \tag{5-46}$$

对于平面应力问题，有

$$\boldsymbol{S}_i = \frac{E}{1-\mu^2} \begin{bmatrix} \dfrac{\partial N_i}{\partial x} & \mu\dfrac{\partial N_i}{\partial y} \\ \mu\dfrac{\partial N_i}{\partial x} & \dfrac{\partial N_i}{\partial y} \\ \dfrac{1-\mu}{2}\dfrac{\partial N_i}{\partial y} & \dfrac{1-\mu}{2}\dfrac{\partial N_i}{\partial x} \end{bmatrix} \quad (i=1,\ 2,\ \cdots,\ 8) \tag{5-47}$$

同样，若为平面应变问题，需将式（5-47）中的 E 换成 $\dfrac{E}{1-\mu^2}$，μ 换成 $\dfrac{\mu}{1-\mu}$。

最后，八结点等参数单元的单元刚度矩阵为

$$\boldsymbol{k}^{(e)} = \begin{bmatrix} \boldsymbol{k}_{11} & \boldsymbol{k}_{12} & \cdots & \boldsymbol{k}_{18} \\ \boldsymbol{k}_{21} & \boldsymbol{k}_{22} & \cdots & \boldsymbol{k}_{28} \\ \vdots & \vdots & \ddots & \vdots \\ \boldsymbol{k}_{81} & \boldsymbol{k}_{82} & \cdots & \boldsymbol{k}_{88} \end{bmatrix} \tag{5-48}$$

其中

$$k_{ij} = \int_{-1}^{1} \int_{-1}^{1} \boldsymbol{B}_i^{\mathrm{T}} \boldsymbol{S}_j \mid \boldsymbol{J} \mid t \mathrm{d}\xi \mathrm{d}\eta \, (i,j = 1,2,\cdots,8) \tag{5-49}$$

在计算等参元的单元刚度矩阵时，要积分得出显式是很困难的，所以一般采用高斯数值积分方法进行，参见附录 A。

5.3.3　八结点四边形等参数单元的等效结点荷载

等效结点荷载的计算式依旧为式（4-32）～（4-34），但需要进行坐标变换。

（1）微元面积 $\mathrm{d}A = \mathrm{d}x\mathrm{d}y$，应变换为

$$\mathrm{d}A = \mid \boldsymbol{J} \mid \mathrm{d}\xi\mathrm{d}\eta \tag{5-50}$$

（2）微分弧长 $\mathrm{d}s$。

当积分沿 $\xi = \pm 1$ 边界时，变换为

$$\mathrm{d}s = \left(\sqrt{\left(\frac{\partial x}{\partial \eta}\right)^2 + \left(\frac{\partial y}{\partial \eta}\right)^2} \right)_{\xi = \pm 1} \mathrm{d}\eta \tag{5-51}$$

当积分沿 $\eta = \pm 1$ 边界时，变换为

$$\mathrm{d}s = \left(\sqrt{\left(\frac{\partial x}{\partial \xi}\right)^2 + \left(\frac{\partial y}{\partial \xi}\right)^2} \right)_{\eta = \pm 1} \mathrm{d}\xi \tag{5-52}$$

（3）单元边界的法线方向余弦。

在求解法向面力（如水压力）的等效结点荷载时，需将其分解在 x、y 两个坐标方向，因此需要用到受载边界的法线方向余弦。但方向余弦必须经坐标变换改由 ξ、η 表示。

这里约定，与 $\xi = 1$、$\eta = 1$ 对应的边界以单元外法线为正向，而与 $\xi = -1$、$\eta = -1$ 对应的边界以单元内法线为正向。

ξ 面的法线 $\boldsymbol{n}_\xi$ 的方向余弦为

$$\begin{cases} \cos(\boldsymbol{n}_\xi, \ x) = \dfrac{\partial y / \partial \eta}{\sqrt{\left(\dfrac{\partial x}{\partial \eta}\right)^2 + \left(\dfrac{\partial y}{\partial \eta}\right)^2}} \\[4mm] \cos(\boldsymbol{n}_\xi, \ y) = -\dfrac{\partial x / \partial \eta}{\sqrt{\left(\dfrac{\partial x}{\partial \eta}\right)^2 + \left(\dfrac{\partial y}{\partial \eta}\right)^2}} \end{cases} \tag{5-53}$$

η 面的法线 $\boldsymbol{n}_\eta$ 的方向余弦为

$$\begin{cases} \cos(\boldsymbol{n}_\eta, \ x) = -\dfrac{\partial y / \partial \xi}{\sqrt{\left(\dfrac{\partial x}{\partial \xi}\right)^2 + \left(\dfrac{\partial y}{\partial \xi}\right)^2}} \\[4mm] \cos(\boldsymbol{n}_\eta, \ y) = \dfrac{\partial x / \partial \xi}{\sqrt{\left(\dfrac{\partial x}{\partial \xi}\right)^2 + \left(\dfrac{\partial y}{\partial \xi}\right)^2}} \end{cases} \tag{5-54}$$

（4）非均匀分布面力、体力的坐标变换。

当面力、体力为非均匀分布时，同样需将其表示为 ξ、η 的函数。计算式为

$$q = \sum_{i=1}^{8} N_i q_i \tag{5-55}$$

式中 q_i 为面力（或体力）在 $i(i=1, 2, \cdots, 8)$ 点的集度。

在求解等参元的等效结点荷载时，一般而言也需要采用高斯求积法进行，见附录 A。

【例 5-3】 试用附录 C 中平面问题静力求解程序（八结点四边形等参数单元）计算例 4-3 所示厚壁圆筒。

解：利用结构的对称性，单元划分和结点编号如图 5-7 所示。

以下为本例的输入文件（"input. txt"）：

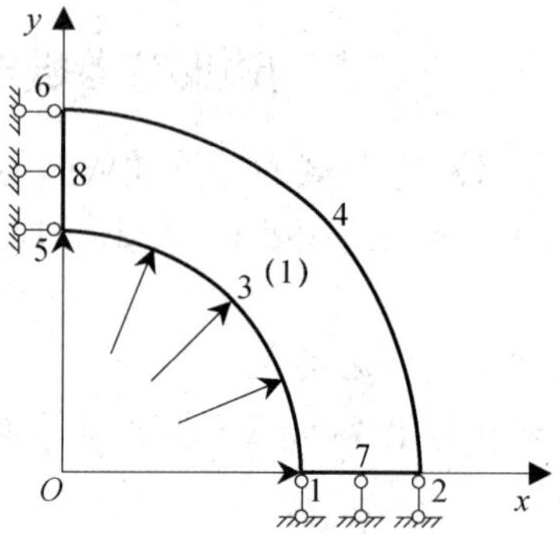

图 5-7　八结点四边形等
参数单元求解示例

```
2 8 1 1 6 0 1
0.2 0.0
0.3 0.0
0.141 0.141
0.212 0.212
0.0 0.2
0.0 0.3
0.25 0.0
0.0 0.25
1 2 6 5 7 4 8 3
1.0e11 1.0 0.25
1 0 1 0 0
2 0 1 0 0
5 1 0 0 0
6 1 0 0 0
7 0 1 0 0
8 1 0 0 0
1 4 3 1.0e5
```

程序运行后，输出文件（"output. txt"）如下：

```
# # # # # # # # # #    node displacement    # # # # # # # # # #
node              u                      v
1            0.5447E−06             0.4436E−16
2            0.4458E−06             0.2766E−16
3            0.3875E−06             0.3875E−06
4            0.3167E−06             0.3167E−06
5            0.4436E−16             0.5447E−06
6            0.2766E−16             0.4458E−06
7            0.4774E−06             0.1220E−15
8            0.1220E−15             0.4774E−06

# # # # # # # # #    element stress    # # # # # # # # # # # # #
element：    1
node，      Sigma_x            Sigma_y            Gamma_xy
1        −0.9373E+05         0.2634E+06         −0.1595E+05
2         0.2689E+05         0.1687E+06         −0.6214E+04
6         0.1687E+06         0.2689E+05         −0.6214E+04
5         0.2634E+06        −0.9373E+05         −0.1595E+05
7        −0.4009E+05         0.1961E+06         −0.9034E+04
4         0.7920E+05         0.7920E+05         −0.7929E+05
8         0.1961E+06        −0.4009E+05         −0.9034E+04
3         0.9781E+05         0.9781E+05         −0.1690E+06
```

由弹性力学中该问题的极坐标理论解可知，结点1和结点2处的环向应力应分别为 0.26MPa 和 0.16MPa。通过与例 4-3 的比较可以发现，虽然本例只划分为一个八结点等参数单元，但其求解精度却已优于常应变单元。

5.4 确定形函数的几何方法及收敛准则的进一步讨论

5.4.1 确定形函数的一种几何方法

设单元内有 n 个结点，结点号分别为 $P=1$，2，$\cdots$，i，$\cdots$，n。如欲求形函数 $N_i(x, y)$，可以作 m 条不通过结点 i 但通过其他所有结点的不可约代数曲线 $F_k(x, y)=0(k=1, 2, \cdots, m)$ 并按式（5-56）确定 $N_i(x, y)$

$$N_i(x,y)=\frac{\prod\limits_{k=1}^{m}F_k(x,y)}{\prod\limits_{k=1}^{m}F_k(x_i,y_i)} \tag{5-56}$$

当 $P\neq i$ 时，由于结点 P 一定位于某条代数曲线上，故有 $F_k(x_P, y_P)=0$；当 $P=i$ 时，由于结点 i 不通过任何一条代数曲线，故有 $F_k(x_i, y_i)\neq0(k=1, 2, \cdots, m)$。由此可知式（5-56）满足

$$N_i(P)=N_i(x_P, y_P)=\delta_{iP}=\begin{cases}1 & P=i \\ 0 & P\neq i\end{cases} \tag{5-57}$$

【例 5-4】 试用几何法求解前述四结点矩形单元、八结点等参数单元基本单元、六结点三角形单元的形函数。

解：（1）四结点矩形单元

求 $\bar{N}_i$ 时，可作直线 $\bar{x}=a$ 和 $\bar{y}=b$ 通过除结点 i 以外的 j、m、p 结点，如图 5-4 所示。则由式（5-56）有

$$\bar{N}_i=\frac{(\bar{x}-a)(\bar{y}-b)}{(\bar{x}_i-a)(\bar{y}_i-b)}=\frac{(\bar{x}-a)(\bar{y}-b)}{(-a-a)(-b-b)}=\frac{1}{4}\left(1-\frac{\bar{x}}{a}\right)\left(1-\frac{\bar{x}}{b}\right)$$

同理，可求得 $\bar{N}_j$、$\bar{N}_m$、$\bar{N}_p$ 的表达式。

（2）八结点等参数单元基本单元

求 N_1 时，可作直线 $\xi=1$、$\eta=1$ 和 $\xi+\eta+1=0$ 通过除结点 1 以外的其他所有结点，如图 5-6（b）所示。则由式（5-56）

$$N_1=\frac{(\xi-1)(\eta-1)(\xi+\eta+1)}{(\xi_1-1)(\eta_1-1)(\xi_1+\eta_1+1)}=\frac{(\xi-1)(\eta-1)(\xi+\eta+1)}{(-1-1)(-1-1)(-1-1+1)}$$

$$=\frac{1}{4}(1-\xi)(1-\eta)(-\xi-\eta-1)$$

同理，可求得 N_2、N_3、N_4 的表达式。

求 N_5 时，可作直线 $\xi=1$、$\xi=-1$、$\eta=1$ 通过除结点 5 以外的其他所有结点，如图 5-6（b）所示。则由式（5-56）

$$N_5=\frac{(\xi^2-1)(\eta-1)}{(\xi_5^2-1)(\eta_5-1)}=\frac{(\xi^2-1)(\eta-1)}{(0-1)(-1-1)}=\frac{1}{2}(1-\xi^2)(1-\eta)$$

同理，可求得 N_6、N_7、N_8 的表达式。

（3）六结点三角形单元

求 N_i 时，可作直线 $\overline{23}$、$\overline{jm}$，即 $L_i=\frac{1}{2}$、$L_i=0$ 通过除结点 i 以外的其他所有结点，如图 5-2 所示。则由式（5-56）

$$N_i=\frac{\left(L_i-\frac{1}{2}\right)L_i}{\left(1-\frac{1}{2}\right)\times 1}=L_i(2L_i-1)$$

同理，可求得 N_j、N_m 的表达式。

求 N_1 时，可作直线 $\overline{ij}$、$\overline{im}$，即 $L_m=1$、$L_j=1$ 通过除结点 1 以外的其他所有结点，如图 5-2 所示。则由式（5-56）

$$N_1=\frac{L_mL_j}{\frac{1}{2}\times\frac{1}{2}}=4L_jL_m$$

同理，可求得 N_2、N_3 的表达式。

由例题 5-4 可以看出，用几何法构造单元的形函数是十分方便的。因此，对于平面问题的等参数单元而言，除了 5.3 节所述的八结点四边形等参数单元，还可以很容易的构造出四～七结点四边形等参数单元（亦即四边形的四条边可以有中结点，也可以没有中结点）。

通过替换形函数及其对 ξ 和 η 的导数，可以很容易地将附录 C 中的八结点四边形等参数单元程序改写成四～七结点四边形等参数单元程序或混编程序。若用四结点四边形等参数单元程序求解例 4-3，设划分为四个单元，则例 5-3 中结点 1 和结点 2 处的环向应力结果分别为 0.28MPa 和 0.14MPa，可见四结点等参数单元的求解精度要低于八结点等参数单元。故而在求解例如应力集中问题时，在应力集中区域内可采用精度较高的八结点等参数单元，而在应力集中区域以外则可以采用四结点等参数单元，其间可以用五结点等参数单元过渡。

此外，这种构造形函数的方法以及等参元的概念还可以很方便地扩展到空间问题的有限元法中去。

5.4.2 收敛准则的进一步讨论

在 4.3.2 节中提到，单元的位移模式必须满足完备性和协调性的要求。所以，按几何方法确定的形函数还必须检查其完备性和协调性。

在平面问题中，对于具有 n 个结点的单元，其位移模式的一般表达式为

$$u=\sum_{i=1}^n N_iu_i \quad (u,v)$$ (5-58)

根据完备性准则要求，位移模式中必须含有 $A+Bx+Cy$ 项，其中 A、B、C 为任意常数。于是，式（5-58）中的 u 和 u_i 必须为以下形式

$$\begin{cases} u=A+Bx+Cy+\cdots \\ u_i=A+Bx_i+Cy_i+\cdots \end{cases} (i=1,2,\cdots,n) \tag{5-59}$$

将式（5-59）代入式（5-58）后，有

$$A+Bx+Cy+\cdots=A\left(\sum_{i=1}^{n}N_i\right)+B\left(\sum_{i=1}^{n}N_ix_i\right)+C\left(\sum_{i=1}^{n}N_iy_i\right)+\cdots \tag{5-60}$$

若要 A、B、C 为任意常数时式（5-60）都成立，则要求

$$\sum_{i=1}^{n}N_i=1,\ \sum_{i=1}^{n}N_ix_i=x,\ \sum_{i=1}^{n}N_iy_i=y \tag{5-61}$$

式（5-61）就是完备性准则要求形函数必须满足的条件。其中，第一式是保证位移模式具有刚体位移项的条件，而第二、三式则是保证位移模式具有常量应变项的条件。

在用几何法构造形函数时，由式（5-57）可知，构造出的形函数在结点处是满足式（5-61）所示条件的，但在单元内其他任意点处，还须进行相应的检验。

下面再对本章前述三种单元讨论一下协调性要求的满足情况。

①四结点矩形单元。由图5-4及式（5-27）可知，在单元任何一条边上，由于 $\bar{x}$ 或 $\bar{y}$ 为常数，所以位移为 $\bar{x}$ 或 $\bar{y}$ 的线性函数。在两个单元的公共边界上，两个结点的相同位移即可保证在公共边上位移处处相等。

②六结点三角形单元。设 ij 为两个单元的公共边，如图5-8所示，ij 边上任意一点的坐标可写为 $(x,y)=(s\cos\theta+x_j,\ s\sin\theta+y_j)$，将其代入式（5-11）可知位移为 s 的二次函数。所以 ij 公共边上三个结点的相同位移即可保证两个单元在此边的位移处处相等。对于 jm 和 mi 边亦同样如此。

③八结点四边形等参数单元。将式（5-37）展开，四条边上 ξ 或 η 为常数，可知在公共边界上位移为 ξ 或 η 的二次函数。故而公共边上三个结点的相同位移即可保证两个单元在此边的位移处处相等。

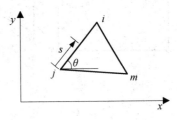

图5-8　六结点三角形单元的协调性

复习思考题

1. 什么是面积坐标？面积坐标和直角坐标之间有什么样的关系？面积坐标与三结点三角形常应变单元的形函数之间又有什么关系？

2. 六结点三角形单元的六个结点分别在什么位置？其位移模式和形函数分别是什么样的？

3. 六结点三角形单元内部应变和应力的变化规律如何？

4. 四结点矩形单元的位移模式和形函数是什么样的？其内部应变和应力的变化规律如何？

5. 与常应变单元相比，六结点三角形单元和四结点矩形单元各有什么优缺点？如何在计算中发挥各自的优势？

6. 什么是等参数单元？为什么要使用等参数单元？等参数单元是如何进行坐标变换的？

7. 等参数单元中什么是实际单元？什么是基本单元（母单元）？它们之间是什么关系？

8. 等参数单元在计算等效结点荷载时为什么也要进行坐标变换？

9. 如何用几何方法构造形函数？试构造图 5-9 所示五结点四边形等参数单元基本单元的形函数（注意在四条边上应满足协调性要求）。

10. 试用附录 C 中平面问题静力求解程序（六结点三角形单元）计算图 5-10 所示变截面梁。设梁的截面宽度为 $b=1$m，材料弹性模量 $E=2.5\times10^4$MPa，泊松比 $\mu=0.2$。

11. 试用四结点矩形单元求解图 5-11 所示结构中结点 2、结点 5 的竖向线位移以及应力，并用附录 C 中平面问题静力求解程序（四结点矩形单元）进行校核，设 $E=2.5\times10^4$MPa，$\mu=0$，$t=1.0$m。

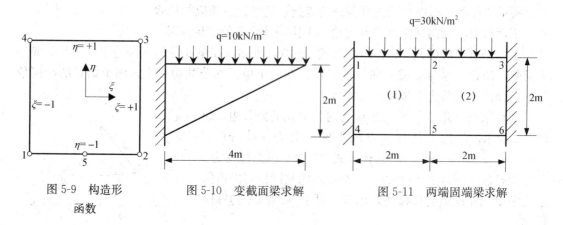

图 5-9　构造形　　　图 5-10　变截面梁求解　　　图 5-11　两端固端梁求解
　　　函数

12. 试用附录 C 中平面问题静力求解程序（八结点四边形等参数单元）计算图 5-12 所示变截面梁，设 $E=2.5\times10^4$MPa，$\mu=0.2$，梁宽 $b=1.0$m，变截面部分的曲线方程为 $y=-\dfrac{x}{32}(8-x)$。

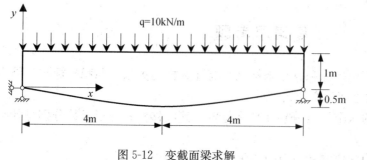

图 5-12　变截面梁求解

第 5 章部分习题答案

第6章 结构的非线性问题

6.1 概 述

前面各章介绍了线弹性体系的有限单元法。所谓线弹性体系是指连续体的变形、位移与荷载之间呈线性关系，且当荷载全部撤除后，体系将完全恢复原始状态。线弹性体系应满足以下条件：

（1）材料的应力与应变关系满足胡克定律。

（2）变形、位移非常微小。

（3）所有约束均为理想约束。

在分析线弹性体系时，可依据体系变形前的几何位置和形状建立平衡方程，并可以运用叠加原理。

但是在实际结构中，变形、位移与荷载之间可能不符合线性关系，这样的体系就称为非线性变形体系。

若体系的非线性是由于材料应力应变关系的非线性引起的，就称为材料非线性。材料非线性可以是非线性弹性（如铝材和许多高分子材料在一定范围内的应力应变关系），也可以是塑性（如钢材的塑性工作阶段）。

若体系的非线性是由于其变形而使受力状况发生显著变化，以至于不能采用线弹性体系的分析方法时就称为几何非线性。在几何非线性问题中，由于平衡是在结构变形之后的位置上实现的，所以必须依据体系变形后的几何位置和形状建立平衡方

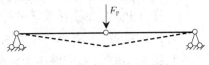

图 6-1 几何非线性示例

程。举例来说，如图 6-1 所示的体系，在荷载作用下发生变位时，就必须在变位后的位置建立平衡方程，才能正确求得杆件的内力。

下面将以平面杆系结构为例，介绍非线性问题的有限单元法。

6.2 几何非线性问题的有限单元法

6.2.1 几何非线性问题的分类及求解方法

几何非线性可以分为以下几种类型：

（1）大位移小应变问题。

一般工程结构所遇到的几何非线性问题大多属于这一类。例如，高层建筑或高耸构筑物、大跨度网壳等结构的分析常需考虑大位移的影响。

（2）大位移大应变问题。

金属加工中所遇到的力学问题就属于这一类型。

（3）由于结构变形引起外荷载大小、方向或支座约束条件的变化。

本章仅讨论第一种类型的几何非线性问题。

为了描述结构的变形以运用平衡条件，就需要建立一定的参照系。在有限元法中，一种做法是让单元的局部坐标系跟随结构的变形一起发生变位，称为带流动坐标的迭代法；另一种做法是让单元的局部坐标系始终固定在结构发生变形之前的位置上，即以原始位形作为参考系，称为总体拉格朗日方法。

6.2.2 带流动坐标的迭代法

带流动坐标的迭代法对于杆件体系的大位移分析比较优越，尤其是当杆件发生较大的刚体转动时。该方法的基本思路是：将线性分析所得到的结构位移作为第一次近似，并根据结点位移对整体坐标系下的单元刚度矩阵进行修正（即修改单元的坐标转换矩阵 T），由修正后的单元刚度矩阵和单元刚度方程计算各结点合力。由于线性分析得到的结构位移并不是结构真实的平衡位置，所以各结点合力与结点受到的外荷载并不相等，亦即在线性分析的位形上平衡条件不满足，并称结点荷载与结点合力之差为不平衡力。为了找到真实的平衡位置，可将不平衡力作为新荷载施加于已发生线性变位的结构上，从而求得结点位移的增量。将增量位移与之前的结点位移相加就可以得到结点位移的修正值，然后依据该修正值再次修改单元刚度矩阵，并计算出新的结点合力和不平衡力。重复上述过程直到不平衡力减小到可以被忽略的水平，则此时的结点位移所对应的便是结构真实的平衡位置。

根据以上思路，采用带流动坐标的迭代法求解几何非线性问题的一般步骤如下：

（1）先假定结点位移 $\boldsymbol{\Delta}$（一般以线性分析结果作为第一次运算时的结点位移值）。

（2）根据整体坐标系下的结点位移确定单元两端位置，建立单元局部坐标系。

（3）计算上述局部坐标系下的杆端位移向量 $\bar{\boldsymbol{\delta}}^{(e)}$。

（4）计算局部坐标系下的单元刚度矩阵 $\bar{\boldsymbol{k}}^{(e)}$ 和杆端力向量 $\bar{\boldsymbol{F}}^{(e)}$。

（5）将 $\bar{\boldsymbol{k}}^{(e)}$ 和 $\bar{\boldsymbol{F}}^{(e)}$ 转向整体坐标系得 $\boldsymbol{k}^{(e)}$ 和 $\boldsymbol{F}^{(e)}$。

（6）对所有单元完成（2）到（5）步后，"对号入座，同号相加"形成结构刚度矩阵 $\boldsymbol{K} = \sum \boldsymbol{k}^{(e)}$ 和结点合力向量 $\boldsymbol{F} = \sum \boldsymbol{F}^{(e)}$。

（7）计算不平衡力 $\boldsymbol{R} = \boldsymbol{F}_P - \boldsymbol{F}$。

（8）求解 $\boldsymbol{K}\Delta\boldsymbol{\Delta} = \boldsymbol{R}$ 得结点位移增量 $\Delta\boldsymbol{\Delta}$。

（9）将 $\Delta\boldsymbol{\Delta}$ 叠加到结点位移 $\boldsymbol{\Delta}$ 中。

（10）判定是否满足预定的收敛标准，如不满足则返回步骤（2）。

上述步骤的迭代公式可表示为

$$\begin{cases} \boldsymbol{K}^i \Delta \boldsymbol{\Delta}^{i+1} = \boldsymbol{F}_P - \sum \boldsymbol{k}^{(e)i} \boldsymbol{\delta}^{(e)i} \\ \boldsymbol{\Delta}^{i+1} = \boldsymbol{\Delta}^i + \Delta \boldsymbol{\Delta}^{i+1} \end{cases} \tag{6-1}$$

其中上标 i 表示迭代步。

下面以图 6-2 所示的刚架单元为例，介绍上述步骤中流动局部坐标系下单元杆端位移和杆端力的计算。

在刚架单元发生变位后，由几何关系可以很容易地得到

$$\tan\alpha=\frac{l_0\sin\alpha_0+(v_j-v_i)}{l_0\cos\alpha_0+(u_j-u_i)}, \quad l=\sqrt{[l_0\cos\alpha_0+(u_j-u_i)]^2+[l_0\sin\alpha_0+(v_j-v_i)]^2} \quad (6\text{-}2)$$

在变位后的位置建立流动局部坐标系 $i'\bar{x}\bar{y}$，则在该坐标系下各杆端位移分量分别为

$$\bar{u}_i=\bar{v}_i=\bar{v}_j=0, \quad \bar{u}_j=l-l_0, \quad \bar{\varphi}_i=\varphi_i-(\alpha-\alpha_0), \quad \bar{\varphi}_j=\varphi_j-(\alpha-\alpha_0) \quad (6\text{-}3)$$

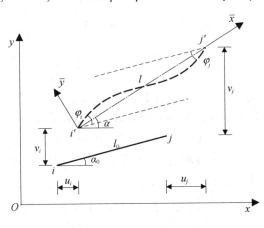

图 6-2　流动局部坐标系

由此可知，流动局部坐标系下的刚架单元杆端位移向量为

$$\bar{\boldsymbol{\delta}}^{(e)}=(0 \quad 0 \quad \bar{\varphi}_i \quad \bar{u}_j \quad 0 \quad \bar{\varphi}_j)^{\mathrm{T}} \quad (6\text{-}4)$$

而杆端力向量则为

$$\bar{\boldsymbol{F}}^{(e)}=\bar{\boldsymbol{k}}^{(e)}\bar{\boldsymbol{\delta}}^{(e)} \quad (6\text{-}5)$$

式中 $\bar{\boldsymbol{k}}^{(e)}$ 仍可按式（2-5）计算。

通过以上分析可以看出，在流动局部坐标系下，单元方向角 α 不再是常量，而是杆端位移的函数，因此整体坐标系下的单元刚度矩阵 $\boldsymbol{k}^{(e)}$ 也为杆端位移的函数。

步骤（10）是判定迭代过程是否已经收敛，所设定的收敛标准通常称为收敛准则。收敛准则一般采用力收敛准则或位移收敛准则，前者是指当不平衡力与外荷载之比小于某个限值时可认为已收敛，后者则是指相邻两次迭代的位移相对差值小于某个限值时可认为已收敛。

收敛准则可有不同的形式。如对位移收敛准则而言，若记 $N=\sqrt{\boldsymbol{\Delta}^{\mathrm{T}}\boldsymbol{\Delta}}$（称为"2"范数），则收敛条件可定义为 $\left|\dfrac{N^i-N^{i-1}}{N^i}\right|\leqslant\varepsilon$，这里 ε 表示精度要求（一般可取 10^{-6} 至 10^{-2}），也可定义为要求每个结点自由度上的位移均满足 $\left|\dfrac{\Delta\Delta^i}{\Delta^i}\right|\leqslant\varepsilon$。力收敛准则和位移收敛准则可以同时采用。除此而外，一些大型商用软件如 ANSYS 等还采用能量收敛准则。

在应用带流动坐标的迭代法时，若杆件的轴向力特别大，也有将单元的初应力矩阵考虑在内的做法，这种做法常被称为更新的拉格朗日列式法。

6.2.3　总体的拉格朗日列式法

总体的拉格朗日列式法始终以结构的原始位形作为参考系，即单元局部坐标系固定在

结构变位之前的位置。但此时线性分析中的单元刚度矩阵已不再适用，需要重新建立大位移情况下单元杆端力与杆端位移之间的关系，或者说单元刚度矩阵成为结点位移的函数。通过比较就可以发现，带流动坐标的迭代法是通过坐标变换，而不是单元刚度矩阵本身来考虑大位移特性的。

在求解非线性问题时，可以将非线性的荷载-位移关系看作是一系列线性响应。此时，需要求得杆端力增量与杆端位移增量之间的关系，称为单元的切线刚度矩阵。

由于虚功原理对于非线性问题同样成立，所以单元刚度方程依旧可以写成如下形式：

$$\bar{\boldsymbol{F}}^{(e)} = \int_V \bar{\boldsymbol{B}}^{\mathrm{T}} \, \bar{\boldsymbol{\sigma}}^{(e)} \, \mathrm{d}V \tag{6-6}$$

其中，$\bar{\boldsymbol{B}}$ 为大位移情况下的增量应变矩阵，反映的是单元应变增量与杆端位移增量之间的关系。$\bar{\boldsymbol{B}}$ 为结点位移的函数，可分解为

$$\bar{\boldsymbol{B}} = \boldsymbol{B}_0 + \boldsymbol{B}_{\mathrm{L}} \tag{6-7}$$

式中，$\boldsymbol{B}_0$ 为一般线性分析时的单元应变矩阵，$\boldsymbol{B}_{\mathrm{L}}$ 则反映了大位移的影响。

需要注意的是，对于线弹性材料，式（6-6）中的 $\bar{\boldsymbol{\sigma}}^{(e)}$ 仍应在当前位形的流动局部坐标系下按式（2-32）、式（2-48）进行求解，可采用附录 A 中的高斯积分法计算。

将式（6-6）写成微分形式有

$$\mathrm{d}\bar{\boldsymbol{F}}^{(e)} = \int_V \mathrm{d}(\bar{\boldsymbol{B}}^{\mathrm{T}} \, \bar{\boldsymbol{\sigma}}^{(e)}) \, \mathrm{d}V \tag{6-8}$$

由于 $\bar{\boldsymbol{B}}$ 和 $\bar{\boldsymbol{\sigma}}^{(e)}$ 均为杆端位移的函数，所以有

$$\mathrm{d}\bar{\boldsymbol{F}}^{(e)} = \int_V \mathrm{d}\bar{\boldsymbol{B}}^{\mathrm{T}} \, \bar{\boldsymbol{\sigma}}^{(e)} \, \mathrm{d}V + \int_V \bar{\boldsymbol{B}}^{\mathrm{T}} \mathrm{d}\bar{\boldsymbol{\sigma}}^{(e)} \, \mathrm{d}V \tag{6-9}$$

由物理方程和几何方程可知，应力增量与杆端位移增量之间有如下关系：

$$\mathrm{d}\bar{\boldsymbol{\sigma}}^{(e)} = \boldsymbol{D}\bar{\boldsymbol{B}}\mathrm{d}\bar{\boldsymbol{\delta}}^{(e)} \tag{6-10}$$

所以将式（6-7）代入后，式（6-9）中的右端第二项可展开为

$$\int_V \bar{\boldsymbol{B}}^{\mathrm{T}} \mathrm{d}\bar{\boldsymbol{\sigma}}^{(e)} \, \mathrm{d}V = \left[\int_V \boldsymbol{B}_0^{\mathrm{T}} \boldsymbol{D} \boldsymbol{B}_0 \, \mathrm{d}V + \left(\int_V \boldsymbol{B}_0^{\mathrm{T}} \boldsymbol{D} \boldsymbol{B}_{\mathrm{L}} \, \mathrm{d}V + \int_V \boldsymbol{B}_{\mathrm{L}}^{\mathrm{T}} \boldsymbol{D} \boldsymbol{B}_0 \, \mathrm{d}V + \int_V \boldsymbol{B}_{\mathrm{L}}^{\mathrm{T}} \boldsymbol{D} \boldsymbol{B}_{\mathrm{L}} \, \mathrm{d}V \right) \right] \mathrm{d}\bar{\boldsymbol{\delta}}^{(e)} \tag{6-11}$$

式中

$$\bar{\boldsymbol{k}}_0 = \int_V \boldsymbol{B}_0^{\mathrm{T}} \boldsymbol{D} \boldsymbol{B}_0 \, \mathrm{d}V \tag{6-12}$$

即为一般线性分析时的单元刚度矩阵。而

$$\bar{\boldsymbol{k}}_{\mathrm{L}} = \int_V \boldsymbol{B}_0^{\mathrm{T}} \boldsymbol{D} \boldsymbol{B}_{\mathrm{L}} \, \mathrm{d}V + \int_V \boldsymbol{B}_{\mathrm{L}}^{\mathrm{T}} \boldsymbol{D} \boldsymbol{B}_0 \, \mathrm{d}V + \int_V \boldsymbol{B}_{\mathrm{L}}^{\mathrm{T}} \boldsymbol{D} \boldsymbol{B}_{\mathrm{L}} \, \mathrm{d}V \tag{6-13}$$

称为单元初位移矩阵，或单元大位移矩阵。

将式（6-7）代入式（6-9）中的右端第一项，并注意 $\boldsymbol{B}_0$ 的微分为零，则有

$$\int_V \mathrm{d}\bar{\boldsymbol{B}}^{\mathrm{T}} \, \bar{\boldsymbol{\sigma}}^{(e)} \, \mathrm{d}V = \int_V \mathrm{d}\boldsymbol{B}_{\mathrm{L}}^{\mathrm{T}} \, \bar{\boldsymbol{\sigma}}^{(e)} \, \mathrm{d}V = \bar{\boldsymbol{k}}_\sigma \mathrm{d}\bar{\boldsymbol{\delta}}^{(e)} \tag{6-14}$$

式中 $\bar{\boldsymbol{k}}_\sigma$ 为单元初应力矩阵，或单元几何刚度矩阵，这和第 3 章中是相同的。

综上，式（6-9）可写为

$$\mathrm{d}\bar{\boldsymbol{F}}^{(e)} = \bar{\boldsymbol{k}}_{\mathrm{T}} \mathrm{d}\bar{\boldsymbol{\delta}}^{(e)} \tag{6-15}$$

式中

$$\bar{\boldsymbol{k}}_{\mathrm{T}} = \bar{\boldsymbol{k}}_0 + \bar{\boldsymbol{k}}_{\mathrm{L}} + \bar{\boldsymbol{k}}_\sigma \tag{6-16}$$

即为单元切线刚度矩阵。集成后对应的结构增量刚度方程为

$$\mathrm{d}\boldsymbol{F}_{\mathrm{P}} = \boldsymbol{K}_{\mathrm{T}}\mathrm{d}\boldsymbol{\Delta} \tag{6-17}$$

在求解非线性问题时，由于荷载增量为有限值而不可能是微分，所以按式（6-17）求得的位移增量会使结构偏离真实的平衡位置。为解决此问题，可以根据当时的结构位形按式（6-6）求出各单元杆端力，并集成求得各结点合力。然后将外荷载与结点合力之差，即不平衡力作为一种荷载施加于结构，由此得到结点位移的修正值。将这一过程重复多次即可消除结点不平衡力。

根据以上思路，采用总体的拉格朗日列式法求解几何非线性问题时的一般步骤如下：

（1）先假定结点位移 $\boldsymbol{\Delta}$（一般以线性分析结果作为第一次运算时的结点位移值）。

（2）计算局部坐标系下的单元切线刚度矩阵 $\bar{\boldsymbol{k}}_{\mathrm{T}}^{(e)}$，并按式（6-6）计算杆端力向量 $\bar{\boldsymbol{F}}^{(e)}$。

（3）将 $\bar{\boldsymbol{k}}_{\mathrm{T}}^{(e)}$ 和 $\bar{\boldsymbol{F}}^{(e)}$ 转向整体坐标系得 $\boldsymbol{k}_{\mathrm{T}}^{(e)}$ 和 $\boldsymbol{F}^{(e)}$。

（4）对所有单元完成（2）到（3）步后，"对号入座，同号相加"形成结构切线刚度矩阵 $\boldsymbol{K}_{\mathrm{T}} = \sum \boldsymbol{k}_{\mathrm{T}}^{(e)}$ 和结点合力向量 $\boldsymbol{F} = \sum \boldsymbol{F}^{(e)}$。

（5）计算不平衡力 $\boldsymbol{R} = \boldsymbol{F}_{\mathrm{P}} - \boldsymbol{F}$。

（6）求解 $\boldsymbol{K}_{\mathrm{T}}\Delta\boldsymbol{\Delta} = \boldsymbol{R}$ 得结点位移增量 $\Delta\boldsymbol{\Delta}$。

（7）将 $\Delta\boldsymbol{\Delta}$ 叠加到结点位移 $\boldsymbol{\Delta}$ 中。

（8）判定是否满足预定的收敛标准，如不满足则返回步骤（2）。

6.3　单元的切线刚度矩阵

6.3.1　桁架单元的切线刚度矩阵

设有一桁架单元，其在变位前后的位置如图 6-3 所示。

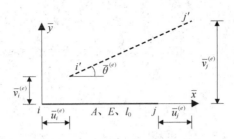

图 6-3　桁架单元变位前后的位置

在小位移情况下，桁架单元的几何方程为 $\bar{\varepsilon}_x^{(e)} = \dfrac{\mathrm{d}\bar{u}^{(e)}}{\mathrm{d}\bar{x}}$。但在大位移情形下，横向位移会引起附加轴向变形，此时单元轴向应变可近似表示为

$$\bar{\varepsilon}_x^{(e)} = \frac{\mathrm{d}\bar{u}^{(e)}}{\mathrm{d}\bar{x}} + \frac{1}{2}\left(\frac{\mathrm{d}\bar{v}^{(e)}}{\mathrm{d}\bar{x}}\right)^2 \tag{6-18}$$

设桁架单元轴向和横向的位移模式分别为

$$\begin{cases} \bar{u}^{(e)} = \alpha_1 + \alpha_2 \bar{x} \\ \bar{v}^{(e)} = \beta_1 + \beta_2 \bar{x} \end{cases} \tag{6-19}$$

则由杆端位移条件可得

$$\bar{f}^{(e)} = \left[\begin{matrix} \bar{u} \\ \bar{v} \end{matrix}\right]^{(e)} = \mathbf{N}\bar{\boldsymbol{\delta}}^{(e)} \tag{6-20}$$

式中

$$\mathbf{N} = \left[\begin{matrix} 1 - \dfrac{\bar{x}}{l_0} & 0 & \dfrac{\bar{x}}{l_0} & 0 \\ 0 & 1 - \dfrac{\bar{x}}{l_0} & 0 & \dfrac{\bar{x}}{l_0} \end{matrix}\right] \tag{6-21}$$

$$\bar{\boldsymbol{\delta}}^{(e)} = (\bar{u}_i^{(e)} \quad \bar{v}_i^{(e)} \quad \bar{u}_j^{(e)} \quad \bar{v}_j^{(e)})^{\mathrm{T}} \tag{6-22}$$

将式（6-20）代入式（6-18），可得

$$\bar{\varepsilon}_x^{(e)} = \left(-\dfrac{1}{l_0} \quad 0 \quad \dfrac{1}{l_0} \quad 0\right)\bar{\boldsymbol{\delta}}^{(e)} + \dfrac{1}{2}\left[\left(0 \quad -\dfrac{1}{l_0} \quad 0 \quad \dfrac{1}{l_0}\right)\bar{\boldsymbol{\delta}}^{(e)}\right]^2 \tag{6-23}$$

将式（6-23）取微分有

$$\begin{aligned} \mathrm{d}\bar{\varepsilon}_x^{(e)} &= \left(-\dfrac{1}{l_0} \quad 0 \quad \dfrac{1}{l_0} \quad 0\right)\mathrm{d}\bar{\boldsymbol{\delta}}^{(e)} + \left(0 \quad -\dfrac{1}{l_0} \quad 0 \quad \dfrac{1}{l_0}\right)\bar{\boldsymbol{\delta}}^{(e)}\left(0 \quad -\dfrac{1}{l_0} \quad 0 \quad \dfrac{1}{l_0}\right)\mathrm{d}\bar{\boldsymbol{\delta}}^{(e)} \\ &= \left[\left(-\dfrac{1}{l_0} \quad 0 \quad \dfrac{1}{l_0} \quad 0\right) + \left(0 \quad -\dfrac{1}{l_0} \quad 0 \quad \dfrac{1}{l_0}\right)\bar{\boldsymbol{\delta}}^{(e)}\left(0 \quad -\dfrac{1}{l_0} \quad 0 \quad \dfrac{1}{l_0}\right)\right]\mathrm{d}\bar{\boldsymbol{\delta}}^{(e)} \end{aligned} \tag{6-24}$$

由此可知，

$$\bar{\mathbf{B}} = \mathbf{B}_0 + \mathbf{B}_{\mathrm{L}} = \left(-\dfrac{1}{l_0} \quad 0 \quad \dfrac{1}{l_0} \quad 0\right) + \left(0 \quad -\dfrac{1}{l_0} \quad 0 \quad \dfrac{1}{l_0}\right)\bar{\boldsymbol{\delta}}^{(e)}\left(0 \quad -\dfrac{1}{l_0} \quad 0 \quad \dfrac{1}{l_0}\right) \tag{6-25}$$

即为增量应变矩阵，其中

$$\mathbf{B}_0 = \left(-\dfrac{1}{l_0} \quad 0 \quad \dfrac{1}{l_0} \quad 0\right) \tag{6-26}$$

$$\mathbf{B}_{\mathrm{L}} = \left(0 \quad -\dfrac{1}{l_0} \quad 0 \quad \dfrac{1}{l_0}\right)\bar{\boldsymbol{\delta}}^{(e)}\left(0 \quad -\dfrac{1}{l_0} \quad 0 \quad \dfrac{1}{l_0}\right) \tag{6-27}$$

由于

$$\left(0 \quad -\dfrac{1}{l_0} \quad 0 \quad \dfrac{1}{l_0}\right)\bar{\boldsymbol{\delta}}^{(e)} = \dfrac{1}{l_0}(\bar{v}_j^{(e)} - \bar{v}_i^{(e)}) \approx \bar{\theta}^{(e)} \tag{6-28}$$

所以 $\mathbf{B}_{\mathrm{L}}$ 又可以写为

$$\mathbf{B}_{\mathrm{L}} = \bar{\theta}^{(e)}\left(0 \quad -\dfrac{1}{l_0} \quad 0 \quad \dfrac{1}{l_0}\right) \tag{6-29}$$

将式（6-26）代入式（6-12）可得 $\bar{k}_0^{(e)}$，这与第 2 章中的式（2-11）相同。而将式（6-26）、（6-29）代入式（6-13）则可以得到

$$\bar{k}_{\mathrm{L}}^{(e)} = \dfrac{EA}{l_0}\left[\begin{matrix} 0 & \bar{\theta}^{(e)} & 0 & -\bar{\theta}^{(e)} \\ & (\bar{\theta}^{(e)})^2 & -\bar{\theta}^{(e)} & -(\bar{\theta}^{(e)})^2 \\ \text{对} & & 0 & \bar{\theta}^{(e)} \\ & \text{称} & & (\bar{\theta}^{(e)})^2 \end{matrix}\right] \tag{6-30}$$

再来推导桁架单元的初应力矩阵。由式（6-27）有

$$\boldsymbol{B}_{\mathrm{L}}^{\mathrm{T}}=\frac{1}{l_0^2}\begin{bmatrix}0 & 0 & 0 & 0\\ & 1 & 0 & -1\\ 对 & & 0 & 0\\ & 称 & & 1\end{bmatrix}\bar{\boldsymbol{\delta}}^{(e)} \tag{6-31}$$

将式（6-31）代入式（6-14），并注意到在桁架单元中 $\bar{\boldsymbol{\sigma}}^{(e)}=\sigma$ 为常量，且有单元轴力 $\overline{F}_{\mathrm{N}}^{(e)}=\sigma A$，于是有

$$\int_V \mathrm{d}\boldsymbol{B}_{\mathrm{L}}^{\mathrm{T}}\,\boldsymbol{\sigma}^{(e)}\,\mathrm{d}V=\frac{\overline{F}_{\mathrm{N}}^{(e)}}{l_0}\begin{bmatrix}0 & 0 & 0 & 0\\ & 1 & 0 & -1\\ 对 & & 0 & 0\\ & 称 & & 1\end{bmatrix}\mathrm{d}\bar{\boldsymbol{\delta}}^{(e)} \tag{6-32}$$

由此可知，桁架单元的初应力矩阵为

$$\bar{\boldsymbol{k}}_\sigma^{(e)}=\frac{\overline{F}_{\mathrm{N}}^{(e)}}{l_0}\begin{bmatrix}0 & 0 & 0 & 0\\ & 1 & 0 & -1\\ 对 & & 0 & 0\\ & 称 & & 1\end{bmatrix} \tag{6-33}$$

6.3.2 刚架单元的切线刚度矩阵

在大位移情形下，若刚架单元的曲率仍用横向位移的二阶导数近似表达，则单元轴向应变可近似表示为

$$\bar{\varepsilon}_x^{(e)}=\frac{\mathrm{d}\bar{u}^{(e)}}{\mathrm{d}\bar{x}}+\frac{1}{2}\left(\frac{\mathrm{d}\bar{v}^{(e)}}{\mathrm{d}\bar{x}}\right)^2-\bar{y}\left(\frac{\mathrm{d}^2\bar{v}^{(e)}}{\mathrm{d}\bar{x}^2}\right)=\bar{\varepsilon}_{x0}^{(e)}+\bar{\varepsilon}_{x\mathrm{L}}^{(e)} \tag{6-34}$$

式中

$$\bar{\varepsilon}_{x0}^{(e)}=\frac{\mathrm{d}\bar{u}^{(e)}}{\mathrm{d}\bar{x}}-\bar{y}\left(\frac{\mathrm{d}^2\bar{v}^{(e)}}{\mathrm{d}\bar{x}^2}\right) \tag{6-35}$$

$$\bar{\varepsilon}_{x\mathrm{L}}^{(e)}=\frac{1}{2}\left(\frac{\mathrm{d}\bar{v}^{(e)}}{\mathrm{d}\bar{x}}\right)^2 \tag{6-36}$$

刚架单元的轴向位移和横向位移仍可分别假定为 $\bar{x}$ 的一次函数和三次函数，如式（2-23）和式（2-39）所示。同样由杆端位移条件求解，并将式（2-26）式（2-42）合并书写就有

$$\bar{\boldsymbol{f}}^{(e)}=\begin{bmatrix}\bar{u}\\ \bar{v}\end{bmatrix}^{(e)}=\boldsymbol{N}\bar{\boldsymbol{\delta}}^{(e)} \tag{6-37}$$

式中

$$\boldsymbol{N}=\begin{bmatrix}\boldsymbol{N}_1\\ \boldsymbol{N}_2\end{bmatrix} \tag{6-38}$$

而

$$\boldsymbol{N}_1=\begin{bmatrix}1-\dfrac{\bar{x}}{l_0} & 0 & 0 & \dfrac{\bar{x}}{l_0} & 0 & 0\end{bmatrix} \tag{6-39}$$

$$\boldsymbol{N}_2=\begin{bmatrix}0 & 1-3\left(\dfrac{\bar{x}}{l_0}\right)^2+2\left(\dfrac{\bar{x}}{l_0}\right)^3 & l_0\left[\left(\dfrac{\bar{x}}{l_0}\right)-2\left(\dfrac{\bar{x}}{l_0}\right)^2+\left(\dfrac{\bar{x}}{l_0}\right)^3\right]\end{bmatrix}$$

$$\begin{bmatrix}0 & 3\left(\dfrac{\bar{x}}{l_0}\right)^2-2\left(\dfrac{\bar{x}}{l_0}\right)^3 & -l_0\left[\left(\dfrac{\bar{x}}{l_0}\right)^2-\left(\dfrac{\bar{x}}{l_0}\right)^3\right]\end{bmatrix} \tag{6-40}$$

杆端位移列向量则为

$$\bar{\boldsymbol{\delta}}^{(e)} = (\bar{u}_i^{(e)} \quad \bar{v}_i^{(e)} \quad \bar{\varphi}_i^{(e)} \quad \bar{u}_j^{(e)} \quad \bar{v}_j^{(e)} \quad \bar{\varphi}_j^{(e)})^{\mathrm{T}} \tag{6-41}$$

将式（6-37）代入式（6-34）并取微分，注意到

$$\mathrm{d}\left[\frac{1}{2}\left(\frac{\mathrm{d}\bar{v}^{(e)}}{\mathrm{d}\bar{x}}\right)^2\right] = \frac{\mathrm{d}\bar{v}^{(e)}}{\mathrm{d}\bar{x}}\mathrm{d}\left(\frac{\mathrm{d}\bar{v}^{(e)}}{\mathrm{d}\bar{x}}\right) = \frac{\mathrm{d}\boldsymbol{N}_2}{\mathrm{d}\bar{x}}\bar{\boldsymbol{\delta}}^{(e)}\frac{\mathrm{d}\boldsymbol{N}_2}{\mathrm{d}\bar{x}}\mathrm{d}\bar{\boldsymbol{\delta}}^{(e)} \tag{6-42}$$

就有

$$\mathrm{d}\bar{\varepsilon}_x^{(e)} = \mathrm{d}\bar{\varepsilon}_{x0}^{(e)} + \mathrm{d}\bar{\varepsilon}_{xL}^{(e)} = (\boldsymbol{B}_0 + \boldsymbol{B}_L)\mathrm{d}\bar{\boldsymbol{\delta}}^{(e)} = \bar{\boldsymbol{B}}\mathrm{d}\bar{\boldsymbol{\delta}}^{(e)} \tag{6-43}$$

式中

$$\boldsymbol{B}_0 = \left[-\frac{1}{l_0} \quad \left(\frac{6}{l_0^2}-12\frac{\bar{x}}{l_0^3}\right)\bar{y} \quad \left(\frac{4}{l_0}-6\frac{\bar{x}}{l_0^2}\right)\bar{y} \quad \frac{1}{l_0} \quad \left(-\frac{6}{l_0^2}+12\frac{\bar{x}}{l_0^3}\right)\bar{y} \quad \left(\frac{2}{l_0}-6\frac{\bar{x}}{l_0^2}\right)\bar{y}\right] \tag{6-44}$$

等同于将式（2-30）、（2-47）合并书写。而

$$\boldsymbol{B}_L = \frac{\mathrm{d}\boldsymbol{N}_2}{\mathrm{d}\bar{x}}\bar{\boldsymbol{\delta}}^{(e)}\frac{\mathrm{d}\boldsymbol{N}_2}{\mathrm{d}\bar{x}} \tag{6-45}$$

将式（6-40）代入式（6-45），即可得$\boldsymbol{B}_L$的显式表达，此处从略。将式（6-44）代入式（6-12）可得$\bar{\boldsymbol{k}}_0^{(e)}$，这与第2章中的式（2-5）相同。而将式（6-44）、（6-45）代入式（6-13）则可以得到

$$\bar{\boldsymbol{k}}_L^{(e)} = \frac{EA}{l_0^3}\begin{bmatrix} 0 & A_1 & A_2 & 0 & -A_1 & A_3 \\ & B_1 & B_2 & -A_1 & -B_1 & B_3 \\ & & B_4 & -A_2 & -B_2 & B_5 \\ \text{对} & & & 0 & A_1 & -A_3 \\ & & & & B_1 & -B_3 \\ & \text{称} & & & & B_6 \end{bmatrix} \tag{6-46}$$

式中

$$\begin{cases} A_1 = \dfrac{6l_0}{5}(\bar{v}_j^{(e)}-\bar{v}_i^{(e)}) - \dfrac{l_0^2}{10}(\bar{\varphi}_i^{(e)}+\bar{\varphi}_j^{(e)}) \\[2mm] A_2 = \dfrac{l_0^2}{10}(\bar{v}_j^{(e)}-\bar{v}_i^{(e)}) + \dfrac{l_0^3}{30}(\bar{\varphi}_j^{(e)}-4\bar{\varphi}_i^{(e)}) \\[2mm] A_3 = \dfrac{l_0^2}{10}(\bar{v}_j^{(e)}-\bar{v}_i^{(e)}) + \dfrac{l_0^3}{30}(\bar{\varphi}_i^{(e)}-4\bar{\varphi}_j^{(e)}) \\[2mm] B_1 = \dfrac{72}{35}(\bar{v}_j^{(e)}-\bar{v}_i^{(e)})^2 + \dfrac{3l_0^2}{35}[(\bar{\varphi}_i^{(e)})^2+(\bar{\varphi}_j^{(e)})^2] - \dfrac{18l_0}{35}(\bar{v}_j^{(e)}-\bar{v}_i^{(e)})(\bar{\varphi}_i^{(e)}+\bar{\varphi}_j^{(e)}) \\[2mm] B_2 = \dfrac{9l_0}{35}(\bar{v}_j^{(e)}-\bar{v}_i^{(e)})^2 + \dfrac{l_0^3}{140}[(\bar{\varphi}_i^{(e)})^2-(\bar{\varphi}_j^{(e)})^2] - \dfrac{6l_0^2}{35}(\bar{v}_j^{(e)}-\bar{v}_i^{(e)})\bar{\varphi}_i^{(e)} + \dfrac{l_0^3}{70}\bar{\varphi}_i^{(e)}\bar{\varphi}_j^{(e)} \\[2mm] B_3 = \dfrac{9l_0}{35}(\bar{v}_j^{(e)}-\bar{v}_i^{(e)})^2 + \dfrac{l_0^3}{140}[(\bar{\varphi}_j^{(e)})^2-(\bar{\varphi}_j^{(e)})^2] - \dfrac{6l_0^2}{35}(\bar{v}_j^{(e)}-\bar{v}_i^{(e)})\bar{\varphi}_j^{(e)} + \dfrac{l_0^3}{70}\bar{\varphi}_i^{(e)}\bar{\varphi}_j^{(e)} \\[2mm] B_4 = \dfrac{3l_0^2}{35}(\bar{v}_j^{(e)}-\bar{v}_i^{(e)})^2 - \dfrac{l_0^3}{70}(\bar{v}_j^{(e)}-\bar{v}_i^{(e)})(\bar{\varphi}_j^{(e)}-\bar{\varphi}_i^{(e)}) + \dfrac{l_0^4}{210}[12(\bar{\varphi}_i^{(e)})^2+(\bar{\varphi}_j^{(e)})^2-3\bar{\varphi}_i^{(e)}\bar{\varphi}_j^{(e)}] \\[2mm] B_5 = -\dfrac{l_0^3}{70}(\bar{v}_j^{(e)}-\bar{v}_i^{(e)})(\bar{\varphi}_i^{(e)}+\bar{\varphi}_j^{(e)}) - \dfrac{l_0^4}{420}[3(\bar{\varphi}_i^{(e)})^2+3(\bar{\varphi}_j^{(e)})^2-4\bar{\varphi}_i^{(e)}\bar{\varphi}_j^{(e)}] \\[2mm] B_6 = \dfrac{3l_0^2}{35}(\bar{v}_j^{(e)}-\bar{v}_i^{(e)})^2 + \dfrac{l_0^3}{70}(\bar{v}_j^{(e)}-v_i^{(e)})(\bar{\varphi}_j^{(e)}-\bar{\varphi}_i^{(e)}) + \dfrac{l_0^4}{210}[(\bar{\varphi}_i^{(e)})^2+12(\bar{\varphi}_j^{(e)})^2-3\bar{\varphi}_i^{(e)}\bar{\varphi}_j^{(e)}] \end{cases} \tag{6-47}$$

注意，初位移矩阵也可由附录 A 中的高斯积分法进行计算。至于单元初应力矩阵，则与第 3 章中的式（3-28）相同。

6.4 非线性方程的求解及示例

结构非线性问题的有限元法控制方程实质上是一组非线性代数方程，下面就介绍一下非线性代数方程的几种常用求解方法。

6.4.1 直接求解法

直接求解法中应用较多的为直接迭代法，即按式（6-6）建立全量形式的有限元方程

$$\boldsymbol{K}\boldsymbol{\Delta} = \boldsymbol{F}_{\mathrm{P}} \tag{6-48}$$

迭代过程可表示为

$$\boldsymbol{\Delta}^i = (\boldsymbol{K}^{i-1})^{-1}\boldsymbol{F}_{\mathrm{P}} \tag{6-49}$$

式中，上标 i 表示迭代步。

当迭代结果满足收敛准则时即可得到结点位移值。图 6-4 所示为一单自由度非线性问题当取初始位移 $\boldsymbol{\Delta}^0 = 0$ 时的直接迭代过程示意。

直接迭代法比较简单、直观，但是一般来说存在收敛速度慢、迭代过程不稳定、严重依赖于初值 $\boldsymbol{\Delta}^0$ 的选取等缺点，实际已很少采用。

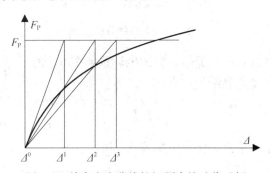

图 6-4 单自由度非线性问题直接迭代示例

6.4.2 简单增量法

简单增量法是将整个荷载-变形过程划分为若干增量段，在每一段中按增量形式的有限元列式求解，并在每一级增量荷载后根据所求变量值（即结点位移、内力等）对切线刚度矩阵进行一次修正，再进入下一级增量荷载段的求解。

几何非线性问题的有限元法最初多采用简单增量法进行。但这种方法的问题是，在每一级增量荷载作用前，结构并未精确到达平衡位置，故而所求解答会随着增量过程的继续而越来越偏离真实的荷载-变形过程。

6.4.3 自校正增量法

简单增量法忽略了每级增量荷载前结构内外力实际存在的不平衡，作为改进，可以将这个不平衡力作为修正荷载并入下一级增量荷载进行求解，这个过程即称为一阶自校正增量法。这种方法在求解塑性问题中得到了广泛的应用。

6.4.4　牛顿-拉夫逊法

如果在求解过程中进行多次校正来消除不平衡力，以达到预定的精度要求，则为牛顿-拉夫逊法，其迭代过程如 6.2 节所述。牛顿-拉夫逊法可以和简单增量法相结合使用，即在每一个增量荷载步中采用牛顿-拉夫逊法。

对于非线性问题来说，结构刚度矩阵的重新生成一般耗时较多。由于牛顿-拉夫逊法在每个迭代步都要重生成结构刚度矩阵，所以计算时间相对较长。为节约计算资源，便出现了修正的牛顿-拉夫逊法。这一方法在同一级增量荷载的计算过程中始终采用第一次迭代时的结构刚度矩阵，亦即在同一级增量荷载中只需重生成一次结构刚度矩阵，从而达到节约计算时间的目的。

除了以上几种求解方法，还有拟牛顿法、弧长法等，本书就不一一介绍了。

【例 6-1】试对图 6-5 所示结构进行大位移分析。已知在图示荷载作用下材料仍处于线弹性工作阶段，$E = 2.0 \times 10^5$ MPa，$A = 6.0 \times 10^{-4}$ m^2。

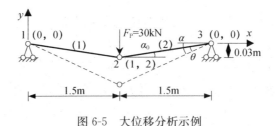

图 6-5　大位移分析示例

解：单元划分、结点和单元编号、整体坐标系如图 6-5 所示。

结点位移基本未知量及其编号如下：

$$\boldsymbol{\Delta} = \begin{pmatrix} U_1 & V_1 & U_2 & V_2 & U_3 & V_3 \end{pmatrix}^{\mathrm{T}}$$
$$\qquad\quad 0 \quad\ 0 \quad\ 1 \quad\ 2 \quad\ 0 \quad\ 0$$

各单元局部坐标系和单元定位向量如表 6-1 所示。

表 6-1　局部坐标系和单元定位向量

单元编号	局部坐标系		单元定位向量	
	始端 i	末端 j	始端 i	末端 j
(1)	1	2	0　0	1　2
(2)	2	3	1　2	0　0

根据对称性可知 $U_2 = 0$，所以本题仅有一个结点位移未知量 V_2。

单元（1）、（2）的初始长度为 $l_0 = \sqrt{1.5^2 + 0.03^2} \approx 1.5003$ m，初始方向角大小为 $\alpha_0 = \arctan\left(\dfrac{0.03}{1.5}\right) \approx 1.146°$。本题将采用带流动坐标的迭代法和总体的拉格朗日列式法两种方法求解。

（1）带流动坐标的迭代法

如前所述，带流动坐标的迭代法让单元的局部坐标系跟随结构的变形一起发生变位。由图 6-5 可以看出，此时单元（1）的方位角为 $-\alpha$，单元（2）的方位角为 α。单元在整体坐标

系下的单刚矩阵依旧如式（2-70）所示，"对号入座，同号相加"后，可得结构刚度矩阵为

$$\boldsymbol{K} = K_{22} - 2\frac{EA}{l_0}\sin^2\alpha$$

其中

$$\sin\alpha = \frac{(0.03 - V_2)}{\sqrt{1.5^2 + (0.03 - V_2)^2}}$$

由式（6-3）可知单元在局部坐标系下的杆端位移分量和伸长量如下：

$$\bar{u}_2^{(1)} = \bar{u}_3^{(2)} = \Delta l = l - l_0 = \sqrt{1.5^2 + (0.03 - V_2)^2} - 1.5003$$

故而单元的杆端力分量和轴力分别为

$$-\bar{F}_{x1}^{(1)} = \bar{F}_{x2}^{(1)} = -\bar{F}_{x2}^{(2)} = \bar{F}_{x3}^{(2)} = \bar{F}_N^{(1)} = \bar{F}_N^{(2)} = \bar{F}_N = \frac{EA}{l_0}\Delta l$$

将杆端力转向整体坐标系，并"对号入座，同号相加"即可得结点合力

$$\boldsymbol{F} = F_{2y} = -2\frac{EA}{l_0}\Delta l\sin\alpha$$

结构外荷载、结点位移增量、结点位移分别为

$$\boldsymbol{F}_P = F_{P2y} = -30000\text{N}, \quad \Delta\boldsymbol{\Delta} = \Delta V_2, \quad \boldsymbol{\Delta} = V_2$$

采用位移收敛准则

$$\left|\frac{\Delta\boldsymbol{\Delta}}{\boldsymbol{\Delta}}\right| \leqslant 0.001$$

迭代过程如表 6-2 所示。

表 6-2 带流动坐标的迭代法迭代过程

迭代次数	单元轴力 $\bar{F}_N$/N	结点合力 $\boldsymbol{F}$/N	不平衡力 $\boldsymbol{F}_P - \boldsymbol{F}$/N	位移增量 $\Delta\boldsymbol{\Delta} = \frac{(\boldsymbol{F}_P - \boldsymbol{F})}{\boldsymbol{K}}$ /m	结点位移 $\boldsymbol{\Delta}$ /m	$\left\|\frac{\Delta\boldsymbol{\Delta}}{\boldsymbol{\Delta}}\right\|$
					0	
1	0.000E+00	0.000E+00	−3.000E+04	−4.690E−01	−4.690E−01	1.000E+00
2	6.441E+06	−4.067E+06	4.037E+06	2.532E−01	−2.158E−01	1.173E+00
3	1.576E+06	−5.098E+05	4.798E+05	1.147E−01	−1.011E−01	1.134E+00
4	4.335E+05	−7.549E+04	4.549E+04	3.750E−02	−6.361E−02	5.896E−01
5	2.094E+05	−2.609E+04	−3.914E+03	−6.306E−03	−6.992E−02	9.020E−02
6	2.419E+05	−3.215E+04	2.152E+03	3.046E−03	−6.687E−02	4.555E−02
7	2.259E+05	−2.912E+04	−8.790E+02	−1.323E−03	−6.819E−02	1.940E−02
8	2.328E+05	−3.041E+04	4.141E+02	6.066E−04	−6.759E−02	8.975E−03
9	2.296E+05	−2.982E+04	−1.833E+02	−2.718E−04	−6.786E−02	4.006E−03
10	2.311E+05	−3.008E+04	8.347E+01	1.231E−04	−6.774E−02	1.818E−03
11	2.304E+05	−2.996E+04	−3.753E+01	−5.550E−05	−6.779E−02	8.187E−04

若用附录 D 中平面杆系结构几何非线性问题求解程序（大位移小应变，带流动坐标的迭代法，分级加载）计算本题，则输入文件（"input. txt"）如下（设将荷载平均分成十级加载）：

```
3 2 1 2 1 10 1 0.001
0. 0 0. 0
1.5 −0.03
3. 0 0. 0
1 2 0 0
2 3 0 0
2.0e11 6.0e−4 1.0e−10
1 1 1 0 0 0 0
3 1 1 0 0 0 0
2 0.0 −30000.0 0.0
2 2
```

程序运行后，输出文件（"output. txt"）为：

```
＃＃＃＃＃＃＃＃＃  node displacement  ＃＃＃＃＃＃＃＃＃＃
node            U               V            PHI
1            0.7264E−17      −0.4890E−18
2            0.1152E−16      −0.6779E−01
3           −0.7208E−17      −0.4890E−18

＃＃＃＃＃＃＃＃＃  element force  ＃＃＃＃＃＃＃＃＃＃＃＃
element     Fxi       Fyi        Mi        Fxj       Fyj        Mj
1        −0.2307E+06                      0.2307E+06
2        −0.2307E+06                      0.2307E+06

＃＃＃＃＃＃＃＃＃  time history of node displacement  ＃＃＃＃＃＃＃＃＃
node：  2 V
load step              value
1                   −0.2066E−01
2                   −0.3069E−01
3                   −0.3802E−01
4                   −0.4397E−01
5                   −0.4904E−01
6                   −0.5354E−01
7                   −0.5756E−01
8                   −0.6124E−01
9                   −0.6463E−01
10                  −0.6779E−01
```

根据程序计算结果，可以作出荷载-位移曲线如图 6-6 所示。由此可知，该结构的非线性特性是非常显著的。

（2）总体的拉格朗日列式法。

采用这种方法求解时，单元的局部坐标系始终固定在未发生变形时的位置。但需要求解随结构变形而不断变化的切线刚度矩阵。

由式（2-70），"对号入座，同号相加"可得

$$\boldsymbol{K}_0 = K_{0,22} = 2\frac{EA}{l_0}\sin^2\alpha_0$$

由式（6-30）求得单元（1）、（2）的初位移矩阵后，转向结构坐标系并"对号入座，同号相加"可以得到

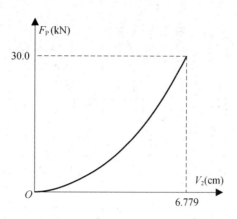

图 6-6　荷载-位移曲线

$$\boldsymbol{K}_{\mathrm{L}} = K_{\mathrm{L},22} = 2\,\frac{EA}{l_0}(\theta\sin2\alpha_0 + \theta^2\cos^2\alpha_0)$$

式中，θ 为单元在局部坐标系中的转角，如图 6-5 所示。由式（6-28）有

$$\theta = \frac{-V_2\cos\alpha_0}{l_0}$$

根据式（6-33）可求得单元（1）、（2）的初应力矩阵，转向结构坐标系并"对号入座，同号相加"可得

$$\boldsymbol{K}_\sigma = K_{\sigma,22} = 2\,\frac{\overline{F}_{\mathrm{N}}}{l_0}\cos^2\alpha_0$$

由式（6-25）可得单元（1）、（2）的应变矩阵

$$\overline{\boldsymbol{B}}^{(1)} = \left(-\frac{1}{l_0}\quad\frac{\theta}{l_0}\quad\frac{1}{l_0}\quad-\frac{\theta}{l_0}\right),\ \overline{\boldsymbol{B}}^{(2)} = \left(-\frac{1}{l_0}\quad-\frac{\theta}{l_0}\quad\frac{1}{l_0}\quad\frac{\theta}{l_0}\right)$$

将其代入式（6-6），并注意 $\overline{F}_{\mathrm{N}} = \sigma A$ 可得

$$\overline{\boldsymbol{F}}^{(1)} = \overline{F}_{\mathrm{N}}(-1\quad\theta\quad1\quad-\theta)^{\mathrm{T}},\ \overline{\boldsymbol{F}}^{(2)} = \overline{F}_{\mathrm{N}}(-1\quad-\theta\quad1\quad\theta)^{\mathrm{T}}$$

将杆端力转向整体坐标系，并"对号入座，同号相加"可得结点合力

$$\boldsymbol{F} = F_{2y} = -2\overline{F}_{\mathrm{N}}(\sin\alpha_0 + \theta\cos\alpha_0)$$

此外，轴力的计算方法、结构外荷载、结点位移增量、结点位移、位移收敛准则等仍同前述带流动坐标的迭代法。

迭代过程如表 6-3 所示。

若用附录 D 中平面杆系结构几何非线性问题求解程序（大位移小应变，总体的拉格朗日列式法）计算本题，则输入文件（"input.txt"）如下：

```
3 2 1 2 1 0.001
0.0 0.0
1.5 -0.03
3.0 0.0
1 2 0 0
2 3 0 0
2.0e11 0.0245 0.0245
1 1 1 0 0 0 0
3 1 1 0 0 0 0
```

表 6-3 总体的拉格朗日列式法迭代过程

迭代次数	$\bar{F}_N$ /N	K_0 /N/m	K_L /N/m	K_σ /N/m	K_T /N/m	F /N	$F_P - F$ /N	$\Delta\Delta$ /m	Δ /m	$\left\|\frac{\Delta\Delta}{\Delta}\right\|$
1	0.000E+00	6.396E+04	0.000E+00	0.000E+00	6.396E+04	0.000E+00	−3.000E+04	−4.690E−01	−4.690E−01	1.000E+00
2	6.441E+06	6.396E+04	1.762E+07	8.583E+06	2.627E+07	−4.283E+06	4.253E+06	1.619E−01	−3.071E−01	−5.272E−01
3	2.969E+06	6.396E+04	8.007E+06	3.956E+06	1.203E+07	−1.334E+06	1.304E+06	1.084E−01	−1.987E−01	−5.455E−01
4	1.363E+06	6.396E+04	3.651E+06	1.816E+06	5.531E+06	−4.153E+05	3.853E+05	6.967E−02	−1.290E−01	−5.399E−01
5	6.486E+05	6.396E+04	1.733E+06	8.642E+05	2.661E+06	−1.375E+05	1.075E+05	4.039E−02	−8.866E−02	−4.555E−01
6	3.508E+05	6.396E+04	9.361E+05	4.675E+05	1.468E+06	−5.548E+04	2.548E+04	1.736E−02	−7.130E−02	−2.435E−01
7	2.493E+05	6.396E+04	6.649E+05	3.322E+05	1.061E+06	−3.365E+04	3.654E+03	3.444E−03	−6.786E−02	−5.076E−02
8	2.310E+05	6.396E+04	6.162E+05	3.079E+05	9.880E+05	−3.013E+04	1.307E+02	1.322E−04	−6.772E−02	−1.953E−03
9	2.304E+05	6.396E+04	6.144E+05	3.070E+05	9.853E+05	−3.000E+04	3.296E−01	3.345E−07	−6.772E−02	−4.939E−06

2 0.0 −30000.0 0.0

程序运行后，输出文件（"output. txt"）为：

\# \# \# \# \# \# \# \# \# node displacement \# \# \# \# \# \# \# \# \# \#

node	U	V	PHI
1	−0.7561E−19	0.2837E−19	
2	0.1651E−09	−0.6771E−01	
3	0.7775E−19	0.2839E−19	

\# \# \# \# \# \# \# \# \# element force \# \# \# \# \# \# \# \# \# \# \# \# \#

element	Fxi	Fyi	Mi	Fxj	Fyj	Mj
1	−0.2304E+06			0.2304E+06		
2	−0.2304E+06			0.2304E+06		

通过以上计算可以得到如下结论：

（1）本题若按线性理论分析，可得杆件轴力为 $\overline{F}_N = \dfrac{F_P}{2\sin\alpha_0} = 750.15\text{kN}$，而结点 2 竖向位移为 0.47m，远大于非线性分析的结果。可见对于非线性程度很高的结构，线性分析的结果误差会非常大。

（2）由表 6-3 可以看出，迭代收敛时 K_L 和 K_σ 的值已经远大于 K_0。

6.5 结构的塑性分析

对于由建筑钢材或钢筋混凝土这样允许塑性变形充分开展的延性材料建造的结构，按照弹性分析的结果进行设计往往偏于保守而不够经济，这是因为弹性设计没有考虑材料超过屈服极限后进一步承载的能力。因此，在一定的条件下，可以采用塑性设计方法，将由塑性分析求得的结构极限荷载作为承载力设计的依据。

结构力学中已经介绍了求解连续梁或简单刚架极限荷载的手算方法，对于更加复杂的结构，则必须采用矩阵位移法借助计算机进行分析，其思路如下：从弹性阶段开始逐步计算，每步增加形成一个新的塑性铰，并且每当增加一个塑性铰就把该处改为铰结，同时修改结构刚度矩阵，然后进入下一步求出下一个塑性铰出现时的荷载增量，直到形成破坏机构，这样就可以求得极限荷载，这种方法称为增量法。

对于刚架单元来说，当一端形成塑性铰而改为铰结时，其单元刚度矩阵就需要按照第 2 章中"一端铰结的刚架单元"重新计算；当两端都形成塑性铰时，其单元刚度矩阵需按"桁架单元"重新计算。

在进行极限荷载分析时，假设结构的位移仍然非常微小，并假设作用于结构上的所有荷载均为集中荷载，且按同一比例增加，即比例加载。此时，具体计算步骤如下：

（1）令荷载因子 $F_P = 1$ 作用于结构，进行弹性阶段计算求出相应的内力，其弯矩为 $\overline{M}_1$。则第一个塑性铰必将出现于 $\left|\dfrac{M_u}{M_1}\right|_{\min}$ 处，当其出现时相应荷载因子为

$$F_{P1} = \left|\frac{M_u}{\overline{M}_1}\right|_{\min} \tag{6-50}$$

弯矩为

$$M_1 = F_{P1}\overline{M}_1 \tag{6-51}$$

以上是第一轮计算。

（2）将第一个塑性铰处改为铰结，并相应修改单元刚度矩阵和结构刚度矩阵。然后令 $F_P = 1$ 进行第二轮弹性计算，求得弯矩为 $\overline{M}_2$。则第二个塑性铰必将出现在 $\left| \dfrac{(M_u - M_1)}{\overline{M}_2} \right|_{\min}$ 处，且当其出现时荷载因子为

$$\Delta F_{P2} = \left| \frac{(M_u - M_1)}{\overline{M}_2} \right|_{\min} \tag{6-52}$$

弯矩为

$$\Delta M_2 = \Delta F_{P2} \overline{M}_2 \tag{6-53}$$

式（6-52）、（6-53）分别为第二轮计算中的荷载因子增量和弯矩增量，故此时累计荷载因子和弯矩为

$$\begin{cases} F_{P2} = F_{P1} + \Delta F_{P2} \\ M_2 = M_1 + \Delta M_2 \end{cases} \tag{6-54}$$

（3）将第二个塑性铰处改为铰结，再次修改单元刚度矩阵和结构刚度矩阵。然后令 $F_P = 1$ 进行第三轮弹性计算，求得 $\overline{M}_3$。同理，第三个塑性铰出现时的荷载因子及弯矩值为

$$\Delta F_{P3} = \left| \frac{(M_u - M_2)}{\overline{M}_3} \right|_{\min} \tag{6-55}$$

$$\Delta M_3 = \Delta F_{P3} \overline{M}_3 \tag{6-56}$$

累计荷载因子及弯矩值为

$$\begin{cases} F_{P3} = F_{P2} + \Delta F_{P3} \\ M_3 = M_2 + \Delta M_3 \end{cases} \tag{6-57}$$

（4）如此重复进行计算，直到第 n 轮时出现下列情况之一：结构刚度矩阵成为奇异或其行列式的值已非常小、结构刚度矩阵的主对角元素中出现零元素、得到非常大的结点位移值，则说明结构已经成为破坏机构，刚架发生整体或局部破坏。此时，上一轮的累计荷载因子值 $F_{P,n-1}$ 即为极限荷载因子 F_u。

需要指出的是，由于塑性铰属于单向铰，所以上述每步都应计算塑性铰处的相对转角，如发现产生反方向变形，即发生卸载，则应恢复为刚结重算。一般而言，在比例加载的条件下这一前提是能满足的。

【例 6-2】试求图 6-7（a）所示刚架的极限荷载。已知各杆均为等截面杆件，设 $E = 2.0 \times 10^5 \text{MPa}$，$A = 0.01 \text{m}^2$，$I = 8.33 \times 10^{-6} \text{m}^4$，柱的极限弯矩为 $M_u = 7.5 \times 10^4 \text{N} \cdot \text{m}$，梁的极限弯矩为 $2M_u = 1.5 \times 10^5 \text{N} \cdot \text{m}$。

解： 由穷举法或试算法，可求得本题的极限荷载因子为 $F_u = 4.5714 \times \dfrac{M_u}{2} = 171427.5 \text{N}$。采用附录 D 中平面杆系结构的塑性分析（极限荷载）求解程序（增量法）计算本题时，单元划分、结点编号和整体坐标系如图 6-7（a）所示，各单元局部坐标系如表 6-4 所示。

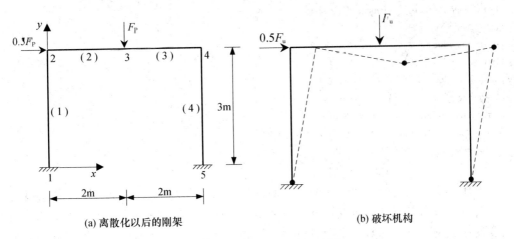

(a) 离散化以后的刚架   (b) 破坏机构

图 6-7　刚架极限荷载求解示例

表 6-4　各单元局部坐标系

单元编号	局部坐标系	
	始端 i	末端 j
(1)	1	2
(2)	2	3
(3)	3	4
(4)	4	5

输入文件（"input. txt"）如下：

```
5 4 0 2 2
0.0 0.0
0.0 3.0
2.0 3.0
4.0 3.0
4.0 0.0
1 2 1 1
2 3 1 1
3 4 1 1
4 5 1 1
2.0e11 0.01 8.33e−6 7.5e4
2.0e11 0.01 8.33e−6 1.5e5
2.0e11 0.01 8.33e−6 1.5e5
2.0e11 0.01 8.33e−6 7.5e4
1 1 1 1 0 0 0
5 1 1 1 0 0 0
2 0.5 0.0 0.0
3 0.0 −1.0 0.0
```

程序运行后，输出文件（"output. txt"）为：

```
######## plastic hinge location ########
plastic hinge No.    1
```

```
plastic hinge location：    element   4，end 1
plastic hinge No.   2
plastic hinge location：    element   4，end 2
plastic hinge No.   3
plastic hinge location：    element   1，end 1
plastic hinge No.   4
plastic hinge location：    element   2，end 2
＃＃＃＃＃＃＃＃ limit load factor ＃＃＃＃＃＃＃＃
limit load factor：    0.1714E＋06
```

　　本章所述非线性分析主要针对的是平面杆系结构，若为平面或空间问题，其基本求解过程还是一样，只是具体的应变矩阵、应力矩阵、单元刚度矩阵等需另行推导，并且还可能需要使用数值积分。而对于平面或空间问题的塑性分析，则只需要在塑性区范围内将弹性矩阵 $\boldsymbol{D}$ 替换为塑性阶段的材料本构关系矩阵 $\boldsymbol{D}_P$。

复习思考题

　　1. 线弹性体系应满足哪些条件？分析时有什么特点？

　　2. 何为非线性变形体系？材料非线性和几何非线性各指什么？

　　3. 几何非线性问题分为哪些类型？其分析有何特点？

　　4. 什么是带流动坐标的迭代法？什么是总体拉格朗日迭代法？

　　5. 带流动坐标的迭代法其求解思路和一般步骤是什么？

　　6. 什么是收敛准则？非线性分析中可采用哪些收敛准则？

　　7. 在采用总体的拉格朗日迭代法时，单元的切线刚度矩阵由哪几项组成？如何计算？在每个迭代步中单元的杆端力向量又如何计算？

　　8. 试述采用增量法求解平面杆系结构极限荷载的思路和具体求解步骤。

　　9. 试用附录 D 平面杆系结构几何非线性问题求解程序（大位移小应变，带流动坐标的迭代法，分级加载）计算图 6-8 所示结构，并与线性分析结果相比较，分析其原因。若将结点 6 处的支座分别降低 0.1m 和 0.2m，则计算结果会有什么变化？已知在图 6-8 所示的荷载作用下材料仍处于线弹性工作阶段，$E=2.0\times10^5\text{MPa}$，$A=4.0\times10^{-4}\text{m}^2$。

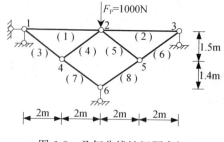

图 6-8　几何非线性问题求解

　　10. 试用附录 D 平面杆系结构的塑性分析（极限荷载）求解程序（增量法）计算图 6-9 所示刚架的极限荷载。已知 $E=7.0\times10^4\text{MPa}$，各杆横截面面积、惯性矩和极限弯矩如表 6-5 所示。

表 6-5　各杆横截面面积、惯性矩和极限弯矩

单元	横截面面积 A/m^2	惯性矩 I/m^4	极限弯矩 $M_n/N \cdot m$
(1)、(2)	1.9252×10^{-2}	1.27821×10^{-3}	8.645×10^4
(3)、(4)	3.0765×10^{-2}	2.18670×10^{-3}	1.441×10^5
(5)、(6)	2.4995×10^{-2}	1.71598×10^{-3}	1.147×10^5
(7)	1.6164×10^{-2}	1.01161×10^{-3}	6.961×10^4

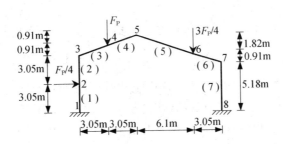

图 6-9　计算刚架的极限荷载

第 6 章部分习题答案

附录 A　　高斯数值积分方法

在求解等参数单元的刚度矩阵或等效结点荷载时，需要进行如下形式的积分

$$\int_{-1}^{1} f(\xi)\,\mathrm{d}\xi, \qquad \int_{-1}^{1}\int_{-1}^{1} f(\xi,\eta)\,\mathrm{d}\xi\mathrm{d}\eta \tag{A-1}$$

由于被积函数相当复杂，所以一般都用数值积分代替函数积分，即在单元内选择若干个特定的点，称为积分点，算出被积函数在这些积分点处的函数值，然后将这些函数值分别乘上各自的加权系数，再求和作为该积分的近似值。本附录介绍的是有限元中常用的数值积分方法——高斯求积法。

一维和二维的高斯求积公式分别如下：

$$\int_{-1}^{1} f(\xi)\,\mathrm{d}\xi \approx \sum_{i=1}^{n} H_i f(\xi_i) \tag{A-2}$$

$$\int_{-1}^{1}\int_{-1}^{1} f(\xi,\eta)\,\mathrm{d}\xi\mathrm{d}\eta \approx \sum_{i=1}^{n}\sum_{j=1}^{n} H_i H_j f(\xi_i,\eta_j) \tag{A-3}$$

式中，n 为积分点个数，ξ_i、η_j 为积分点坐标，H_i、H_j 为加权系数。其中，在二维积分中，也可以选择两个方向积分点个数不相同的方案。高斯积分法的积分点坐标、加权系数及代数精度 m 如表 A-1 所示。

表 A-1　高斯积分法

积分点数	代数精度	积分点坐标	加权系数
1	1	0.0	2.0
2	3	$\pm\sqrt{\dfrac{1}{3}}\approx\pm 0.5773502692$	1.0
3	5	$\pm\sqrt{\dfrac{3}{5}}\approx\pm 0.7745966692$ 0.0	$\dfrac{5}{9}\approx 0.555555556$ $\dfrac{8}{9}\approx 0.888888889$
4	7	± 0.8611363116 ± 0.3399810436	0.3478548451 0.6521451549
5	9	± 0.9061798459 ± 0.5384693101 0.0	0.2369268851 0.4786286705 0.5688888889

举例来说，维积分的二点求积公式如下：

$$\int_{-1}^{1} f(\xi)\mathrm{d}\xi = \frac{5}{9} f\left(-\sqrt{\frac{3}{5}}\right) + \frac{8}{9} f(0.0) + \frac{5}{9} f\left(\sqrt{\frac{3}{5}}\right)$$

二维积分的 3×3 点求积公式为：

$$\int_{-1}^{1}\int_{-1}^{1} f(\xi,\eta)\mathrm{d}\xi\mathrm{d}\eta = \frac{5}{9}\times\frac{5}{9}f\left(-\sqrt{\frac{3}{5}},-\sqrt{\frac{3}{5}}\right) + \frac{5}{9}\times\frac{8}{9}f\left(-\sqrt{\frac{3}{5}},0.0\right)$$
$$+ \frac{5}{9}\times\frac{5}{9}f\left(-\sqrt{\frac{3}{5}},\sqrt{\frac{3}{5}}\right) + \frac{8}{9}\times\frac{5}{9}f\left(0.0,-\sqrt{\frac{3}{5}}\right)$$
$$+ \frac{8}{9}\times\frac{8}{9}f(0.0,0.0) + \frac{8}{9}\times\frac{5}{9}f\left(0.0,\sqrt{\frac{3}{5}}\right) + \frac{5}{9}$$
$$\times\frac{5}{9}f\left(\sqrt{\frac{3}{5}},-\sqrt{\frac{3}{5}}\right) + \frac{5}{9}\times\frac{8}{9}f\left(\sqrt{\frac{3}{5}},0.0\right) + \frac{5}{9}$$
$$\times\frac{5}{9}f\left(\sqrt{\frac{3}{5}},\sqrt{\frac{3}{5}}\right)$$

表 A-1 中代数精度 m 的含义如下：如果被积函数 $f(\xi)$ 是次数不高于 m 的任意多项式，求积公式是精确成立的；而当 $f(\xi)$ 是 $m+1$ 次多项式时，求积公式不能精确成立。所以在使用高斯求积法时，可依据 $f(\xi)$ 或 $f(\xi,\eta)$ 的多项式次数来选择积分点个数 n。

除了高斯积分法而外，有限元中常用的积分方法还有：针对三角形以及三角锥面积坐标积分的 Hammer 积分，针对材料非线性问题的 Labatto 积分等，具体内容可参阅相关文献。

附录 B　用 matlab 求解线性代数方程组和广义特征值问题

matlab 是一个大型通用数学计算软件，功能十分强大。本附录仅通过具体例题简单介绍一下使用这个软件求解线性代数方程组以及广义特征值问题，以便于在手算过程中使用。

【例 B-1】 试用 matlab 求解例 2-4 中的结构刚度方程。

解：matlab 软件启动后，在界面中单击 New Script 按钮，在窗口中输入以下语句：

K＝1.0e3 * ［658.21 189.05 9.22 −400.0 0.0; 189.05 149.47 −4.61 0.0 −1.54; 9.22 −4.61 89.6 0.0 −7.68; −400.0 0.00.0 400.0 0.0; 0.0 −1.54 −7.68 0.0 668.2］

F＝［0.0; −105.0; −25.0; 0.0; −30.0］

DISP＝K^−1 * F

矩阵数据按行输入，列之间以空格隔开，行之间以分号隔开。单击 Save 按钮，保存后再单击 Run 按钮，即可在 matlab 命令窗口 Command Window 中看到求解结果，在工作空间 Workspace 窗口双击相应的矩阵或向量名，即可查看详细的数据结果。

【例 B-2】 试用 matlab 求解例 3-1 中的振幅方程。

解：matlab 软件启动后，在界面中单击 New Script 按钮，在窗口中输入以下语句：

K＝1.0e6 * ［658.21 189.05 9.22 −400.0 0.00.0 0.0; 189.05 154.07 3.07 0.0 −6.14 15.36 0.0; 9.22 3.07 102.4 0.0 −15.36 25.6 0.0; −400.0 0.00.0 428.44 0.0 0.0 42.67; 0.0 −6.14 −15.36 0.0 672.81 −15.36 0.0; 0.0 15.36 25.6 0.0 −15.36 51.2 0.0; 0.00.0 0.0 42.67 0.0 0.0 85.33］

M＝［265.35 −7.13 61.28 65.0 0.0 0.0 0.0; −7.13 284.37 20.43 0.0 50.14 −60.36 0.0; 61.28 20.43 185.72 0.0 60.36 −69.64 0.0; 65.0 0.0 0.0 216.9 0.00.0 36.77; 0.0 50.14 60.36 0.0 222.86 −102.14 0.0; 0.0 −60.36 −69.64 0.0 −102.14 92.86 0.0; 0.00.0 0.0 36.77 0.0 0.0 20.06］

［MODE, FREQ _ 2］＝eig（K, M）

FREQ＝FREQ _ 2^0.5

单击 Save 按钮，保存后再单击 Run，即可在 matlab 命令窗口 Command Window 中看到求解结果。其中，FREQ 的主对角线元素即为第一，第二，……，第七阶自振频率，MODE 中的每一列向量即为对应的第一，第二，……，第七阶主振型，可以编程或手算将其归一化。

需要指出的是，matlab 也可用于程序编制，但因其属于解释型语言，所以对于大型问题而言，执行效率远不如 Fortran 等编译型语言。

附录 C 平面问题较精密单元的静力求解程序

平面问题静力求解程序

（六结点三角形单元）

（Compaq Visual Fortran 6.5 等编程环境，CVF）

```fortran
! 使用 imsl 函数库
use numerical_libraries

implicit none

! 定义变量及数组
integer::i,j,k,node_number,element_number,property,support_number,load_number,node_i,node_j
integer::node_m,node_1,node_2,node_3,problem_type
real::xi,yi,xj,yj,xm,ym,la,lb,lc,s,a,e,t,u,coef,bbi,bbj,bbm,cci,ccj,ccm,li,lj,lm
integer,dimension(:,:),allocatable::element
real,dimension(:,:),allocatable::node,element_property,force,stiff_global,total_stiff,c,support
real,dimension(:),allocatable::node_force,node_displacement,disp,element_stress

! 定义输入输出文件
!!!!!!!!!!!!!!!!!!!!!!!!!!!!!!!!!!!!!!!!!!!!!!!!!!!!!!!!!!!!!!!!!!!!!!!!!!!!!!!!!!!!
! 定义总体信息、结点坐标、单元、单元材性、支座约束、结点力输入文件,定义结点位移、单元应力输出文件
open(5,file="input.txt")
open(11,file="output.txt")

! 读入总体信息[平面问题类别(平面应力问题为1,平面应变问题为2)、结点数、单元数、
! 各单元材性是否相同(相同为1,不相同为0)、支座结点数、有结点力作用的结点数]
read(5,*)problem_type,node_number,element_number,property,support_number,load_number

! 分配结点坐标、单元、单元材性、支座约束、结点力数组
allocate(node(node_number,2),element(element_number,6),element_property(element_number,3))
allocate(support(support_number,5),force(load_number,3),element_stress(3))
allocate(stiff_global(12,12),total_stiff(node_number*2,node_number*2),c(3,12))
allocate(node_force(node_number*2),node_displacement(node_number*2),disp(12))

! 结点坐标(依次读入每个结点的x和y坐标)
do i=1,node_number
```

```
    read(5,* )(node(i,j),j=1,2)
  enddo


! 单元定义(依次读入每个单元的 i、3、j、1、m、2 结点)
do i=1,element_number
  read(5,* )(element(i,j),j=1,6)
enddo


! 单元材性(依次读入每个单元的弹性模量、单元厚度、泊松比,各单元材性相同时只需输
! 一次,不同时则需依次输入每个单元的材性)
if(property==1) then
  read(5,* )e,t,u
  do i=1,element_number
    element_property(i,1)=e;element_property(i,2)=t;element_property(i,3)=u
  enddo
else
  do i=1,element_number
    read(5,* )(element_property(i,j),j=1,3)
  enddo
endif


! 支座约束(读入每个支座 x、y 方向的约束情况,0 表示没有约束,1 表示有约束,2 表示弹
! 性约束,后 2 个数为相应方向支座位移或弹性约束刚度系数)
do i=1,support_number
  read(5,* )(support(i,j),j=1,5)
enddo


! 结点力(依次读入有结点力作用结点的结点号和 x、y 方向的集中力,并形成结点力向量,
! 支座结点未知反力以 0 表示,但若为弹性支座则需输入该方向作用的外荷载)
do i=1,node_number
  node_force((i-1)* 2+1)=0.0
  node_force((i-1)* 2+2)=0.0
enddo
if(load_number==0) then
else
  do i=1,load_number
    read(5,* )(force(i,j),j=1,3)
    node_force((int(force(i,1))-1)* 2+1)=force(i,2)
    node_force((int(force(i,1))-1)* 2+2)=force(i,3)
  enddo
endif


close(5)


! 计算单元刚度矩阵并对号入座形成总刚
!!!!!!!!!!!!!!!!!!!!!!!!!!!!!!!!!!!!!!!!!!!!!!!!!!!!!!!!!!!!!!!!!!!!!!!!!!!!!!!!!!!!!
```

```
do i=1,node_number* 2
  do j=1,node_number* 2
    total_stiff(i,j)=0.0
  enddo
enddo
do i-1,element_number
  ! 计算单元面积
  node_i=element(i,1);node_j=element(i,3);node_m=element(i,5)
  node_1=element(i,4);node_2=element(i,6);node_3=element(i,2)
  xi=node(node_i,1)
  yi=node(node_i,2)
  xj=node(node_j,1)
  yj=node(node_j,2)
  xm=node(node_m,1)
  ym=node(node_m,2)
  la=sqrt((xi-xj)* * 2.0+(yi-yj)* * 2.0)
  lb=sqrt((xj-xm)* * 2.0+(yj-ym)* * 2.0)
  lc=sqrt((xi-xm)* * 2.0+(yi-ym)* * 2.0)
  s=(la+lb+lc)/2.0
  a=sqrt(s* (s-la)* (s-lb)* (s-lc))
  ! 计算单元刚度矩阵
  e=element_property(i,1)
  t=element_property(i,2)
  u=element_property(i,3)
  if(problem_type==2) then
    e=e/(1.0-u* * 2.0);u=u/(1.0-u)
  endif
  coef=e* t/24.0/(1-u* * 2.0)/a
  bbi=yj-ym;bbj=ym-yi;bbm=yi-yj
  cci=xm-xj;ccj=xi-xm;ccm=xj-xi
  call element_stiff(coef,u,bbi,bbj,bbm,cci,ccj,ccm,stiff_global)
  ! 对号入座放入总刚
  do j=1,2
    do k=1,2
      total_stiff((node_i-1)* 2+j,(node_i-1)* 2+k)=total_stiff((node_i-1)* 2+j,(node_i-&
      1)* 2+k)+stiff_global(j,k)
      total_stiff((node_i-1)* 2+j,(node_j-1)* 2+k)=total_stiff((node_i-1)* 2+j,(node_j-&
      1)* 2+k)+stiff_global(j,2+k)
      total_stiff((node_i-1)* 2+j,(node_m-1)* 2+k)=total_stiff((node_i-1)* 2+j,(node_m-&
      1)* 2+k)+stiff_global(j,4+k)
      total_stiff((node_i-1)* 2+j,(node_1-1)* 2+k)=total_stiff((node_i-1)* 2+j,(node_1-&
      1)* 2+k)+stiff_global(j,6+k)
      total_stiff((node_i-1)* 2+j,(node_2-1)* 2+k)=total_stiff((node_i-1)* 2+j,(node_2-&
      1)* 2+k)+stiff_global(j,8+k)
      total_stiff((node_i-1)* 2+j,(node_3-1)* 2+k)=total_stiff((node_i-1)* 2+j,(node_3-&
      1)* 2+k)+stiff_global(j,10+k)
```

```
total_stiff((node_j-1)* 2+j,(node_i-1)* 2+k)=total_stiff((node_j-1)* 2+j,(node_i-&
1)* 2+k)+stiff_global(2+j,k)
total_stiff((node_j-1)* 2+j,(node_j-1)* 2+k)=total_stiff((node_j-1)* 2+j,(node_j-&
1)* 2+k)+stiff_global(2+j,2+k)
total_stiff((node_j-1)* 2+j,(node_m-1)* 2+k)=total_stiff((node_j-1)* 2+j,(node_m-&
1)* 2+k)+stiff_global(2+j,4+k)
total_stiff((node_j-1)* 2+j,(node_1-1)* 2+k)=total_stiff((node_j-1)* 2+j,(node_1-&
1)* 2+k)+stiff_global(2+j,6+k)
total_stiff((node_j-1)* 2+j,(node_2-1)* 2+k)=total_stiff((node_j-1)* 2+j,(node_2-&
1)* 2+k)+stiff_global(2+j,8+k)
total_stiff((node_j-1)* 2+j,(node_3-1)* 2+k)=total_stiff((node_j-1)* 2+j,(node_3-&
1)* 2+k)+stiff_global(2+j,10+k)
total_stiff((node_m-1)* 2+j,(node_i-1)* 2+k)=total_stiff((node_m-1)* 2+j,(node_i-&
1)* 2+k)+stiff_global(4+j,k)
total_stiff((node_m-1)* 2+j,(node_j-1)* 2+k)=total_stiff((node_m-1)* 2+j,(node_j-&
1)* 2+k)+stiff_global(4+j,2+k)
total_stiff((node_m-1)* 2+j,(node_m-1)* 2+k)=total_stiff((node_m-1)* 2+j,(node_m-&
1)* 2+k)+stiff_global(4+j,4+k)
total_stiff((node_m-1)* 2+j,(node_1-1)* 2+k)=total_stiff((node_m-1)* 2+j,(node_1-&
1)* 2+k)+stiff_global(4+j,6+k)
total_stiff((node_m-1)* 2+j,(node_2-1)* 2+k)=total_stiff((node_m-1)* 2+j,(node_2-&
1)* 2+k)+stiff_global(4+j,8+k)
total_stiff((node_m-1)* 2+j,(node_3-1)* 2+k)=total_stiff((node_m-1)* 2+j,(node_3-&
1)* 2+k)+stiff_global(4+j,10+k)
total_stiff((node_1-1)* 2+j,(node_i-1)* 2+k)=total_stiff((node_1-1)* 2+j,(node_i-&
1)* 2+k)+stiff_global(6+j,k)
total_stiff((node_1-1)* 2+j,(node_j-1)* 2+k)=total_stiff((node_1-1)* 2+j,(node_j-&
1)* 2+k)+stiff_global(6+j,2+k)
total_stiff((node_1-1)* 2+j,(node_m-1)* 2+k)=total_stiff((node_1-1)* 2+j,(node_m-&
1)* 2+k)+stiff_global(6+j,4+k)
total_stiff((node_1-1)* 2+j,(node_1-1)* 2+k)=total_stiff((node_1-1)* 2+j,(node_1-&
1)* 2+k)+stiff_global(6+j,6+k)
total_stiff((node_1-1)* 2+j,(node_2-1)* 2+k)=total_stiff((node_1-1)* 2+j,(node_2-&
1)* 2+k)+stiff_global(6+j,8+k)
total_stiff((node_1-1)* 2+j,(node_3-1)* 2+k)=total_stiff((node_1-1)* 2+j,(node_3-&
1)* 2+k)+stiff_global(6+j,10+k)
total_stiff((node_2-1)* 2+j,(node_i-1)* 2+k)=total_stiff((node_2-1)* 2+j,(node_i-&
1)* 2+k)+stiff_global(8+j,k)
total_stiff((node_2-1)* 2+j,(node_j-1)* 2+k)=total_stiff((node_2-1)* 2+j,(node_j-&
1)* 2+k)+stiff_global(8+j,2+k)
total_stiff((node_2-1)* 2+j,(node_m-1)* 2+k)=total_stiff((node_2-1)* 2+j,(node_m-&
1)* 2+k)+stiff_global(8+j,4+k)
total_stiff((node_2-1)* 2+j,(node_1-1)* 2+k)=total_stiff((node_2-1)* 2+j,(node_1-&
1)* 2+k)+stiff_global(8+j,6+k)
total_stiff((node_2-1)* 2+j,(node_2-1)* 2+k)=total_stiff((node_2-1)* 2+j,(node_2-&
1)* 2+k)+stiff_global(8+j,8+k)
```

```
    total_stiff((node_2-1)* 2+j,(node_3-1)* 2+k)=total_stiff((node_2-1)* 2+j,(node_3-&
    1)* 2+k)+stiff_global(0+j,10+k)
    total_stiff((node_3-1)* 2+j,(node_i-1)* 2+k)=total_stiff((node_3-1)* 2+j,(node_i-&
    1)* 2+k)+stiff_global(10+j,k)
    total_stiff((node_3-1)* 2+j,(node_j-1)* 2+k)=total_stiff((node_3-1)* 2+j,(node_j-&
    1)* 2+k)+stiff_global(10+j,2+k)
    total_stiff((node_3-1)* 2+j,(node_m-1)* 2+k)=total_stiff((node_3-1)* 2+j,(node_m-&
    1)* 2+k)+stiff_global(10+j,4+k)
    total_stiff((node_3-1)* 2+j,(node_1-1)* 2+k)=total_stiff((node_3-1)* 2+j,(node_1-&
    1)* 2+k)+stiff_global(10+j,6+k)
    total_stiff((node_3-1)* 2+j,(node_2-1)* 2+k)=total_stiff((node_3-1)* 2+j,(node_2-&
    1)* 2+k)+stiff_global(10+j,8+k)
    total_stiff((node_3-1)* 2+j,(node_3-1)* 2+k)=total_stiff((node_3-1)* 2+j,(node_3-&
    1)* 2+k)+stiff_global(10+j,10+k)
      enddo
    enddo
enddo


! 对总刚采用置大数法处理支座约束条件
!!!!!!!!!!!!!!!!!!!!!!!!!!!!!!!!!!!!!!!!!!!!!!!!!!!!!!!!!!!!!!!!!!!!!!!!!!!!!!!!!!!!!!!!
do i=1,support_number
  do j=1,2
    if(int(support(i,j+1))==1) then
      total_stiff((int(support(i,1))-1)* 2+j,(int(support(i,1))-1)* 2+j)=1.0e20
      node_force((int(support(i,1))-1)* 2+j)=1.0e20* support(i,j+3)
    elseif(int(support(i,j+1))==2) then
      total_stiff((int(support(i,1))-1)* 2+j,(int(support(i,1))-1)* 2+j)=total_stiff&
      ((int(support(i,1))-1)* 2+j,(int(support(i,1))-1)* 2+j)+support(i,j+3)
    else
    endif
  enddo
enddo


! 求解结点位移
!!!!!!!!!!!!!!!!!!!!!!!!!!!!!!!!!!!!!!!!!!!!!!!!!!!!!!!!!!!!!!!!!!!!!!!!!!!!!!!!!!!!!!!!
CALL LSARG (node_number* 2, total_stiff, node_number* 2, node_force, 1, node_displacement)
! 输出结点位移
write(11,* )'# # # # # # # # # #   node displacement   # # # # # # # # # # #'
write(11,* )'node      u          v'
do i=1,node_number
  write(11,'(i3,e13.4,e13.4)')i,node_displacement((i-1)* 2+1),node_displacement((i-1)* 2+2)
enddo


! 求解和输出单元应力
!!!!!!!!!!!!!!!!!!!!!!!!!!!!!!!!!!!!!!!!!!!!!!!!!!!!!!!!!!!!!!!!!!!!!!!!!!!!!!!!!!!!!!!!
write(11,* )
```

```
write(11,* )'# # # # # # # # # #   element stress  # # # # # # # # # # # # # #'
do i=1,element_number
  write(11,'(a9,i5)')'element:',i
  ! 获得整体坐标系下的结点位移
  node_i=element(i,1);node_j=element(i,3);node_m=element(i,5)
  node_1=element(i,4);node_2=element(i,6);node_3=element(i,2)
  do j=1,2
    disp(j)=node_displacement((node_i-1)* 2+j)
    disp(2+j)=node_displacement((node_j-1)* 2+j)
    disp(4+j)=node_displacement((node_m-1)* 2+j)
    disp(6+j)=node_displacement((node_1-1)* 2+j)
    disp(8+j)=node_displacement((node_2-1)* 2+j)
    disp(10+j)=node_displacement((node_3-1)* 2+j)
  enddo
  ! 计算单元面积
  xi=node(node_i,1)
  yi=node(node_i,2)
  xj=node(node_j,1)
  yj=node(node_j,2)
  xm=node(node_m,1)
  ym=node(node_m,2)
  la=sqrt((xi-xj)* * 2.0+(yi-yj)* * 2.0)
  lb=sqrt((xj-xm)* * 2.0+(yj-ym)* * 2.0)
  lc=sqrt((xi-xm)* * 2.0+(yi-ym)* * 2.0)
  s= (la+lb+lc)/2.0
  a=sqrt(s* (s-la)* (s-lb)* (s-lc))
  e=element_property(i,1)
  t=element_property(i,2)
  u=element_property(i,3)
  if(problem_type==2) then
    e=e/(1.0-u* * 2.0);u=u/(1.0-u)
  endif
  bbi=yj-ym;bbj=ym-yi;bbm=yi-yj
  cci=xm-xj;ccj=xi-xm;ccm=xj-xi
  write(11,* )'node     Sigma_x     Sigma_y     Gamma_xy'
  ! 逐个结点计算并输出单元应力
  li=1.0;lj=0.0;lm=0.0
  call element_stress_matrix(e,u,a,bbi,bbj,bbm,cci,ccj,ccm,li,lj,lm,c)
  do j=1,3
    element_stress(j)=0.0
  enddo
  do j=1,3
    do k=1,12
      element_stress(j)=element_stress(j)+disp(k)* c(j,k)
    enddo
  enddo
```

```
write(11,'(i5,e15.4,e13.4,e13.4)')node_i,element_stress(1),element_stress(2),element_stress(3)
li=0.5;lj=0.5;lm=0.0
call element_stress_matrix(e,u,a,bbi,bbj,bbm,cci,ccj,ccm,li,lj,lm,c)
do j=1,3
  element_stress(j)=0.0
enddo
do j=1,3
  do k=1,12
    element_stress(j)=element_stress(j)+disp(k)*c(j,k)
  enddo
enddo
write(11,'(i5,e15.4,e13.4,e13.4)')node_3,element_stress(1),element_stress(2),element_stress(3)
li=0.0;lj=1.0;lm=0.0
call element_stress_matrix(e,u,a,bbi,bbj,bbm,cci,ccj,ccm,li,lj,lm,c)
do j=1,3
  element_stress(j)=0.0
enddo
do j=1,3
  do k=1,12
    element_stress(j)=element_stress(j)+disp(k)*c(j,k)
  enddo
enddo
write(11,'(i5,e15.4,e13.4,e13.4)')node_j,element_stress(1),element_stress(2),element_stress(3)
li=0.0;lj=0.5;lm=0.5
call element_stress_matrix(e,u,a,bbi,bbj,bbm,cci,ccj,ccm,li,lj,lm,c)
do j=1,3
  element_stress(j)=0.0
enddo
do j=1,3
  do k=1,12
    element_stress(j)=element_stress(j)+disp(k)*c(j,k)
  enddo
enddo
write(11,'(i5,e15.4,e13.4,e13.4)')node_1,element_stress(1),element_stress(2),element_stress(3)
li=0.0;lj=0.0;lm=1.0
call element_stress_matrix(e,u,a,bbi,bbj,bbm,cci,ccj,ccm,li,lj,lm,c)
do j=1,3
  element_stress(j)=0.0
enddo
do j=1,3
  do k=1,12
    element_stress(j)=element_stress(j)+disp(k)*c(j,k)
  enddo
enddo
write(11,'(i5,e15.4,e13.4,e13.4)')node_m,element_stress(1),element_stress(2),element_stress(3)
```

```
li=0.5;lj=0.0;lm=0.5
call element_stress_matrix(e,u,a,bbi,bbj,bbm,cci,ccj,ccm,li,lj,lm,c)
do j=1,3
  element_stress(j)=0.0
enddo
do j=1,3
  do k=1,12
    element_stress(j)=element_stress(j)+disp(k)* c(j,k)
  enddo
enddo
write(11,'(i5,e15.4,e13.4,e13.4)')node_2,element_stress(1),element_stress(2),element_stress(3)
enddo

end
```

! 计算六结点三角形单元刚度矩阵的子程序

```
subroutine element_stiff(coef,u,bbi,bbj,bbm,cci,ccj,ccm,stiff_global)
  integer::j,k
  real::coef,u,bbi,bbj,bbm,cci,ccj,ccm
  real,dimension(12,12)::stiff_global
  stiff_global(1,1)=coef* (6.0* bbi* * 2.0+3.0* (1.0-u)* cci* * 2.0)
  stiff_global(1,2)=coef* (3.0* (1.0+u)* bbi* cci)
  stiff_global(1,3)=coef* ((-2.0)* bbi* bbj-(1.0-u)* cci* ccj)
  stiff_global(1,4)=coef* ((-2.0)* u* bbi* ccj-(1.0-u)* cci* bbj)
  stiff_global(1,5)=coef* ((-2.0)* bbi* bbm-(1.0-u)* cci* ccm)
  stiff_global(1,6)=coef* ((-2.0)* u* bbi* ccm-(1.0-u)* cci* bbm)
  stiff_global(1,7)=0.0
  stiff_global(1,8)=0.0
  stiff_global(1,9)=coef* (-4.0)* ((-2.0)* bbi* bbm-(1.0-u)* cci* ccm)
  stiff_global(1,10)=coef* (-4.0)* ((-2.0)* u* bbi* ccm-(1.0-u)* cci* bbm)
  stiff_global(1,11)=coef* (-4.0)* ((-2.0)* bbi* bbj-(1.0-u)* cci* ccj)
  stiff_global(1,12)=coef* (-4.0)* ((-2.0)* u* bbi* ccj-(1.0-u)* cci* bbj)
  stiff_global(2,2)=coef* (6.0* cci* * 2.0+3.0* (1.0-u)* bbi* * 2.0)
  stiff_global(2,3)=coef* ((-2.0)* u* cci* bbj-(1.0-u)* bbi* ccj)
  stiff_global(2,4)=coef* ((-2.0)* cci* ccj-(1.0-u)* bbi* bbj)
  stiff_global(2,5)=coef* ((-2.0)* u* cci* bbm-(1.0-u)* bbi* ccm)
  stiff_global(2,6)=coef* ((-2.0)* cci* ccm-(1.0-u)* bbi* bbm)
  stiff_global(2,7)=0.0
  stiff_global(2,8)=0.0
  stiff_global(2,9)=coef* (-4.0)* ((-2.0)* u* cci* bbm-(1.0-u)* bbi* ccm)
  stiff_global(2,10)=coef* (-4.0)* ((-2.0)* cci* ccm-(1.0-u)* bbi* bbm)
  stiff_global(2,11)=coef* (-4.0)* ((-2.0)* u* cci* bbj-(1.0-u)* bbi* ccj)
  stiff_global(2,12)=coef* (-4.0)* ((-2.0)* cci* ccj-(1.0-u)* bbi* bbj)
  stiff_global(3,3)=coef* (6.0* bbj* * 2.0+3.0* (1.0-u)* ccj* * 2.0)
  stiff_global(3,4)=coef* (3.0* (1.0+u)* bbj* ccj)
  stiff_global(3,5)=coef* ((-2.0)* bbj* bbm-(1.0-u)* ccj* ccm)
```

```
stiff_global(3,6)=coef* ((-2.0)* u* bbj* ccm-(1.0-u)* ccj* bbm)
stiff_global(3,7)=coef* (-4.0)* ((-2.0)* bbj* bbm-(1.0-u)* ccj* ccm)
stiff_global(3,8)=coef* (-4.0)* ((-2.0)* u* bbj* ccm-(1.0-u)* ccj* bbm)
stiff_global(3,9)=0.0
stiff_global(3,10)=0.0
stiff_global(3,11)=coef* (-4.0)* ((-2.0)* bbj* bbi-(1.0-u)* ccj* cci)
stiff_global(3,12)=coef* (-4.0)* ((-2.0)* u* bbj* cci-(1.0-u)* ccj* bbi)
stiff_global(4,4)=coef* (6.0* ccj* * 2.0+3.0* (1.0-u)* bbj* * 2.0)
stiff_global(4,5)=coef* ((-2.0)* u* ccj* bbm-(1.0-u)* bbj* ccm)
stiff_global(4,6)=coef* ((-2.0)* ccj* ccm-(1.0-u)* bbj* bbm)
stiff_global(4,7)=coef* (-4.0)* ((-2.0)* u* ccj* bbm-(1.0-u)* bbj* ccm)
stiff_global(4,8)=coef* (-4.0)* ((-2.0)* ccj* ccm-(1.0-u)* bbj* bbm)
stiff_global(4,9)=0.0
stiff_global(4,10)=0.0
stiff_global(4,11)=coef* (-4.0)* ((-2.0)* u* ccj* bbi-(1.0-u)* bbj* cci)
stiff_global(4,12)=coef* (-4.0)* ((-2.0)* ccj* cci-(1.0-u)* bbj* bbi)
stiff_global(5,5)=coef* (6.0* bbm* * 2.0+3.0* (1.0-u)* ccm* * 2.0)
stiff_global(5,6)=coef* (3.0* (1.0+u)* bbm* ccm)
stiff_global(5,7)=coef* (-4.0)* ((-2.0)* bbm* bbj-(1.0-u)* ccm* ccj)
stiff_global(5,8)=coef* (-4.0)* ((-2.0)* u* bbm* ccj-(1.0-u)* ccm* bbj)
stiff_global(5,9)=coef* (-4.0)* ((-2.0)* bbm* bbi-(1.0-u)* ccm* cci)
stiff_global(5,10)=coef* (-4.0)* ((-2.0)* u* bbm* cci-(1.0-u)* ccm* bbi)
stiff_global(5,11)=0.0
stiff_global(5,12)=0.0
stiff_global(6,6)=coef* (6.0* ccm* * 2.0+3.0* (1.0-u)* bbm* * 2.0)
stiff_global(6,7)=coef* (-4.0)* ((-2.0)* u* ccm* bbj-(1.0-u)* bbm* ccj)
stiff_global(6,8)=coef* (-4.0)* ((-2.0)* ccm* ccj-(1.0-u)* bbm* bbj)
stiff_global(6,9)=coef* (-4.0)* ((-2.0)* u* ccm* bbi-(1.0-u)* bbm* cci)
stiff_global(6,10)=coef* (-4.0)* ((-2.0)* ccm* cci-(1.0-u)* bbm* bbi)
stiff_global(6,11)=0.0
stiff_global(6,12)=0.0
stiff_global(7,7)=coef* (16.0* (bbi* * 2.0-bbj* bbm)+8.0* (1.0-u)* (cci* * 2.0-ccj* ccm))
stiff_global(7,8)=coef* (4.0* (1.0+u)* (bbi* cci+bbj* ccj+bbm* ccm))
stiff_global(7,9)=coef* (16.0* bbi* bbj+8.0* (1.0-u)* cci* ccj)
stiff_global(7,10)=coef* (4.0* (1.0+u)* (cci* bbj+bbi* ccj))
stiff_global(7,11)=coef* (16.0* bbi* bbm+8.0* (1.0-u)* cci* ccm)
stiff_global(7,12)=coef* (4.0* (1.0+u)* (cci* bbm+bbi* ccm))
stiff_global(8,8)=coef* (16.0* (cci* * 2.0-ccj* ccm)+8.0* (1.0-u)* (bbi* * 2.0-bbj* bbm))
stiff_global(8,9)=coef* (4.0* (1.0+u)* (cci* bbj+bbi* ccj))
stiff_global(8,10)=coef* (16.0* cci* ccj+8.0* (1.0-u)* bbi* bbj)
stiff_global(8,11)=coef* (4.0* (1.0+u)* (cci* bbm+bbi* ccm))
stiff_global(8,12)=coef* (16.0* cci* ccm+8.0* (1.0-u)* bbi* bbm)
stiff_global(9,9)=coef* (16.0* (bbj* * 2.0-bbm* bbi)+8.0* (1.0-u)* (ccj* * 2.0-ccm* cci))
stiff_global(9,10)=coef* (4.0* (1.0+u)* (bbi* cci+bbj* ccj+bbm* ccm))
stiff_global(9,11)=coef* (16.0* bbj* bbm+8.0* (1.0-u)* ccj* ccm)
stiff_global(9,12)=coef* (4.0* (1.0+u)* (ccj* bbm+bbj* ccm))
```

177

```
stiff_global(10,10)=coef* (16.0* (ccj* * 2.0-ccm* cci)+8.0* (1.0-u)* (bbj* * 2.0-bbm* bbi))
stiff_global(10,11)=coef* (4.0* (1.0+u)* (ccj* bbm+bbj* ccm))
stiff_global(10,12)=coef* (16.0* ccj* ccm+8.0* (1.0-u)* bbj* bbm)
stiff_global(11,11)=coef* (16.0* (bbm* * 2.0-bbi* bbj)+8.0* (1.0-u)* (ccm* * 2.0-cci* ccj))
stiff_global(11,12)=coef* (4.0* (1.0+u)* (bbi* cci+bbj* ccj+bbm* ccm))
stiff_global(12,12)=coef* (16.0* (ccm* * 2.0-cci* ccj)+8.0* (1.0-u)* (bbm* * 2.0-bbi* bbj))
! 下三角对称
do j=2,12
  do k=1,j-1
    stiff_global(j,k)=stiff_global(k,j)
  enddo
enddo
end
```

```
! 计算六结点三角形单元应力矩阵的子程序
subroutine element_stress_matrix(e,u,a,bbi,bbj,bbm,cci,ccj,ccm,li,lj,lm,c)
  real::e,u,a,bbi,bbj,bbm,cci,ccj,ccm,li,lj,lm,coef
  real,dimension(3,12)::c
  coef=e/4.0/(1.0-u* * 2.0)/a* (4.0* li-1.0)
  c(1,1)=coef* 2.0* bbi;c(1,2)=coef* 2.0* u* cci;c(2,1)=coef* 2.0* u* bbi;c(2,2)=&
  coef* 2.0* cci;c(3,1)=coef* (1.0-u)* cci;c(3,2)=coef* (1.0-u)* bbi
  coef=e/4.0/(1.0-u* * 2.0)/a* (4.0* lj-1.0)
  c(1,3)=coef* 2.0* bbj;c(1,4)=coef* 2.0* u* ccj;c(2,3)=coef* 2.0* u* bbj;c(2,4)=&
  coef* 2.0* ccj;c(3,3)=coef* (1.0-u)* ccj;c(3,4)=coef* (1.0-u)* bbj
  coef=e/4.0/(1.0-u* * 2.0)/a* (4.0* lm-1.0)
  c(1,5)=coef* 2.0* bbm;c(1,6)=coef* 2.0* u* ccm;c(2,5)=coef* 2.0* u* bbm;c(2,6)=&
  coef* 2.0* ccm;c(3,5)=coef* (1.0-u)* ccm;c(3,6)=coef* (1.0-u)* bbm
  coef=e/4.0/(1.0-u* * 2.0)/a
  c(1,7)=coef* 8.0* (bbj* lm+lj* bbm);c(1,8)=coef* 8.0* u* (ccj* lm+lj* ccm);c(1,9)=&
  coef* 8.0* (bbm* li+lm* bbi);c(1,10)=coef* 8.0* u* (ccm* li+lm* cci);c(1,11)=&
  coef* 8.0* (bbi* lj+li* bbj);c(1,12)=coef* 8.0* u* (cci* lj+li* ccj)
  c(2,7)=coef* 8.0* u* (bbj* lm+lj* bbm);c(2,8)=coef* 8.0* (ccj* lm+lj* ccm);c(2,9)=&
  coef* 8.0* u* (bbm* li+lm* bbi);c(2,10)=coef* 8.0* (ccm* li+lm* cci);c(2,11)=&
  coef* 8.0* u* (bbi* lj+li* bbj);c(2,12)=coef* 8.0* (cci* lj+li* ccj)
  coef=coef* (1.0-u)
  c(3,7)=coef* 4.0* (ccj* lm+lj* ccm);c(3,8)=coef* 4.0* (bbj* lm+lj* bbm);c(3,9)=&
  coef* 4.0* (ccm* li+lm* cci);c(3,10)=coef* 4.0* (bbm* li+lm* bbi);c(3,11)=&
  coef* 4.0* (cci* lj+li* ccj);c(3,12)=coef* 4.0* (bbi* lj+li* bbj)
end
```

平面问题静力求解程序

（四结点矩形单元）

（Compaq Visual Fortran 6.5 等编程环境，CVF）

```
! 使用 imsl 函数库
use numerical_libraries
```

```
implicit none

! 定义变量及数组
integer::i,j,k,node_number,element_number,property,support_number,load_number,node_i,node_j
integer::node_m,node_p,problem_type
real::xi,yi,xj,yj,xm,ym,xp,yp,la,lb,e,t,u,coef
integer,dimension(:,:),allocatable::element
real,dimension(:,:),allocatable::node,element_property,force,stiff_global,total_stiff,c,&
support
real,dimension(:),allocatable::node_force,node_displacement,disp,element_stress

! 定义输入输出文件
!!!!!!!!!!!!!!!!!!!!!!!!!!!!!!!!!!!!!!!!!!!!!!!!!!!!!!!!!!!!!!!!!!!!!!!!!!!!!!!!!!!!!!!!!!!!
! 定义总体信息、结点坐标、单元、单元材性、支座约束、结点力输入文件,定义结点位
! 移、单元应力输出文件
open(5,file="input.txt")
open(11,file="output.txt")

! 读入总体信息[平面问题类别(平面应力问题为1,平面应变问题为2)、结点数、单元数、
! 各单元材性是否相同(相同为1,不相同为0)、支座结点数、有结点力作用的结点数]
read(5,*)problem_type,node_number,element_number,property,support_number,load_number

! 分配结点坐标、单元、单元材性、支座约束、结点力数组
allocate(node(node_number,2),element(element_number,4),element_property(element_number,3))
allocate(support(support_number,5),force(load_number,3),element_stress(3))
allocate(stiff_global(8,8),total_stiff(node_number*2,node_number*2),c(3,8))
allocate(node_force(node_number*2),node_displacement(node_number*2),disp(8))

! 结点坐标(依次读入每个结点的x和y坐标)
do i=1,node_number
  read(5,*)(node(i,j),j=1,2)
enddo

! 单元定义(依次读入每个单元的i、j、m、p结点)
do i=1,element_number
  read(5,*)(element(i,j),j=1,4)
enddo

! 单元材性(依次读入每个单元的弹性模量、单元厚度、泊松比,各单元材性相同时只需输
! 一次,不同时则需依次输入每个单元的材性)
if(property==1) then
  read(5,*)e,t,u
  do i=1,element_number
    element_property(i,1)=e;element_property(i,2)=t;element_property(i,3)=u
  enddo
else
```

```
    do i=1,element_number
      read(5,* )(element_property(i,j),j=1,3)
    enddo
  endif


! 支座约束(读入每个支座 x、y 方向的约束情况,0 表示没有约束,1 表示有约束,2 表示弹
! 性约束,后 2 个数为相应方向支座位移或弹性约束刚度系数)
do i=1,support_number
  read(5,* )(support(i,j),j=1,5)
enddo


! 结点力(依次读入有结点力作用结点的结点号和 x、y 方向的集中力,并形成结点力向量,
! 支座结点未知反力以 0 表示,但若为弹性支座则需输入该方向作用的外荷载)
do i=1,node_number
  node_force((i-1)* 2+1)=0.0
  node_force((i-1)* 2+2)=0.0
enddo
if(load_number==0) then
else
  do i=1,load_number
    read(5,* )(force(i,j),j=1,3)
    node_force((int(force(i,1))-1)* 2+1)=force(i,2)
    node_force((int(force(i,1))-1)* 2+2)=force(i,3)
  enddo
endif


close(5)


! 计算单元刚度矩阵并对号入座形成总刚
!!!!!!!!!!!!!!!!!!!!!!!!!!!!!!!!!!!!!!!!!!!!!!!!!!!!!!!!!!!!!!!!!!!!!!!!!!!!!!!!!!!!
do i=1,node_number* 2
  do j=1,node_number* 2
    total_stiff(i,j)=0.0
  enddo
enddo
do i=1,element_number
  node_i=element(i,1);node_j=element(i,2);node_m=element(i,3);node_p=element(i,4)
  la=(node(node_j,1)-node(node_i,1))/2.0
  lb=(node(node_m,2)-node(node_j,2))/2.0
  xi=(-1.0)* la;yi=(-1.0)* lb
  xj=la;yj=(-1.0)* lb
  xm=la;ym=lb
  xp=(-1.0)* la;yp=lb
  ! 计算单元刚度矩阵
  e=element_property(i,1)
  t=element_property(i,2)
```

```
u=element_property(i,3)
if(problem_type--2) then
  e=e/(1.0-u* * 2.0);u=u/(1.0-u)
endif
coef=e* t/(1-u* * 2.0)
call element_stiff(coef,u,la,lb,stiff_global)
! 对号入座放入总刚
do j=1,2
  do k=1,2
    total_stiff((node_i-1)* 2+j,(node_i-1)* 2+k)=total_stiff((node_i-1)* 2+j,(node_i-&
    1)* 2+k)+stiff_global(j,k)
    total_stiff((node_i-1)* 2+j,(node_j-1)* 2+k)=total_stiff((node_i-1)* 2+j,(node_j-&
    1)* 2+k)+stiff_global(j,2+k)
    total_stiff((node_i-1)* 2+j,(node_m-1)* 2+k)=total_stiff((node_i-1)* 2+j,(node_m-&
    1)* 2+k)+stiff_global(j,4+k)
    total_stiff((node_i-1)* 2+j,(node_p-1)* 2+k)=total_stiff((node_i-1)* 2+j,(node_p-&
    1)* 2+k)+stiff_global(j,6+k)
    total_stiff((node_j-1)* 2+j,(node_i-1)* 2+k)=total_stiff((node_j-1)* 2+j,(node_i-&
    1)* 2+k)+stiff_global(2+j,k)
    total_stiff((node_j-1)* 2+j,(node_j-1)* 2+k)=total_stiff((node_j-1)* 2+j,(node_j-&
    1)* 2+k)+stiff_global(2+j,2+k)
    total_stiff((node_j-1)* 2+j,(node_m-1)* 2+k)=total_stiff((node_j-1)* 2+j,(node_m-&
    1)* 2+k)+stiff_global(2+j,4+k)
    total_stiff((node_j-1)* 2+j,(node_p-1)* 2+k)=total_stiff((node_j-1)* 2+j,(node_p-&
    1)* 2+k)+stiff_global(2+j,6+k)
    total_stiff((node_m-1)* 2+j,(node_i-1)* 2+k)=total_stiff((node_m-1)* 2+j,(node_i-&
    1)* 2+k)+stiff_global(4+j,k)
    total_stiff((node_m-1)* 2+j,(node_j-1)* 2+k)=total_stiff((node_m-1)* 2+j,(node_j-&
    1)* 2+k)+stiff_global(4+j,2+k)
    total_stiff((node_m-1)* 2+j,(node_m-1)* 2+k)=total_stiff((node_m-1)* 2+j,(node_m-&
    1)* 2+k)+stiff_global(4+j,4+k)
    total_stiff((node_m-1)* 2+j,(node_p-1)* 2+k)=total_stiff((node_m-1)* 2+j,(node_p-&
    1)* 2+k)+stiff_global(4+j,6+k)
    total_stiff((node_p-1)* 2+j,(node_i-1)* 2+k)=total_stiff((node_p-1)* 2+j,(node_i-&
    1)* 2+k)+stiff_global(6+j,k)
    total_stiff((node_p-1)* 2+j,(node_j-1)* 2+k)=total_stiff((node_p-1)* 2+j,(node_j-&
    1)* 2+k)+stiff_global(6+j,2+k)
    total_stiff((node_p-1)* 2+j,(node_m-1)* 2+k)=total_stiff((node_p-1)* 2+j,(node_m-&
    1)* 2+k)+stiff_global(6+j,4+k)
    total_stiff((node_p-1)* 2+j,(node_p-1)* 2+k)=total_stiff((node_p-1)* 2+j,(node_p-&
    1)* 2+k)+stiff_global(6+j,6+k)
  enddo
  enddo
enddo

! 对总刚采用置大数法处理支座约束条件
```

```
!!!!!!!!!!!!!!!!!!!!!!!!!!!!!!!!!!!!!!!!!!!!!!!!!!!!!!!!!!!!!!!!!!!!!!!!!!!!!!!!!!
do i=1,support_number
  do j=1,2
    if(int(support(i,j+1))==1) then
      total_stiff((int(support(i,1))-1)*2+j,(int(support(i,1))-1)*2+j)=1.0e20
      node_force((int(support(i,1))-1)*2+j)=1.0e20*support(i,j+3)
    elseif(int(support(i,j+1))==2) then
      total_stiff((int(support(i,1))-1)*2+j,(int(support(i,1))-1)*2+j)=&
      total_stiff((int(support(i,1))-1)*2+j,(int(support(i,1))-1)*2+j)+support(i,j+3)
    else
    endif
  enddo
enddo


! 求解结点位移
!!!!!!!!!!!!!!!!!!!!!!!!!!!!!!!!!!!!!!!!!!!!!!!!!!!!!!!!!!!!!!!!!!!!!!!!!!!!!!!!!!
CALL LSARG (node_number*2, total_stiff, node_number*2, node_force, 1, node_displacement)
! 输出结点位移
write(11,*)'# # # # # # # # # #   node displacement  # # # # # # # # # #'
write(11,*)'node      u          v'
do i=1,node_number
  write(11,'(i3,e13.4,e13.4)')i,node_displacement((i-1)*2+1),node_displacement((i-1)*2+2)
enddo


! 求解和输出单元应力
!!!!!!!!!!!!!!!!!!!!!!!!!!!!!!!!!!!!!!!!!!!!!!!!!!!!!!!!!!!!!!!!!!!!!!!!!!!!!!!!!!
write(11,*)
write(11,*)'# # # # # # # # # #   element stress  # # # # # # # # # # # # #'
do i=1,element_number
  write(11,'(a9,i5)')'element:',i
  ! 获得整体坐标系下的结点位移
  node_i=element(i,1);node_j=element(i,2);node_m=element(i,3);node_p=element(i,4)
  do j=1,2
    disp(j)=node_displacement((node_i-1)*2+j)
    disp(2+j)=node_displacement((node_j-1)*2+j)
    disp(4+j)=node_displacement((node_m-1)*2+j)
    disp(6+j)=node_displacement((node_p-1)*2+j)
  enddo
  la=(node(node_j,1)-node(node_i,1))/2.0
  lb=(node(node_m,2)-node(node_j,2))/2.0
  xi=(-1.0)*la;yi=(-1.0)*lb
  xj=la;yj=(-1.0)*lb
  xm=la;ym=lb
  xp=(-1.0)*la;yp=lb
  e=element_property(i,1)
  t=element_property(i,2)
```

```
u=element_property(i,3)
if(problem_type==2) then
  e=e/(1.0-u* * 2.0);u=u/(1.0-u)
endif
coef=e/4.0/la/lb/(1-u* * 2.0)
write(11,* )'node       Sigma_x       Sigma_y       Gamma_xy'
! 逐个结点计算并输出单元应力
call element_stress_matrix(coef,u,la,lb,xi,yi,c)
do j=1,3
  element_stress(j)=0.0
enddo
do j=1,3
  do k=1,8
    element_stress(j)=element_stress(j)+disp(k)* c(j,k)
  enddo
enddo
write(11,'(i5,e15.4,e13.4,e13.4)')node_i,element_stress(1),element_stress(2),&
element_stress(3)
call element_stress_matrix(coef,u,la,lb,xj,yj,c)
do j=1,3
  element_stress(j)=0.0
enddo
do j=1,3
  do k=1,8
    element_stress(j)=element_stress(j)+disp(k)* c(j,k)
  enddo
enddo
write(11,'(i5,e15.4,e13.4,e13.4)')node_j,element_stress(1),element_stress(2),&
element_stress(3)
call element_stress_matrix(coef,u,la,lb,xm,ym,c)
do j=1,3
  element_stress(j)=0.0
enddo
do j=1,3
  do k=1,8
    element_stress(j)=element_stress(j)+disp(k)* c(j,k)
  enddo
enddo
write(11,'(i5,e15.4,e13.4,e13.4)')node_m,element_stress(1),element_stress(2),&
element_stress(3)
call element_stress_matrix(coef,u,la,lb,xp,yp,c)
do j=1,3
  element_stress(j)=0.0
enddo
do j=1,3
  do k=1,8
```

183

```
            element_stress(j)=element_stress(j)+disp(k)* c(j,k)
        enddo
    enddo
    write(11,'(i5,e15.4,e13.4,e13.4)')node_p,element_stress(1),element_stress(2),&
    element_stress(3)
enddo

end
```

! 计算四结点矩形单元刚度矩阵的子程序

```
subroutine element_stiff(coef,u,la,lb,stiff_global)
    integer::j,k
    real::coef,u,la,lb,b_a,a_b
    real,dimension(8,8)::stiff_global
    b_a=lb/la;a_b=la/lb
    stiff_global(1,1)=coef* (1.0/3.0* b_a+(1.0-u)/6.0* a_b)
    stiff_global(1,2)=coef* ((1.0+u)/8.0)
    stiff_global(1,3)=coef* ((-1.0)/3.0* b_a+(1.0-u)/12.0* a_b)
    stiff_global(1,4)=coef* ((-1.0)* (1.0-3.0* u)/8.0)
    stiff_global(1,5)=coef* ((-1.0)/6.0* b_a-(1.0-u)/12.0* a_b)
    stiff_global(1,6)=coef* ((-1.0)* (1.0+u)/8.0)
    stiff_global(1,7)=coef* (1.0/6.0* b_a-(1.0-u)/6.0* a_b)
    stiff_global(1,8)=coef* ((1.0-3.0* u)/8.0)
    stiff_global(2,2)=coef* (1.0/3.0* a_b+(1.0-u)/6.0* b_a)
    stiff_global(2,3)=coef* ((1.0-3.0* u)/8.0)
    stiff_global(2,4)=coef* (1.0/6.0* a_b-(1.0-u)/6.0* b_a)
    stiff_global(2,5)=coef* ((-1.0)* (1.0+u)/8.0)
    stiff_global(2,6)=coef* ((-1.0)/6.0* a_b-(1.0-u)/12.0* b_a)
    stiff_global(2,7)=coef* ((-1.0)* (1.0-3.0* u)/8.0)
    stiff_global(2,8)=coef* ((-1.0)/3.0* a_b+(1.0-u)/12.0* b_a)
    stiff_global(3,3)=coef* (1.0/3.0* b_a+(1.0-u)/6.0* a_b)
    stiff_global(3,4)=coef* ((-1.0)* (1.0+u)/8.0)
    stiff_global(3,5)=coef* (1.0/6.0* b_a-(1.0-u)/6.0* a_b)
    stiff_global(3,6)=coef* ((-1.0)* (1.0-3.0* u)/8.0)
    stiff_global(3,7)=coef* ((-1.0)/6.0* b_a-(1.0-u)/12.0* a_b)
    stiff_global(3,8)=coef* ((1.0+u)/8.0)
    stiff_global(4,4)=coef* (1.0/3.0* a_b+(1.0-u)/6.0* b_a)
    stiff_global(4,5)=coef* ((1.0-3.0* u)/8.0)
    stiff_global(4,6)=coef* ((-1.0)/3.0* a_b+(1.0-u)/12.0* b_a)
    stiff_global(4,7)=coef* ((1.0+u)/8.0)
    stiff_global(4,8)=coef* ((-1.0)/6.0* a_b-(1.0-u)/12.0* b_a)
    stiff_global(5,5)=coef* (1.0/3.0* b_a+(1.0-u)/6.0* a_b)
    stiff_global(5,6)=coef* ((1.0+u)/8.0)
    stiff_global(5,7)=coef* ((-1.0)/3.0* b_a+(1.0-u)/12.0* a_b)
    stiff_global(5,8)=coef* ((-1.0)* (1.0-3.0* u)/8.0)
    stiff_global(6,6)=coef* (1.0/3.0* a_b+(1.0-u)/6.0* b_a)
```

184

```
stiff_global(6,7)=coef* ((1.0-3.0* u)/8.0)
stiff_global(6,8)=coef* (1.0/6.0* a_b-(1.0-u)/6.0* b_a)
stiff_global(7,7)=coef* (1.0/3.0* b_a+(1.0-u)/6.0* a_h)
stiff_global(7,8)=coef* ((-1.0)* (1.0+u)/8.0)
stiff_global(8,8)=coef* (1.0/3.0* a_b+(1.0-u)/6.0* b_a)
! 下三角对称
do j=2,8
  do k=1,j-1
    stiff_global(j,k)=stiff_global(k,j)
  enddo
enddo
end
```

! 计算四结点矩形单元应力矩阵的子程序
```
subroutine element_stress_matrix(coef,u,la,lb,xx,yy,c)
  real::coef,u,la,lb,xx,yy,bpy,bmy,apx,amx,uu
  real,dimension(3,8)::c
  bpy=lb+yy;bmy=lb-yy;apx=la+xx;amx=la-xx;uu=(1.0-u)/2.0
  c(1,1)=coef* (-1.0)* bmy;c(2,1)=coef* (-1.0)* u* bmy;c(3,1)=coef* (-1.0)* uu* amx
  c(1,2)=coef* (-1.0)* u* amx;c(2,2)=coef* (-1.0)* amx;c(3,2)=coef* (-1.0)* uu* bmy
  c(1,3)=coef* bmy;c(2,3)=coef* u* bmy;c(3,3)=coef* (-1.0)* uu* apx
  c(1,4)=coef* (-1.0)* u* apx;c(2,4)=coef* (-1.0)* apx;c(3,4)=coef* uu* bmy
  c(1,5)=coef* bpy;c(2,5)=coef* u* bpy;c(3,5)=coef* uu* apx
  c(1,6)=coef* u* apx;c(2,6)=coef* apx;c(3,6)=coef* uu* bpy
  c(1,7)=coef* (-1.0)* bpy;c(2,7)=coef* (-1.0)* u* bpy;c(3,7)=coef* uu* amx
  c(1,8)=coef* u* amx;c(2,8)=coef* amx;c(3,8)=coef* (-1.0)* uu* bpy
end
```

平面问题静力求解程序

（八结点四边形等参数单元）
（Compaq Visual Fortran 6.5等编程环境，CVF）

! 共用数据模块
```
module comdata
  integer::node_number,element_number
  real,dimension(3)::h,w
  real,dimension(8,2)::nke
  integer,dimension(:,:),allocatable::element
  real,dimension(:,:),allocatable::node
end module
```

! 使用imsl函数库和共用数据模块
```
use numerical_libraries
use comdata


implicit none
```

```
interface
  function s_mat(e,u,ele_no,ksi,eita) result(s_mat_res)
    integer::i,ele_no
    real::e,u,ksi,eita,coef,uu,n_x,n_y
    real,dimension(3,16)::s_mat_res
  end function
end interface
```

```
! 定义变量及数组
integer::i,j,k,l,m,property,support_number,load_number,load_element,problem_type,ele_no
integer::ele_edge,ele_type
real::e,t,u,ele_mag
real,dimension(:,:),allocatable::element_property,force,stiff_global,total_stiff,support
real,dimension(:),allocatable::node_force,node_displacement,disp,element_stress,element_force
```

```
! 定义输入输出文件
!!!!!!!!!!!!!!!!!!!!!!!!!!!!!!!!!!!!!!!!!!!!!!!!!!!!!!!!!!!!!!!!!!!!!!!!!!!!!!!!!!!!!!!!!!!!
! 定义总体信息、结点坐标、单元、单元材性、支座约束、结点力输入文件,定义结点
! 位移、单元应力输出文件
open(5,file="input.txt")
open(11,file="output.txt")
```

```
! 读入总体信息[平面问题类别(平面应力问题为 1,平面应变问题为 2)、结点数、单元数、
! 各单元材性是否相同(相同为 1,不相同为 0)、支座结点数、有结点力作用的结点数、有
! 均布面力作用的单元数]
read(5,* )problem_type,node_number,element_number,property,support_number,load_number, &
          load_element
```

```
! 分配结点坐标、单元、单元材性、支座约束、结点力、均布面力数组
allocate(node(node_number,2),element(element_number,8),element_property(element_number,3))
allocate(support(support_number,5),force(load_number,3),element_stress(3))
allocate(stiff_global(16,16),total_stiff(node_number* 2,node_number* 2),element_force(16))
allocate(node_force(node_number* 2),node_displacement(node_number* 2),disp(16))
```

```
! 结点坐标(依次读入每个结点的 x 和 y 坐标)
do i=1,node_number
  read(5,* )(node(i,j),j=1,2)
enddo
```

```
! 单元定义(依次读入每个单元的 1、2、3、4、5、6、7、8 结点,注意结点的位置次序)
do i=1,element_number
  read(5,* )(element(i,j),j=1,8)
enddo
```

```
! 单元材性(依次读入每个单元的弹性模量、单元厚度、泊松比,各单元材性相同时只需输
! 一次,不同时则需依次输入每个单元的材性)
```

```
if(property==1) then
  read(5,* )e,t,u
  do i=1,element_number
    element_property(i,1)=e;element_property(i,2)=t;element_property(i,3)=u
  enddo
else
  do i=1,element_number
    read(5,* )(element_property(i,j),j=1,3)
  enddo
endif
```

! 支座约束(读入每个支座x、y方向的约束情况,0表示没有约束,1表示有约束,2表示弹
! 性约束,后2个数为相应方向支座位移或弹性约束刚度系数)
```
do i=1,support_number
  read(5,* )(support(i,j),j=1,5)
enddo
```

! 结点力(依次读入有结点力作用结点的结点号和x、y方向的集中力,并形成结点力向量,
! 支座结点未知反力以0表示,但若为弹性支座则需输入该方向作用的外荷载)
```
do i=1,node_number
  node_force((i-1)* 2+1)=0.0
  node_force((i-1)* 2+2)=0.0
enddo
if(load_number==0) then
else
  do i=1,load_number
    read(5,* )(force(i,j),j=1,3)
    node_force((int(force(i,1))-1)* 2+1)=force(i,2)
    node_force((int(force(i,1))-1)* 2+2)=force(i,3)
  enddo
endif
```

! 对高斯积分点、权重因子、八个结点的ksi和eita坐标等常量赋值
```
h(1)=(-1.0)* 0.6* 0.5;h(2)=0.0;h(3)=0.6* 0.5
w(1)=5.0/9.0;w(2)=8.0/9.0;w(3)=5.0/9.0
nke(1,1)=-1.0;nke(1,2)=-1.0;nke(2,1)=1.0;nke(2,2)=-1.0;nke(3,1)=1.0;nke(3,2)=1.0
nke(4,1)=-1.0;nke(4,2)=1.0;nke(5,1)=0.0;nke(5,2)=-1.0;nke(6,1)=1.0;nke(6,2)=0.0
nke(7,1)=0.0;nke(7,2)=1.0;nke(8,1)=-1.0;nke(8,2)=0.0
```

! 均布面力(读入有面力单元的单元号、单元边号、面力类别、面力集度)
! 单元边号:1为12边,2为23边,3为34边,4为41边
! 面力类别:1为x向面力,2为y向面力,3为法向面力
! 面力集度:x向、y向面力以与整体坐标系方向一致为正;法向面力对23、34边以外法线方向为正,
! 对12、41边以内法线方向为正
```
if(load_element==0) then
else
  do i=1,load_element
```

```
      read(5,* )ele_no,ele_edge,ele_type,ele_mag
      t=element_property(ele_no,2)
      call element_load(ele_no,ele_edge,ele_type,ele_mag,t,element_force)
      do j=1,8
        node_force((element(ele_no,j)-1)* 2+1)=node_force((element(ele_no,j)-&
        1)* 2+1)+element_force((j-1)* 2+1)
        node_force((element(ele_no,j)-1)* 2+2)=node_force((element(ele_no,j)-&
        1)* 2+2)+element_force((j-1)* 2+2)
      enddo
    enddo
  endif


close(5)


! 计算单元刚度矩阵并对号入座形成总刚
!!!!!!!!!!!!!!!!!!!!!!!!!!!!!!!!!!!!!!!!!!!!!!!!!!!!!!!!!!!!!!!!!!!!!!!!!!!!!!!!!!!
do i=1,node_number* 2
  do j=1,node_number* 2
    total_stiff(i,j)=0.0
  enddo
enddo
do i=1,element_number
  ! 计算单元刚度矩阵
  e=element_property(i,1)
  t=element_property(i,2)
  u=element_property(i,3)
  if(problem_type==2) then
    e=e/(1.0-u* * 2.0);u=u/(1.0-u)
  endif
  call element_stiff(i,e,t,u,stiff_global)
  ! 对号入座放入总刚
  do j=1,8
    do k=1,8
      do l=1,2
        do m=1,2
          total_stiff((element(i,j)-1)* 2+l,(element(i,k)-1)* 2+m)=total_stiff(&
          (element(i,j)-1)* 2+l,(element(i,k)-1)* 2+m)+stiff_global((j-1)* 2+l,(k-1)* 2+m)
        enddo
      enddo
    enddo
  enddo
enddo


! 对总刚采用置大数法处理支座约束条件
!!!!!!!!!!!!!!!!!!!!!!!!!!!!!!!!!!!!!!!!!!!!!!!!!!!!!!!!!!!!!!!!!!!!!!!!!!!!!!!!!!!
do i=1,support_number
```

```
  do j=1,2
    if(int(support(i,j+1))==1) then
      total_stiff((int(support(i,1))-1)* 2+j,(int(support(i,1))-1)* 2+j)=1.0e20
      node_force((int(support(i,1))-1)* 2+j)=1.0e20* support(i,j+3)
    elseif(int(support(i,j+1))==2) then
      total_stiff((int(support(i,1))-1)* 2+j,(int(support(i,1))-1)* 2+j)=total_stiff(&
      (int(support(i,1))-1)* 2+j,(int(support(i,1))-1)* 2+j)+support(i,j+3)
    else
    endif
  enddo
enddo


! 求解结点位移
!!!!!!!!!!!!!!!!!!!!!!!!!!!!!!!!!!!!!!!!!!!!!!!!!!!!!!!!!!!!!!!!!!!!!!!!!!!!!!!!!!!!!!!!
CALL LSARG (node_number* 2, total_stiff, node_number* 2, node_force, 1, node_displacement)
! 输出结点位移
write(11,* )'# # # # # # # # # #  node displacement  # # # # # # # # # # '
write(11,* )'node        u          v'
do i=1,node_number
  write(11,'(i3,e13.4,e13.4)')i,node_displacement((i-1)* 2+1),node_displacement((i-1)* 2+2)
enddo


! 求解和输出单元应力
!!!!!!!!!!!!!!!!!!!!!!!!!!!!!!!!!!!!!!!!!!!!!!!!!!!!!!!!!!!!!!!!!!!!!!!!!!!!!!!!!!!!!!!!
write(11,* )
write(11,* )'# # # # # # # # # #  element stress  # # # # # # # # # # # # # '
do i=1,element_number
  write(11,'(a9,i5)')'element:',i
  ! 获得整体坐标系下的结点位移
  do j=1,8
    do k=1,2
      disp((j-1)* 2+k)=node_displacement((element(i,j)-1)* 2+k)
    enddo
  enddo
  e=element_property(i,1)
  t=element_property(i,2)
  u=element_property(i,3)
  if(problem_type==2) then
    e=e/(1.0-u* * 2.0);u=u/(1.0-u)
  endif
  write(11,* )'node        Sigma_x        Sigma_y        Gamma_xy'
  ! 逐个结点计算并输出单元应力
  do j=1,8
    element_stress=matmul(s_mat(e,u,i,nke(j,1),nke(j,2)),disp)
    write(11,'(i5,e15.4,e13.4,e13.4)')element(i,j),element_stress(1),element_stress(2),&
    element_stress(3)
```

```
          enddo
       enddo

       end

! 计算八结点四边形等参数单元刚度矩阵的子程序
subroutine element_stiff(ele_no,e,t,u,stiff_global)
   use comdata
   interface
     function b_mat(ele_no,ksi,eita) result(b_mat_res)
       integer::i,ele_no
       real::ksi,eita,n_x,n_y
       real,dimension(3,16)::b_mat_res
     end function
     function s_mat(e,u,ele_no,ksi,eita) result(s_mat_res)
       integer::i,ele_no
       real::e,u,ksi,eita,coef,uu,n_x,n_y
       real,dimension(3,16)::s_mat_res
     end function
   end interface
   integer::i,j,k,ele_no
   real::e,t,u,jaco,w1,w2,x_k,y_k,x_e,y_e
   real,dimension(16,16)::stiff_global,temp
   real,dimension(3,16)::b,s
   real,dimension(16,3)::b_t
   stiff_global=0.0
   do i=1,3
     do j=1,3
       jaco=x_k(ele_no,h(i),h(j))* y_e(ele_no,h(i),h(j))-x_e(ele_no,h(i),h(j))* &
       y_k(ele_no,h(i),h(j))
       b=b_mat(ele_no,h(i),h(j));b_t=transpose(b);s=s_mat(e,u,ele_no,h(i),h(j))
       w1=w(i);w2=w(j);temp=matmul(b_t,s)* jaco* t* w1* w2
       stiff_global=stiff_global+temp
     enddo
   enddo
end subroutine

! 计算单元等效结点荷载的子程序
subroutine element_load(ele_no,ele_edge,ele_type,ele_mag,t,element_force)
   use comdata
   interface
     function sf(ksi,eita) result(sf_res)
       integer::i,j
       real::ksi,eita
       real,dimension(2,16)::sf_res
     end function
```

```
end interface
integer::i,ele_no,ele_edge,ele_type
real::ele_mag,t,ksi,eita,x_k,y_k,x_e,y_e
real,dimension(16)::element_force
real,dimension(2)::f
real,dimension(2,16)::sf_res
if(ele_edge==1) then
  eita=-1.0
  if(ele_type==1) then
    f(1)=ele_mag;f(2)=0.0
    element_force=0.0
    do i=1,3
      element_force=element_force+w(i)*(matmul(transpose(sf(h(i),eita)),f)* &
      (x_k(ele_no,h(i),eita)** 2.0+y_k(ele_no,h(i),eita)** 2.0)** 0.5* t)
    enddo
  elseif(ele_type==2) then
    f(1)=0.0;f(2)=ele_mag
    element_force=0.0
    do i=1,3
      element_force=element_force+w(i)*(matmul(transpose(sf(h(i),eita)),f)* &
      (x_k(ele_no,h(i),eita)** 2.0+y_k(ele_no,h(i),eita)** 2.0)** 0.5* t)
    enddo
  else
    element_force=0.0
    do i=1,3
      f(1)=(-1.0)* y_k(ele_no,h(i),eita);f(2)=x_k(ele_no,h(i),eita)
      element_force=element_force+w(i)*(matmul(transpose(sf(h(i),eita)),f)* ele_mag* t)
    enddo
  endif
elseif(ele_edge==3) then
  eita=1.0
  if(ele_type==1) then
    f(1)=ele_mag;f(2)=0.0
    element_force=0.0
    do i=1,3
      element_force=element_force+w(i)*(matmul(transpose(sf(h(i),eita)),f)* &
      (x_k(ele_no,h(i),eita)** 2.0+y_k(ele_no,h(i),eita)** 2.0)** 0.5* t)
    enddo
  elseif(ele_type==2) then
    f(1)=0.0;f(2)=ele_mag
    element_force=0.0
    do i=1,3
      element_force=element_force+w(i)*(matmul(transpose(sf(h(i),eita)),f)* &
      (x_k(ele_no,h(i),eita)** 2.0+y_k(ele_no,h(i),eita)** 2.0)** 0.5* t)
    enddo
  else
```

```
          element_force=0.0
          do i=1,3
            f(1)=(-1.0)* y_k(ele_no,h(i),eita);f(2)=x_k(ele_no,h(i),eita)
            element_force=element_force+w(i)* (matmul(transpose(sf(h(i),eita)),f)* ele_mag* t)
          enddo
        endif
    elseif(ele_edge==2) then
      ksi=1.0
      if(ele_type==1) then
        f(1)=ele_mag;f(2)=0.0
        element_force=0.0
        do i=1,3
          element_force=element_force+w(i)* (matmul(transpose(sf(ksi,h(i))),f)* &
          (x_e(ele_no,ksi,h(i))* * 2.0+y_e(ele_no,ksi,h(i))* * 2.0)* * 0.5* t)
        enddo
      elseif(ele_type==2) then
        f(1)=0.0;f(2)=ele_mag
        element_force=0.0
        do i=1,3
          element_force=element_force+w(i)* (matmul(transpose(sf(ksi,h(i))),f)* &
          (x_e(ele_no,ksi,h(i))* * 2.0+y_e(ele_no,ksi,h(i))* * 2.0)* * 0.5* t)
        enddo
      else
        element_force=0.0
        do i=1,3
          f(1)=y_e(ele_no,ksi,h(i));f(2)=(-1.0)* x_e(ele_no,ksi,h(i))
          element_force=element_force+w(i)* (matmul(transpose(sf(ksi,h(i))),f)* ele_mag* t)
        enddo
      endif
    else
      ksi=-1.0
      if(ele_type==1) then
        f(1)=ele_mag;f(2)=0.0
        element_force=0.0
        do i=1,3
          element_force=element_force+w(i)* (matmul(transpose(sf(ksi,h(i))),f)* &
          (x_e(ele_no,ksi,h(i))* * 2.0+y_e(ele_no,ksi,h(i))* * 2.0)* * 0.5* t)
        enddo
      elseif(ele_type==2) then
        f(1)=0.0;f(2)=ele_mag
        element_force=0.0
        do i=1,3
          element_force=element_force+w(i)* (matmul(transpose(sf(ksi,h(i))),f)* &
          (x_e(ele_no,ksi,h(i))* * 2.0+y_e(ele_no,ksi,h(i))* * 2.0)* * 0.5* t)
        enddo
      else
```

```
      element_force=0.0
      do i=1,3
        f(1)=y_e(ele_no,ksi,h(i));f(2)=(-1.0)*x_e(ele_no,ksi,h(i))
        element_force=element_force+w(i)*(matmul(transpose(sf(ksi,h(i))),f)*ele_mag*t)
      enddo
    endif
  endif
end subroutine
```

! 计算单元形函数矩阵的函数子程序
```
function sf(ksi,eita) result(sf_res)
  integer::i,j
  real::ksi,eita
  real,dimension(2,16)::sf_res
  do i=1,2
    do j=1,16
      sf_res(i,j)=0.0
    enddo
  enddo
  sf_res(1,1)=0.25*(1.0-ksi)*(1.0-eita)*((-1.0)*ksi+(-1.0)*eita-1.0);sf_res(2,2)=sf_res(1,1)
  sf_res(1,3)=0.25*(1.0+ksi)*(1.0-eita)*(ksi+(-1.0)*eita-1.0);sf_res(2,4)=sf_res(1,3)
  sf_res(1,5)=0.25*(1.0+ksi)*(1.0+eita)*(ksi+eita-1.0);sf_res(2,6)=sf_res(1,5)
  sf_res(1,7)=0.25*(1.0-ksi)*(1.0+eita)*((-1.0)*ksi+eita-1.0);sf_res(2,8)=sf_res(1,7)
  sf_res(1,9)=0.5*(1.0-ksi**2.0)*(1.0-eita);sf_res(2,10)=sf_res(1,9)
  sf_res(1,11)=0.5*(1.0+ksi)*(1.0-eita**2.0);sf_res(2,12)=sf_res(1,11)
  sf_res(1,13)=0.5*(1.0-ksi**2.0)*(1.0+eita);sf_res(2,14)=sf_res(1,13)
  sf_res(1,15)=0.5*(1.0-ksi)*(1.0-eita**2.0);sf_res(2,16)=sf_res(1,15)
end function
```

! 计算单元应变矩阵的函数子程序
```
function b_mat(ele_no,ksi,eita) result(b_mat_res)
  use comdata
  integer::i,ele_no
  real::ksi,eita,n_x,n_y
  real,dimension(3,16)::b_mat_res
  do i=1,8
    b_mat_res(1,(i-1)*2+1)=n_x(ele_no,i,ksi,eita);b_mat_res(1,(i-1)*2+2)=0.0
    b_mat_res(2,(i-1)*2+1)=0.0;b_mat_res(2,(i-1)*2+2)=n_y(ele_no,i,ksi,eita)
    b_mat_res(3,(i-1)*2+1)=n_y(ele_no,i,ksi,eita)
    b_mat_res(3,(i-1)*2+2)=n_x(ele_no,i,ksi,eita)
  enddo
end function
```

! 计算单元应力矩阵的函数子程序
```
function s_mat(e,u,ele_no,ksi,eita) result(s_mat_res)
  use comdata
```

```fortran
integer::i,ele_no
real::e,u,ksi,eita,coef,uu,n_x,n_y
real,dimension(3,16)::s_mat_res
coef=e/(1.0-u**2.0);uu=(1.0-u)/2.0
do i=1,8
    s_mat_res(1,(i-1)*2+1)=coef*n_x(ele_no,i,ksi,eita)
    s_mat_res(1,(i-1)*2+2)=coef*u*n_y(ele_no,i,ksi,eita)
    s_mat_res(2,(i-1)*2+1)=coef*u*n_x(ele_no,i,ksi,eita)
    s_mat_res(2,(i-1)*2+2)=coef*n_y(ele_no,i,ksi,eita)
    s_mat_res(3,(i-1)*2+1)=coef*uu*n_y(ele_no,i,ksi,eita)
    s_mat_res(3,(i-1)*2+2)=coef*uu*n_x(ele_no,i,ksi,eita)
enddo
end function


! 计算 x 对 ksi 导数的函数子程序
function x_k(ele_no,ksi,eita) result(x_k_res)
  use comdata
  integer::i,ele_no
  real::ksi,eita,x_k_res,n_k
  real,dimension(8)::n_k_res
  x_k_res=0.0
  do i=1,8
    n_k_res(i)=n_k(i,ksi,eita)
    x_k_res=x_k_res+n_k_res(i)*node(element(ele_no,i),1)
  enddo
end function


! 计算 x 对 eita 导数的函数子程序
function x_e(ele_no,ksi,eita) result(x_e_res)
  use comdata
  integer::i,ele_no
  real::ksi,eita,x_e_res,n_e
  real,dimension(8)::n_e_res
  x_e_res=0.0
  do i=1,8
    n_e_res(i)=n_e(i,ksi,eita)
    x_e_res=x_e_res+n_e_res(i)*node(element(ele_no,i),1)
  enddo
end function


! 计算 y 对 ksi 导数的函数子程序
function y_k(ele_no,ksi,eita) result(y_k_res)
  use comdata
  integer::i,ele_no
  real::ksi,eita,y_k_res,n_k
  real,dimension(8)::n_k_res
```

```fortran
      y_k_res=0. 0
      do i=1,8
        n_k_res(i)=n_k(i,ksi,eita)
        y_k_res=y_k_res+n_k_res(i)* node(element(ele_no,i),2)
      enddo
    end function
```

```fortran
! 计算 y 对 eita 导数的函数子程序
function y_e(ele_no,ksi,eita) result(y_e_res)
  use comdata
  integer::i,ele_no
  real::ksi,eita,y_e_res,n_e
  real,dimension(8)::n_e_res
  y_e_res=0. 0
  do i=1,8
    n_e_res(i)=n_e(i,ksi,eita)
    y_e_res=y_e_res+n_e_res(i)* node(element(ele_no,i),2)
  enddo
end function
```

```fortran
! 计算形函数对 ksi 导数的函数子程序
function n_k(node_no,ksi,eita) result(n_k_res)
  use comdata
  integer::node_no
  real::ksi,eita,n_k_res,ksi0,eita0,ksii,eitai
  ksi0=nke(node_no,1)* ksi;eita0=nke(node_no,2)* eita;ksii=nke(node_no,1)
  eitai=nke(node_no,2)
  n_k_res=0. 25* (1. 0+eita0)* (2-0* ksi+ksii* eita0)* ksii* * 2. 0* eitai* * 2. 0-ksi* (1. 0+eita0)* &
  (1. 0-ksii* * 2. 0)* eitai* * 2. 0+0. 5* ksii* (1. 0-eita* * 2. 0)* (1. 0-eitai* * 2. 0)* ksii* * 2. 0
end function
```

```fortran
! 计算形函数对 eita 导数的函数子程序
function n_e(node_no,ksi,eita) result(n_e_res)
  use comdata
  integer::node_no
  real::ksi,eita,n_e_res,ksi0,eita0,ksii,eitai
  ksi0=nke(node_no,1)* ksi;eita0=nke(node_no,2)* eita;ksii=nke(node_no,1)
  eitai=nke(node_no,2)
  n_e_res=0. 25* (1. 0+ksi0)* (2-0* eita+eitai* ksi0)* ksii* * 2. 0* eitai* * 2. 0-eita* (1. 0+ksi0)* &
  (1. 0-eitai* * 2. 0)* ksii* * 2. 0+0. 5* eitai* (1. 0-ksi* * 2. 0)* (1. 0-ksii* * 2. 0)* eitai* * 2. 0
end function
```

```fortran
! 计算形函数对 x 导数的函数子程序
function n_x(ele_no,node_no,ksi,eita) result(n_x_res)
  use comdata
  integer::ele_no,node_no
```

```
    real::ksi,eita,n_x_res,jaco,x_k,y_e,x_e,y_k,n_k,n_e
    jaco=x_k(ele_no,ksi,eita)* y_e(ele_no,ksi,eita)-x_e(ele_no,ksi,eita)* y_k(ele_no,ksi,eita)
    n_x_res=1.0/jaco* (y_e(ele_no,ksi,eita)* n_k(node_no,ksi,eita)-y_k(ele_no,ksi,eita)* &
    n_e(node_no,ksi,eita))
end function
```

! 计算形函数对 y 导数的函数子程序
```
function n_y(ele_no,node_no,ksi,eita) result(n_y_res)
    use comdata
    integer::ele_no,node_no
    real::ksi,eita,n_y_res,jaco,x_k,y_e,x_e,y_k,n_k,n_e
    jaco=x_k(ele_no,ksi,eita)* y_e(ele_no,ksi,eita)-x_e(ele_no,ksi,eita)* y_k(ele_no,ksi,eita)
    n_y_res=1.0/jaco* ((-1.0)* x_e(ele_no,ksi,eita)* n_k(node_no,ksi,eita)+&
    x_k(ele_no,ksi,eita)* n_e(node_no,ksi,eita))
end function
```

附录 D 平面杆系结构非线性问题的求解程序

平面杆系结构几何非线性问题求解程序
（大位移小应变，带流动坐标的迭代法，分级加载）
（Compaq Visual Fortran 6.5 等编程环境，CVF）

```fortran
! 使用 imsl 函数库
use numerical_libraries

implicit none

! 定义变量及数组
integer::i,j,k,ls,iter,node_number,element_number,property,support_number,support_node
integer::load_number,step_number,dispsup_number
integer::disp_num,node_disp_num,node_disp_num_f,ele_num,pin_ele_num
real::length,length0,xi,yi,xj,yj,alpha,alpha0,sin_alpha,cos_alpha,e,a,iz,fx,fy,m
real::episilon,disp2norm,disp2norm0
integer,dimension(:,:),allocatable::element,element_orient,node_disp,disp_sup
real,dimension(:,:),allocatable::node,element_property,support,stiff_local,stiff_global,translate
real,dimension(:,:),allocatable::total_stiff,dispsup_value,element_force
real,dimension(:),allocatable::node_force,node_res_force,node_unban_force,node_displacement
real,dimension(:),allocatable::element_force_global,element_force_local,nodedisp_ls
real,dimension(:),allocatable::nodedisp_ls0,nodedisp_incre,disp_local,length_origin,alpha_origin

! 定义输入输出文件
!!!!!!!!!!!!!!!!!!!!!!!!!!!!!!!!!!!!!!!!!!!!!!!!!!!!!!!!!!!!!!!!!!!!!!!!!!!!!!!!!!!!!!!!!!!!!!!!!!!!!!
! 定义总体信息、结点坐标、单元、单元材性、支座约束、结点力输入文件,定义结点位移、杆端力输出文件
open(5,file="input.txt")
open(11,file="output.txt")

! 读入总体信息[结点数、单元数、各单元材性是否相同(相同为1,不相同为0)、支座结点
! 数、有结点力作用的结点数、荷载步数、需要监控的结点位移数、位移收敛准则的精度要求
read(5,*)node_number,element_number,property,support_number,load_number,step_number,&
dispsup_number,episilon

! 分配结点坐标、单元、单元材性、支座约束、单元刚度矩阵、杆端力、监控结点位移标识及存储数组
allocate(node(node_number,2),element(element_number,4),node_disp(node_number,3))
```

```
allocate(element_orient(element_number,6),element_property(element_number,3))
allocate(support(support_number,7),disp_sup(dispsup_number,2),translate(6,6))
allocate(dispsup_value(dispsup_number,step_number),stiff_local(6,6),stiff_global(6,6))
allocate(disp_local(6),length_origin(element_number),alpha_origin(element_number))
allocate(element_force_global(6),element_force_local(6),element_force(element_number,6))

! 结点坐标(依次读入每个结点的 x 和 y 坐标)
do i=1,node_number
  read(5,* )(node(i,j),j=1,2)
enddo


! 单元定义(依次读入每个单元的 i 和 j 结点,同时也定义了该单元的局部坐标系,后两个数分别表示 i 和 j 端
! 是否铰结,铰结为 0,刚结为 1)
do i=1,element_number
  read(5,* )(element(i,j),j=1,4)
enddo


! 单元材性(依次读入每个单元的弹性模量、横截面面积、惯性矩,各单元材性相同时只需输一次,不同时则需依次输入
! 每个单元的材性)
if(property==1) then
  read(5,* )e,a,iz
  do i=1,element_number
    element_property(i,1)=e;element_property(i,2)=a;element_property(i,3)=iz
  enddo
else
  do i=1,element_number
    read(5,* )(element_property(i,j),j=1,3)
  enddo
endif


! 支座约束(读入支座结点号,每个支座 x,y 和转角方向的约束情况,0 表示没有约束,1 表示有约束,2 表示弹性约束,
! 后 3 个数为相应方向的支座位移或弹性约束刚度系数)
do i=1,support_number
  read(5,* )(support(i,j),j=1,7)
enddo


! 判定结点类型(刚结点为 1,铰结点为 2,组合结点为 3),计算每个结点的位移分量数、位移分量起始编号及位移
! 分量总数
disp_num=0
do i=1,node_number
  ele_num=0;pin_ele_num=0
  do j=1,element_number
    if(element(j,1)==i) then
      ele_num=ele_num+1
      if(element(j,3)==0) then
        pin_ele_num=pin_ele_num+1
```

```
        endif
     elseif(element(j,2)==i) then
       ele_num=ele_num+1
       if(element(j,4)==0) then
         pin_ele_num=pin_ele_num+1
       endif
     else
     endif
  enddo
  if(pin_ele_num==0) then
    node_disp(i,1)=1
    node_disp_num=3
    disp_num=disp_num+node_disp_num
  elseif(pin_ele_num==ele_num) then
    node_disp(i,1)=2
    node_disp_num=3+pin_ele_num-1
    disp_num=disp_num+node_disp_num
  else
    node_disp(i,1)=3
    node_disp_num=3+pin_ele_num
    disp_num=disp_num+node_disp_num
  endif
  if(i==1) then
    node_disp(i,2)=1
  else
    node_disp(i,2)=node_disp(i-1,2)+node_disp_num_f
  endif
  node_disp_num_f=node_disp_num
enddo
do i=1,node_number
  node_disp(i,3)=node_disp(i,2)
enddo
!单元定位向量
do i=1,element_number
  element_orient(i,1)=node_disp(element(i,1),2)
  element_orient(i,2)=node_disp(element(i,1),2)+1
  if(node_disp(element(i,1),1)==1) then
    element_orient(i,3)=node_disp(element(i,1),2)+2
  elseif(node_disp(element(i,1),1)==2) then
    element_orient(i,3)=node_disp(element(i,1),2)+2+&
    (node_disp(element(i,1),3)-node_disp(element(i,1),2))
    node_disp(element(i,1),3)=node_disp(element(i,1),3)+1
  else
    if(element(i,3)==1) then
      element_orient(i,3)=node_disp(element(i,1),2)+2
    else
```

```
          element_orient(i,j)=node_disp(element(i,1),2)+3+(node_disp(element(i,1),3)-&
          node_disp(element(i,1),2))
          node_disp(element(i,1),3)=node_disp(element(i,1),3)+1
        endif
      endif
    element_orient(i,4)=node_disp(element(i,2),2)
    element_orient(i,5)=node_disp(element(i,2),2)+1
    if(node_disp(element(i,2),1)==1) then
      element_orient(i,6)=node_disp(element(i,2),2)+2
    elseif(node_disp(element(i,2),1)==2) then
      element_orient(i,6)=node_disp(element(i,2),2)+2+(node_disp(element(i,2),3)-&
      node_disp(element(i,2),2))
      node_disp(element(i,2),3)=node_disp(element(i,2),3)+1
    else
      if(element(i,3)==1) then
        element_orient(i,6)=node_disp(element(i,2),2)+2
      else
        element_orient(i,6)=node_disp(element(i,2),2)+3+(node_disp(element(i,2),3)-&
        node_disp(element(i,2),2))
        node_disp(element(i,2),3)=node_disp(element(i,2),3)+1
      endif
    endif
  enddo


allocate(total_stiff(disp_num,disp_num),node_force(disp_num),node_res_force(disp_num))
allocate(node_unban_force(disp_num),node_displacement(disp_num))
allocate(nodedisp_ls(disp_num),nodedisp_ls0(disp_num),nodedisp_incre(disp_num))
! 结点力[依次读入有结点力作用结点的结点号和x、y方向的集中力以及刚结点(包括组合结点中的刚结点)上
! 作用的集中力偶,并形成结点力向量,支座结点未知反力以0表示,但若为弹性支座则需输入该方向作用的外荷载]
do i=1,disp_num
  node_force(i)=0.0
enddo
if(load_number==0) then
else
  do i=1,load_number
    read(5,*)j,fx,fy,m
    node_force(node_disp(j,2))=fx
    node_force(node_disp(j,2)+1)=fy
    node_force(node_disp(j,2)+2)=m
  enddo
endif
node_force=node_force/real(step_number)
do i=1,support_number
  do j=1,3
    if(int(support(i,j+1))==1) then
      support(i,j+4)=support(i,j+4)/real(step_number)
```

```
      endif
    enddo
enddo


! 读入需要监控的结点号以及位移方向(x向为1,y向为2,角位移为3)
do i=1,dispsup_number
  read(5,* )(disp_sup(i,j),j=1,2)
enddo


node_displacement=0.0
! 初始单元长度和方向角
do i=1,element_number
  xi=node(element(i,1),1);yi=node(element(i,1),2)
  xj=node(element(i,2),1);yj=node(element(i,2),2)
  length_origin(i)=sqrt((xj-xi)* * 2.0+(yj-yi)* * 2.0)
  alpha_origin(i)=atan((yj-yi)/(xj-xi))
enddo
! 逐步加载
!!!!!!!!!!!!!!!!!!!!!!!!!!!!!!!!!!!!!!!!!!!!!!!!!!!!!!!!!!!!!!!!!!!!!!!!!!!!!!!!!!!!!!!!!!!!!
do ls=1,step_number
  nodedisp_ls=0.0
  ! 对每个荷载步进行迭代计算
  do iter=1,100
    ! 计算单元刚度矩阵,并对号入座形成总刚
    !!!!!!!!!!!!!!!!!!!!!!!!!!!!!!!!!!!!!!!!!!!!!!!!!!!!!!!!!!!!!!!!!!!!!!!!!!!!!!!!!!!!!!!!
    total_stiff=0.0;node_res_force=0.0
    do i=1,element_number
      ! 计算上一个迭代步末的单元长度、方向角及其正、余弦
      xi=node(element(i,1),1)+node_displacement(element_orient(i,1))+&
      nodedisp_ls(element_orient(i,1))
      yi=node(element(i,1),2)+node_displacement(element_orient(i,2))+&
      nodedisp_ls(element_orient(i,2))
      xj=node(element(i,2),1)+node_displacement(element_orient(i,4))+&
      nodedisp_ls(element_orient(i,4))
      yj=node(element(i,2),2)+node_displacement(element_orient(i,5))+&
      nodedisp_ls(element_orient(i,5))
      length=sqrt((xj-xi)* * 2.0+(yj-yi)* * 2.0)
      sin_alpha=(yj-yi)/length;cos_alpha=(xj-xi)/length
      alpha=atan((yj-yi)/(xj-xi))
      ! 计算局部坐标系和整体坐标系下的单元刚度矩阵
      e=element_property(i,1);a=element_property(i,2);iz=element_property(i,3)
      call element_stiff(e,a,iz,length_origin(i),sin_alpha,cos_alpha,stiff_local,&
      translate,stiff_global)
      ! 计算局部坐标系和整体坐标系下的单元杆端力
      disp_local(1)=0.0;disp_local(2)=0.0;disp_local(5)=0.0;disp_local(4)=&
      length-length_origin(i)
```

```
                ! 判断反正切计算在 90 度、- 90 度、0 度附近是否出现符号反转,如反转则应反号计算
        if(alpha_origin(i)* alpha> 0) then
          disp_local(3)=nodedisp_ls(element_orient(i,3))-(alpha-alpha_origin(i))
          disp_local(6)=nodedisp_ls(element_orient(i,6))-(alpha-alpha_origin(i))
        else
          disp_local(3)=nodedisp_ls(element_orient(i,3))-(alpha+alpha_origin(i))
          disp_local(6)=nodedisp_ls(element_orient(i,6))-(alpha+alpha_origin(i))
        endif
        element_force_local=matmul(stiff_local,disp_local)
        element_force_global=matmul(transpose(translate),element_force_local)
        ! 按单元定位向量对号入座形成总刚和结点合力
        do j=1,6
          do k=1,6
            total_stiff(element_orient(i,j),element_orient(i,k))=total_stiff(&
            element_orient(i,j),element_orient(i,k))+stiff_global(j,k)
          enddo
            node_res_force(element_orient(i,j))=node_res_force(&
            element_orient(i,j))+element_force_global(j)
        enddo
      enddo


      ! 不平衡力,为截至当前荷载步的总荷载,减去当前荷载步以初始位形为参考的杆端力合力
      node_unban_force=real(ls)* node_force-node_res_force
      ! 对总刚处理支座约束条件
      !!!!!!!!!!!!!!!!!!!!!!!!!!!!!!!!!!!!!!!!!!!!!!!!!!!!!!!!!!!!!!!!!!!!!!!!!!!!!!!!!!!!
      do i=1,support_number
        support_node=int(support(i,1))
        do j=1,3
          if(int(support(i,j+1))==1) then
            total_stiff(node_disp(support_node,2)+j-1,node_disp(support_node,2)+&
            j-1)=1.0e20
            node_unban_force(node_disp(support_node,2)+j-1)=1.0e20* &
            (support(i,j+4)-nodedisp_ls(node_disp(support_node,2)+j-1))
          elseif(int(support(i,j+1))==2) then
            total_stiff(node_disp(support_node,2)+j-1,node_disp(support_node,2)+j-&
            1)=total_stiff(node_disp(support_node,2)+j-1,node_disp(support_node,2)+&
            j-1)+support(i,j+4)
          endif
        enddo
      enddo


      ! 求解结点位移
      !!!!!!!!!!!!!!!!!!!!!!!!!!!!!!!!!!!!!!!!!!!!!!!!!!!!!!!!!!!!!!!!!!!!!!!!!!!!!!!!!!!!
      CALL LSARG (disp_num, total_stiff, disp_num, node_unban_force, 1, nodedisp_incre)

      ! 位移增量
```

```fortran
!!!!!!!!!!!!!!!!!!!!!!!!!!!!!!!!!!!!!!!!!!!!!!!!!!!!!!!!!!!!!!!!!!!!!!!!!!!!!!!!!!!!!!!!!!
nodedisp_ls0=nodedisp_ls
nodedisp_ls=nodedisp_ls+nodedisp_incre
! 计算当前荷载步的单元杆端力
!!!!!!!!!!!!!!!!!!!!!!!!!!!!!!!!!!!!!!!!!!!!!!!!!!!!!!!!!!!!!!!!!!!!!!!!!!!!!!!!!!!!!!!!!!
do i=1,element_number
  ! 计算本次迭代步末的单元长度、方向角及其正、余弦
  xi=node(element(i,1),1)+node_displacement(element_orient(i,1))+&
  nodedisp_ls(element_orient(i,1))
  yi=node(element(i,1),2)+node_displacement(element_orient(i,2))+&
  nodedisp_ls(element_orient(i,2))
  xj=node(element(i,2),1)+node_displacement(element_orient(i,4))+&
  nodedisp_ls(element_orient(i,4))
  yj=node(element(i,2),2)+node_displacement(element_orient(i,5))+&
  nodedisp_ls(element_orient(i,5))
  length=sqrt((xj-xi)**2.0+(yj-yi)**2.0)
  sin_alpha=(yj-yi)/length;cos_alpha=(xj-xi)/length
  alpha=atan((yj-yi)/(xj-xi))
  ! 计算局部坐标系下的单元刚度矩阵
  e=element_property(i,1);a=element_property(i,2);iz=element_property(i,3)
  call element_stiff(e,a,iz,length_origin(i),sin_alpha,cos_alpha,stiff_local,&
  translate,stiff_global)
  ! 计算局部坐标系下的单元杆端力
  disp_local(1)=0.0;disp_local(2)=0.0;disp_local(5)=0.0
  disp_local(4)=length-length_origin(i)
  if(alpha_origin(i)*alpha>0) then
    disp_local(3)=nodedisp_ls(element_orient(i,3))-(alpha-alpha_origin(i))
    disp_local(6)=nodedisp_ls(element_orient(i,6))-(alpha-alpha_origin(i))
  else
    disp_local(3)=nodedisp_ls(element_orient(i,3))-(alpha+alpha_origin(i))
    disp_local(6)=nodedisp_ls(element_orient(i,6))-(alpha+alpha_origin(i))
  endif
  element_force_local=matmul(stiff_local,disp_local)
  do j=1,6
    element_force(i,j)=element_force_local(j)
  enddo
enddo
! 判定是否收敛
!!!!!!!!!!!!!!!!!!!!!!!!!!!!!!!!!!!!!!!!!!!!!!!!!!!!!!!!!!!!!!!!!!!!!!!!!!!!!!!!!!!!!!!!!!
disp2norm=0.0;disp2norm0=0.0
do i=1,disp_num
  disp2norm=disp2norm+nodedisp_ls(i)**2.0
  disp2norm0=disp2norm0+nodedisp_ls0(i)**2.0
enddo
disp2norm=sqrt(disp2norm);disp2norm0=sqrt(disp2norm0)
if(abs(disp2norm-disp2norm0)/disp2norm<episilon) exit
```

```
      enddo
    node_displacement=node_displacement+nodedisp_ls
    do i=1,dispsup_number
      dispsup_value(i,ls)=node_displacement(node_disp(disp_sup(i,1),2)+disp_sup(i,2)-1)
    enddo
  enddo
```

! 输出最终结点位移

```
!!!!!!!!!!!!!!!!!!!!!!!!!!!!!!!!!!!!!!!!!!!!!!!!!!!!!!!!!!!!!!!!!!!!!!!!!!!!!!!!!!!!!!!!!!!!!!
write(11,*)'# # # # # # # # # #   node displacement  # # # # # # # # # # #'
write(11,*)'node       U         V          PHI'
do i=1,node_number
  if(node_disp(i,1)==2) then
    write(11,'(i3,e13.4,e13.4)')i,node_displacement(node_disp(i,2)),&
    node_displacement(node_disp(i,2)+1)
  else
    write(11,'(i3,e13.4,e13.4,e13.4)')i,node_displacement(node_disp(i,2)),&
    node_displacement(node_disp(i,2)+1),node_displacement(node_disp(i,2)+2)
  endif
enddo
```

! 输出最终杆端内力

```
!!!!!!!!!!!!!!!!!!!!!!!!!!!!!!!!!!!!!!!!!!!!!!!!!!!!!!!!!!!!!!!!!!!!!!!!!!!!!!!!!!!!!!!!!!!!!!
write(11,*)
write(11,*)'# # # # # # # # #   element force  # # # # # # # # # # # # # #'
write(11,*)'element     Fxi       Fyi       Mi       Fxj       Fyj       Mj'
do i=1,element_number
  if(element(i,3)==1.and.element(i,4)==1) then! 如果两端为刚结点,输出 6 个杆端力
    write(11,'(i5,e15.4,e13.4,e13.4,e13.4,e13.4,e13.4)')i,element_force(i,1),element_&
    force(i,2),element_force(i,3),element_force(i,4),element_force(i,5),element_force(i,6)
  elseif(element(i,3)==1.and.element(i,4)==0) then! 如果 i 端刚结,j 端铰结,输出 5 个杆端力
    write(11,'(i5,e15.4,e13.4,e13.4,e13.4,e13.4)')i,element_force(i,1),element_force(i,2),&
    element_force(i,3),element_force(i,4),element_force(i,5)
  elseif(element(i,3)==0.and.element(i,4)==1) then! 如果 i 端铰结,j 端刚结,输出 5 个杆端力
    write(11,'(i5,e15.4,e13.4,e26.4,e13.4,e13.4)')i,element_force(i,1),element_force(i,2),&
    element_force(i,4),element_force(i,5),element_force(i,6)
  else! 如果 i 端铰结,j 端铰结,输出 2 个杆端力
    write(11,'(i5,e15.4,e39.4)')i,element_force(i,1),element_force(i,4)
  endif
enddo
```

! 输出监控的结点位移

```
!!!!!!!!!!!!!!!!!!!!!!!!!!!!!!!!!!!!!!!!!!!!!!!!!!!!!!!!!!!!!!!!!!!!!!!!!!!!!!!!!!!!!!!!!!!!!!
write(11,*)
write(11,*)'# # # # # # # # #   time history of node displacement  # # # # # # # # # #'
do i=1,dispsup_number
```

```
  if(disp_sup(i,2)==1) then
    write(11,'(a6,i3,a2)')'node:',disp_sup(i,1),'U'
  elseif(disp_sup(i,2)-=2) then
    write(11,'(a6,i3,a2)')'node:',disp_sup(i,1),'V'
  else
    write(11,'(a6,i3,a4)')'node:',disp_sup(i,1),'PHI'
  endif
  write(11,*)'load step      value'
  do j=1,step_number
    write(11,'(a3,i3,e18.4)')'   ',j,dispsup_value(i,j)
  enddo
enddo


end

! 计算刚架单元刚度矩阵的子程序
subroutine element_stiff(e,a,iz,length,sin_alpha,cos_alpha,stiff_local,translate,stiff_global)
  integer::j,k
  real::e,a,iz,length,sin_alpha,cos_alpha
  real,dimension(6,6)::stiff_local,translate,stiff_global
  stiff_local=0.0
  stiff_local(1,1)=e* a/length
  stiff_local(1,4)=(-1.0)* e* a/length
  stiff_local(2,2)=12.0* e* iz/length* * 3.0
  stiff_local(2,3)=6.0* e* iz/length* * 2.0
  stiff_local(2,5)=(-1.0)* 12.0* e* iz/length* * 3.0
  stiff_local(2,6)=6.0* e* iz/length* * 2.0
  stiff_local(3,3)=4.0* e* iz/length
  stiff_local(3,5)=(-1.0)* 6.0* e* iz/length* * 2.0
  stiff_local(3,6)=2.0* e* iz/length
  stiff_local(4,4)=e* a/length
  stiff_local(5,5)=12.0* e* iz/length* * 3.0
  stiff_local(5,6)=(-1.0)* 6.0* e* iz/length* * 2.0
  stiff_local(6,6)=4.0* e* iz/length
  ! 下三角对称
  do j=2,6
    do k=1,j-1
      stiff_local(j,k)=stiff_local(k,j)
    enddo
  enddo
  ! 计算坐标转换矩阵
  translate =0.0
  translate(1,1)=cos_alpha
  translate(1,2)=sin_alpha
  translate(2,1)=(-1.0)* sin_alpha
  translate(2,2)=cos_alpha
```

```
      translate(3,3)=1.0
      translate(4,4)=cos_alpha
      translate(4,5)=sin_alpha
      translate(5,4)=(-1.0)* sin_alpha
      translate(5,5)=cos_alpha
      translate(6,6)=1.0
      ! 计算整体坐标系下的单元刚度矩阵
      stiff_global=matmul(matmul(transpose(translate),stiff_local),translate)
end subroutine
```

平面杆系结构几何非线性问题求解程序

（大位移小应变，总体的拉格朗日列式法）
（Compaq Visual Fortran 6.5 等编程环境，CVF）

```
! 使用 imsl 函数库
use numerical_libraries

implicit none

! 定义变量及数组
integer::i,j,k,iter,node_number,element_number,property,support_number,support_node
integer::disp_num,node_disp_num,node_disp_num_f,ele_num,pin_ele_num,load_number
real::length,xi,yi,xj,yj,alpha,e,a,b,h,iz,fn,fx,fy,m,episilon,disp2norm,disp2norm0
integer,dimension(:,:),allocatable::element,element_orient,node_disp
real,dimension(:,:),allocatable::node,element_property,support,stiff_local,stiff_global,&
translate
real,dimension(:,:),allocatable::total_stiff,element_force
real,dimension(:),allocatable::node_force,node_res_force,node_unban_force,node_displacement
real,dimension(:),allocatable::node_displacement0,element_force_global
real,dimension(:),allocatable::element_force_local,nodedisp_incre,disp_local,disp_global
real,dimension(:),allocatable::alpha0,sin_alpha0,cos_alpha0,length0

! 定义输入输出文件
!!!!!!!!!!!!!!!!!!!!!!!!!!!!!!!!!!!!!!!!!!!!!!!!!!!!!!!!!!!!!!!!!!!!!!!!!!!!!!!!!!!!!!!!!!!!
! 定义总体信息、结点坐标、单元、单元材性、支座约束、结点力输入文件,定义结点位移、杆端力输出文件
open(5,file="input.txt")
open(11,file="output.txt")

! 读入总体信息[结点数、单元数、各单元材性是否相同(相同为 1,不相同为 0)、支座结点
! 数、有结点力作用的结点数、位移收敛准则的精度要求]
read(5,*)node_number,element_number,property,support_number,load_number,episilon

! 分配结点坐标、单元、单元材性、支座约束、单元刚度矩阵、杆端力数组
allocate(node(node_number,2),element(element_number,4),node_disp(node_number,3))
allocate(element_property(element_number,3),support(support_number,7),stiff_local(6,6))
allocate(disp_local(6),sin_alpha0(element_number),cos_alpha0(element_number))
```

```
allocate(disp_global(6),element_force_global(6),element_force_local(6))
allocate(element_orient(element_number,6),stiff_global(6,6),translate(6,6))
allocate(length0(element_number),alpha0(element_number),element_force(element_number,6))

! 结点坐标(依次读入每个结点的 x 和 y 坐标)
do i=1,node_number
  read(5,* )(node(i,j),j=1,2)
enddo

! 单元定义(依次读入每个单元的 i 和 j 结点,同时也定义了该单元的局部坐标系,后两个数分别表示 i 和 j 端是否
! 铰结,铰结为 0,刚结为 1)
do i=1,element_number
  read(5,* )(element(i,j),j=1,4)
enddo

! 单元材性[依次读入每个单元的弹性模量、横截面宽度、横截面高度(只针对矩形截面),各单元材性相同时只需输
! 一次,不同时则需依次输入每个单元的材性]
if(property==1) then
  read(5,* )e,b,h
  do i=1,element_number
    element_property(i,1)=e;element_property(i,2)=b;element_property(i,3)=h
  enddo
else
  do i=1,element_number
    read(5,* )(element_property(i,j),j=1,3)
  enddo
endif

! 支座约束(读入支座结点号,每个支座 x、y 和转角方向的约束情况,0 表示没有约束,1 表示有约束,2 表示弹性约束,
! 后 3 个数为相应方向的支座位移或弹性约束刚度系数)
do i=1,support_number
  read(5,* )(support(i,j),j=1,7)
enddo

! 判定结点类型(刚结点为 1,铰结点为 2,组合结点为 3),计算每个结点的位移分量数、位移分量起始编号及位移分量总数
disp_num=0
do i=1,node_number
  ele_num=0;pin_ele_num=0
  do j=1,element_number
    if(element(j,1)==i) then
      ele_num=ele_num+1
      if(element(j,3)==0) then
        pin_ele_num=pin_ele_num+1
      endif
    elseif(element(j,2)==i) then
      ele_num=ele_num+1
```

```
          if(element(j,4)==0) then
            pin_ele_num=pin_ele_num+1
          endif
        else
        endif
      enddo
      if(pin_ele_num==0) then
        node_disp(i,1)=1
        node_disp_num=3
        disp_num=disp_num+node_disp_num
      elseif(pin_ele_num==ele_num) then
        node_disp(i,1)=2
        node_disp_num=3+pin_ele_num-1
        disp_num=disp_num+node_disp_num
      else
        node_disp(i,1)=3
        node_disp_num=3+pin_ele_num
        disp_num=disp_num+node_disp_num
      endif
      if(i==1) then
        node_disp(i,2)=1
      else
        node_disp(i,2)=node_disp(i-1,2)+node_disp_num_f
      endif
      node_disp_num_f=node_disp_num
    enddo
    do i=1,node_number
      node_disp(i,3)=node_disp(i,2)
    enddo
!  单元定位向量
    do i=1,element_number
      element_orient(i,1)=node_disp(element(i,1),2);element_orient(i,2)=&
      node_disp(element(i,1),2)+1
      if(node_disp(element(i,1),1)==1) then
        element_orient(i,3)=node_disp(element(i,1),2)+2
      elseif(node_disp(element(i,1),1)==2) then
        element_orient(i,3)=node_disp(element(i,1),2)+2+(node_disp(element(i,1),3)-&
        node_disp(element(i,1),2))
        node_disp(element(i,1),3)=node_disp(element(i,1),3)+1
      else
        if(element(i,3)==1) then
          element_orient(i,3)=node_disp(element(i,1),2)+2
        else
          element_orient(i,3)=node_disp(element(i,1),2)+3+(node_disp(element(i,1),3)-&
          node_disp(element(i,1),2))
          node_disp(element(i,1),3)=node_disp(element(i,1),3)+1
```

```
      endif
    endif
    element_orient(i,4)=node_disp(element(i,2),2);element_orient(i,5)=&
    node_disp(element(i,2),2)+1
    if(node_disp(element(i,2),1)==1) then
      element_orient(i,6)=node_disp(element(i,2),2)+2
    elseif(node_disp(element(i,2),1)==2) then
      element_orient(i,6)=node_disp(element(i,2),2)+2+(node_disp(element(i,2),3)-&
      node_disp(element(i,2),2))
      node_disp(element(i,2),3)=node_disp(element(i,2),3)+1
    else
      if(element(i,3)==1) then
        element_orient(i,6)=node_disp(element(i,2),2)+2
      else
        element_orient(i,6)=node_disp(element(i,2),2)+3+(node_disp(element(i,2),3)-&
        node_disp(element(i,2),2))
        node_disp(element(i,2),3)=node_disp(element(i,2),3)+1
      endif
    endif
enddo


allocate(total_stiff(disp_num,disp_num),node_force(disp_num),node_res_force(disp_num))
allocate(node_displacement(disp_num),node_displacement0(disp_num))
allocate(node_unban_force(disp_num),nodedisp_incre(disp_num))
! 结点力[依次读入有结点力作用结点的结点号和 x、y 方向的集中力以及刚结点(包括组合结点中的刚结点)上
! 作用的集中力偶,并形成结点力向量,支座结点未知反力以 0 表示,但若为弹性支座则需输入该方向作用的外荷载]
do i=1,disp_num
  node_force(i)=0.0
enddo
if(load_number==0) then
else
  do i=1,load_number
    read(5,* )j,fx,fy,m
    node_force(node_disp(j,2))=fx
    node_force(node_disp(j,2)+1)=fy
    node_force(node_disp(j,2)+2)=m
  enddo
endif


! 初始杆件长度、方向角及其正余弦
do i=1,element_number
  xi=node(element(i,1),1)
  yi=node(element(i,1),2)
  xj=node(element(i,2),1)
  yj=node(element(i,2),2)
  length0(i)=sqrt((xj-xi)* * 2.0+(yj-yi)* * 2.0)
```

```
  sin_alpha0(i)=(yj-yi)/length0(i)
  cos_alpha0(i)=(xj-xi)/length0(i)
  alpha0(i)=atan((yj-yi)/(xj-xi))
enddo
! 迭代计算
!!!!!!!!!!!!!!!!!!!!!!!!!!!!!!!!!!!!!!!!!!!!!!!!!!!!!!!!!!!!!!!!!!!!!!!!!!!!!!!!!!!!!!!!!!!!!!!!!
node_displacement=0.0;element_force=0.0
do iter=1,100
  ! 计算单元切线刚度矩阵和杆端力,并对号入座形成总刚和结点合力
  !!!!!!!!!!!!!!!!!!!!!!!!!!!!!!!!!!!!!!!!!!!!!!!!!!!!!!!!!!!!!!!!!!!!!!!!!!!!!!!!!!!!!!!!!!!!!!!
  total_stiff=0.0;node_res_force=0.0
  do i=1,element_number
    ! 计算上一个迭代步末的杆件长度和方向角
    xi=node(element(i,1),1)+node_displacement(element_orient(i,1))
    yi=node(element(i,1),2)+node_displacement(element_orient(i,2))
    xj=node(element(i,2),1)+node_displacement(element_orient(i,4))
    yj=node(element(i,2),2)+node_displacement(element_orient(i,5))
    length=sqrt((xj-xi)**2.0+(yj-yi)**2.0)
    alpha=atan((yj-yi)/(xj-xi))
    ! 计算局部坐标系和整体坐标系下的单元切线刚度矩阵
    e=element_property(i,1)
    b=element_property(i,2)
    h=element_property(i,3)
    a=b*h;iz=1.0/12.0*b*h**3.0
    do j=1,6
      disp_global(j)=node_displacement(element_orient(i,j))
    enddo
    fn=(-1.0)*element_force(i,1)
    call element_stiff(e,b,h,a,iz,length0(i),sin_alpha0(i),cos_alpha0(i),disp_global,fn,&
    stiff_local,translate,stiff_global)
    ! 计算局部坐标系和整体坐标系下的单元杆端力
    disp_local(1)=0.0;disp_local(2)=0.0;disp_local(5)=0.0;disp_local(4)=length-length0(i)
    ! 判断反正切计算在 90 度、- 90 度、0 度附近是否出现符号反转、如反转则应反号计算
    if(alpha*alpha0(i)>0) then
      disp_local(3)=node_displacement(element_orient(i,3))-(alpha-alpha0(i))
      disp_local(6)=node_displacement(element_orient(i,6))-(alpha-alpha0(i))
    else
      disp_local(3)=node_displacement(element_orient(i,3))-(alpha+alpha0(i))
      disp_local(6)=node_displacement(element_orient(i,6))-(alpha+alpha0(i))
    endif
    call ele_force(e,b,h,length0(i),sin_alpha0(i),cos_alpha0(i),disp_global,disp_local,&
    element_force_local,element_force_global)
    ! 按单元定位向量对号入座形成总刚和结点合力
    do j=1,6
      do k=1,6
        total_stiff(element_orient(i,j),element_orient(i,k))=total_stiff(&
```

```
     element_orient(i,j),element_orient(i,k))+stiff_global(j,k)
     enddo
     node_res_force(element_orient(i,j))=node_res_force(element_orient(i,j))+&
     element_force_global(j)
   enddo
enddo
! 不平衡力
node_unban_force=node_force-node_res_force


! 对总刚处理支座约束条件
!!!!!!!!!!!!!!!!!!!!!!!!!!!!!!!!!!!!!!!!!!!!!!!!!!!!!!!!!!!!!!!!!!!!!!!!!!!!!!!!!!!!!!
do i=1,support_number
  support_node=int(support(i,1))
  do j=1,3
    if(int(support(i,j+1))==1) then
      total_stiff(node_disp(support_node,2)+j-1,node_disp(support_node,2)+j-1)=1.0e20
      node_unban_force(node_disp(support_node,2)+j-1)=1.0e20* (support(i,j+4)-&
      node_displacement(node_disp(support_node,2)+j-1))
    elseif(int(support(i,j+1))==2) then
      total_stiff(node_disp(support_node,2)+j-1,node_disp(support_node,2)+j-1)=&
      total_stiff(node_disp(support_node,2)+j-1,node_disp(support_node,2)+j-&
      1)+support(i,j+4)
    endif
  enddo
enddo


! 求解结点位移
!!!!!!!!!!!!!!!!!!!!!!!!!!!!!!!!!!!!!!!!!!!!!!!!!!!!!!!!!!!!!!!!!!!!!!!!!!!!!!!!!!!!!!
CALL LSARG (disp_num, total_stiff, disp_num, node_unban_force, 1, nodedisp_incre)


! 位移增量
!!!!!!!!!!!!!!!!!!!!!!!!!!!!!!!!!!!!!!!!!!!!!!!!!!!!!!!!!!!!!!!!!!!!!!!!!!!!!!!!!!!!!!
node_displacement0=node_displacement
node_displacement=node_displacement+nodedisp_incre
! 计算当前位形的单元杆端力
!!!!!!!!!!!!!!!!!!!!!!!!!!!!!!!!!!!!!!!!!!!!!!!!!!!!!!!!!!!!!!!!!!!!!!!!!!!!!!!!!!!!!!
do i=1,element_number
  ! 计算本次迭代步末的杆件长度和方向角
  xi=node(element(i,1),1)+node_displacement(element_orient(i,1))
  yi=node(element(i,1),2)+node_displacement(element_orient(i,2))
  xj=node(element(i,2),1)+node_displacement(element_orient(i,4))
  yj=node(element(i,2),2)+node_displacement(element_orient(i,5))
  length=sqrt((xj-xi)* * 2.0+(yj-yi)* * 2.0)
  alpha=atan((yj-yi)/(xj-xi))
  ! 计算局部坐标系下的单元杆端力
  e=element_property(i,1)
```

```
        b=element_property(i,2)
        h=element_property(i,3)
        do j=1,6
          disp_global(j)=node_displacement(element_orient(i,j))
        enddo
        disp_local(1)=0.0;disp_local(2)=0.0;disp_local(5)=0.0;disp_local(4)=length-length0(i)
        if(alpha* alpha0(i)> 0) then
          disp_local(3)=node_displacement(element_orient(i,3))-(alpha-alpha0(i))
          disp_local(6)=node_displacement(element_orient(i,6))-(alpha-alpha0(i))
        else
          disp_local(3)=node_displacement(element_orient(i,3))-(alpha+alpha0(i))
          disp_local(6)=node_displacement(element_orient(i,6))-(alpha+alpha0(i))
        endif
        call ele_force(e,b,h,length0(i),sin_alpha0(i),cos_alpha0(i),disp_global,disp_local,&
        element_force_local,element_force_global)
        ! 本次迭代步末的单元杆端力
        do j=1,6
          element_force(i,j)=element_force_local(j)
        enddo
      enddo
      ! 判定是否收敛
      !!!!!!!!!!!!!!!!!!!!!!!!!!!!!!!!!!!!!!!!!!!!!!!!!!!!!!!!!!!!!!!!!!!!!!!!!!!!!!!!!!!!!!!!!!
      disp2norm=0.0;disp2norm0=0.0
      do i=1,disp_num
        disp2norm=disp2norm+node_displacement(i)* * 2.0
        disp2norm0=disp2norm0+node_displacement0(i)* * 2.0
      enddo
      disp2norm=sqrt(disp2norm);disp2norm0=sqrt(disp2norm0)
      if(abs(disp2norm-disp2norm0)/disp2norm< episilon) exit
    enddo

    ! 输出最终结点位移
    !!!!!!!!!!!!!!!!!!!!!!!!!!!!!!!!!!!!!!!!!!!!!!!!!!!!!!!!!!!!!!!!!!!!!!!!!!!!!!!!!!!!!!!!!!!
    write(11,* )'# # # # # # # # # #   node displacement  # # # # # # # # # # #'
    write(11,* )'node      U          V          PHI'
    do i=1,node_number
      if(node_disp(i,1)==2) then
        write(11,'(i3,e13.4,e13.4)')i,node_displacement(node_disp(i,2)),&
        node_displacement(node_disp(i,2)+1)
      else
        write(11,'(i3,e13.4,e13.4,e13.4)')i,node_displacement(node_disp(i,2)),&
        node_displacement(node_disp(i,2)+1),node_displacement(node_disp(i,2)+2)
      endif
    enddo

    ! 输出最终杆端内力
```

!!!

```fortran
write(11,* )
write(11,* )'# # # # # # # # #   element force   # # # # # # # # # # # # # #'
write(11,* )'element        Fxi        Fyi        Mi        Fxj        Fyj        Mj'
do i=1,element_number
  if(element(i,3)==1.and.element(i,4)==1) then! 如果两端为刚结点,输出 6 个杆端力
    write(11,'(i5,e15.4,e13.4,e13.4,e13.4,e13.4,e13.4)')i,element_force(i,1),element_force&
    (i,2),element_force(i,3),element_force(i,4),element_force(i,5),element_force(i,6)
  elseif(element(i,3)==1.and.element(i,4)==0) then! 如果 i 端刚结,j 端铰结,输出 5 个杆端力
    write(11,'(i5,e15.4,e13.4,e13.4,e13.4,e13.4)')i,element_force(i,1),element_force(i,2),&
    element_force(i,3),element_force(i,4),element_force(i,5)
  elseif(element(i,3)==0.and.element(i,4)==1) then! 如果 i 端铰结,j 端刚结,输出 5 个杆端力
    write(11,'(i5,e15.4,e13.4,e26.4,e13.4,e13.4)')i,element_force(i,1),element_force(i,2),&
    element_force(i,4),element_force(i,5),element_force(i,6)
  else! 如果 i 端铰结,j 端铰结,输出 2 个杆端力
    write(11,'(i5,e15.4,e39.4)')i,element_force(i,1),element_force(i,4)
  endif
enddo

end


! 计算刚架单元切线刚度矩阵的子程序
subroutine element_stiff(e,b,h,a,iz,length,sin_alpha,cos_alpha,disp_global,fn,stiff_local,&
translate,stiff_global)
  integer::j,k,l
  real::e,b,h,a,iz,length,sin_alpha,cos_alpha,fn,coef,x,y,n2_x_d
  real,dimension(6)::disp_global,d
  real,dimension(6,6)::stiff_local_0,stiff_local_1,stiff_local_n,stiff_local,translate,&
  stiff_global
  real,dimension(3)::hx,wx
  real,dimension(2)::hy,wy
  real,dimension(1,6)::b0,n2_x,b1
  ! 计算坐标转换矩阵
  do j=1,6
    do k=1,6
      translate(j,k)=0.0
    enddo
  enddo
  translate(1,1)=cos_alpha
  translate(1,2)=sin_alpha
  translate(2,1)=(-1.0)* sin_alpha
  translate(2,2)=cos_alpha
  translate(3,3)=1.0
  translate(4,4)=cos_alpha
  translate(4,5)=sin_alpha
  translate(5,4)=(-1.0)* sin_alpha
```

```
translate(5,5)=cos_alpha
translate(6,6)=1.0
! 线性分析时的单元刚度矩阵 k_0
stiff_local_0(1,1)=e* a/length
stiff_local_0(1,2)=0.0
stiff_local_0(1,3)=0.0
stiff_local_0(1,4)=(-1.0)* e* a/length
stiff_local_0(1,5)=0.0
stiff_local_0(1,6)=0.0
stiff_local_0(2,2)=12.0* e* iz/length* * 3.0
stiff_local_0(2,3)=6.0* e* iz/length* * 2.0
stiff_local_0(2,4)=0.0
stiff_local_0(2,5)=(-1.0)* 12.0* e* iz/length* * 3.0
stiff_local_0(2,6)=6.0* e* iz/length* * 2.0
stiff_local_0(3,3)=4.0* e* iz/length
stiff_local_0(3,4)=0.0
stiff_local_0(3,5)=(-1.0)* 6.0* e* iz/length* * 2.0
stiff_local_0(3,6)=2.0* e* iz/length
stiff_local_0(4,4)=e* a/length
stiff_local_0(4,5)=0.0
stiff_local_0(4,6)=0.0
stiff_local_0(5,5)=12.0* e* iz/length* * 3.0
stiff_local_0(5,6)=(-1.0)* 6.0* e* iz/length* * 2.0
stiff_local_0(6,6)=4.0* e* iz/length
! 高斯积分法计算单元的初位移矩阵 k_1
d=matmul(translate,disp_global)
! 高斯积分点和系数
hx(1)=(-1.0)* 0.6* * 0.5;hx(2)=0.0;hx(3)=0.6* * 0.5;wx(1)=5.0/9.0;wx(2)=8.0/9.0;wx(3)=5.0/9.0
hy(1)=(-1.0)* (1.0/3.0)* * 0.5;hy(2)=(1.0/3.0)* * 0.5;wy(1)=1.0;wy(2)=1.0
! 高斯积分法计算局部坐标系下的单元杆端力
stiff_local_1=0.0
do j=1,3
  do k=1,2
    ! 积分区间变换
    x=length/2.0* (hx(j)+1.0);y=h/2.0* hy(k);coef=e* b* (length/2.0)* (h/2.0)* wx(j)* wy(k)
    ! B_0
    b0(1,1)=(-1.0)/length
    b0(1,2)=(6.0/length* * 2.0-12.0* x/length* * 3.0)* y
    b0(1,3)=(4.0/length-6.0* x/length* * 2.0)* y
    b0(1,4)=1.0/length
    b0(1,5)=(-1.0)* b0(1,2)
    b0(1,6)=(2-0/length-6.0* x/length* * 2.0)* y
    ! N2_x,N2 对 x 的导数
    n2_x(1,1)=0.0
    n2_x(1,2)=(-1.0)* 6.0* x/length* * 2.0+6.0* x* * 2.0/length* * 3.0
    n2_x(1,3)=1.0-4.0* x/length+3.0* x* * 2.0/length* * 2.0
```

```
      n2_x(1,4)=0.0
      n2_x(1,5)=(-1.0)* n2_x(1,2)
      n2_x(1,6)=(-1.0)* 2.0* x/length+3.0* x* * 2.0/length^ * 2.0
      ! B_1
      n2_x_d=0.0
      do l=1,6
        n2_x_d=n2_x_d+n2_x(1,l)* d(l)
      enddo
      bl=n2_x_d* n2_x
      ! 局部坐标系下的初位移矩阵
      stiff_local_l=stiff_local_l+coef* (matmul(transpose(b0),bl)+&
      matmul(transpose(bl),b0)+matmul(transpose(bl),bl))
   enddo
enddo
! 单元的初应力矩阵 k_sigma
coef=fn/30.0/length
stiff_local_n(1,1)=0.0
stiff_local_n(1,2)=0.0
stiff_local_n(1,3)=0.0
stiff_local_n(1,4)=0.0
stiff_local_n(1,5)=0.0
stiff_local_n(1,6)=0.0
stiff_local_n(2,2)=coef* 36.0
stiff_local_n(2,3)=coef* 3.0* length
stiff_local_n(2,4)=0.0
stiff_local_n(2,5)=coef* (-1.0)* 36.0
stiff_local_n(2,6)=coef* 3.0* length
stiff_local_n(3,3)=coef* 4.0* length* * 2.0
stiff_local_n(3,4)=0.0
stiff_local_n(3,5)=coef* (-1.0)* 3.0* length
stiff_local_n(3,6)=coef* (-1.0)* length* * 2.0
stiff_local_n(4,4)=0.0
stiff_local_n(4,5)=0.0
stiff_local_n(4,6)=0.0
stiff_local_n(5,5)=coef* 36.0
stiff_local_n(5,6)=coef* (-1.0)* 3.0* length
stiff_local_n(6,6)=coef* 4.0* length* * 2.0
! 下三角对称
do j=2,6
  do k=1,j-1
    stiff_local_0(j,k)=stiff_local_0(k,j);stiff_local_n(j,k)=stiff_local_n(k,j)
  enddo
enddo
! 单元的切线刚度矩阵 k_t
stiff_local=stiff_local_0+stiff_local_l+stiff_local_n
! 计算整体坐标系下的单元刚度矩阵
```

```fortran
        stiff_global=matmul(matmul(transpose(translate),stiff_local),translate)
end subroutine

! 计算单元杆端力的子程序
subroutine ele_force(e,b,h,length,sin_alpha,cos_alpha,disp_global,disp_local,&
element_force_local,element_force_global)
    integer::j,k
    real::e,b,h,length,sin_alpha,cos_alpha,x,y,coef
    real,dimension(6)::disp_global,disp_local,element_force_local,element_force_global
    real,dimension(6)::b0,n2_x,b1,d
    real,dimension(3)::hx,wx
    real,dimension(2)::hy,wy
    real,dimension(6,6)::translate
    ! 计算坐标转换矩阵
    do j=1,6
      do k=1,6
        translate(j,k)=0.0
      enddo
    enddo
    translate(1,1)=cos_alpha
    translate(1,2)=sin_alpha
    translate(2,1)=(-1.0)* sin_alpha
    translate(2,2)=cos_alpha
    translate(3,3)=1.0
    translate(4,4)=cos_alpha
    translate(4,5)=sin_alpha
    translate(5,4)=(-1.0)* sin_alpha
    translate(5,5)=cos_alpha
    translate(6,6)=1.0
    ! 高斯积分点和系数
    hx(1)=(-1.0)* 0.6* * 0.5;hx(2)=0.0;hx(3)=0.6* * 0.5;wx(1)=5.0/9.0;wx(2)=8.0/9.0;wx(3)=5.0/9.0
    hy(1)=(-1.0)* (1.0/3.0)* * 0.5;hy(2)=(1.0/3.0)* * 0.5;wy(1)=1.0;wy(2)=1.0
    ! 高斯积分法计算局部坐标系下的单元杆端力
    d=matmul(translate,disp_global)
    element_force_local=0.0
    do j=1,3
      do k=1,2
        ! 积分区间变换
        x=length/2.0* (hx(j)+1.0);y=h/2.0* hy(k);coef=e* b* (length/2.0)* (h/2.0)* wx(j)* wy(k)
        ! B_0
        b0(1)=(-1.0)/length
        b0(2)=(6.0/length* * 2.0-12.0* x/length* * 3.0)* y
        b0(3)=(4.0/length-6.0* x/length* * 2.0)* y
        b0(4)=1.0/length
        b0(5)=(-1.0)* b0(2)
        b0(6)=(2-0/length-6.0* x/length* * 2.0)* y
```

```
     ! N2_x,N2 对 x 的导数
     n2_x(1)=0.0
     n2_x(2)=(-1.0)* 6.0* x/length* * 2.0+6.0* x* * 2.0/length* * 3.0
     n2_x(3)=1.0-4.0* x/length+3.0* x* * 2.0/length* * 2.0
     n2_x(4)=0.0
     n2_x(5)=(-1.0)* n2_x(2)
     n2_x(6)=(-1.0)* 2.0* x/length+3.0* x* * 2.0/length* * 2.0
     ! B_l
     bl=dot_product(n2_x,d)* n2_x
     ! 局部坐标系下的杆端力
     element_force_local=element_force_local+coef* (b0+bl)* dot_product(b0,disp_local)
   enddo
 enddo
 ! 整体坐标系下的单元杆端力
 element_force_global=matmul(transpose(translate),element_force_local)
end subroutine
```

平面杆系结构的塑性分析(极限荷载)求解程序
（增量法）
（Compaq Visual Fortran 6.5 等编程环境,CVF）

```
! 使用 imsl 函数库
use numerical_libraries

implicit none

! 定义变量及数组
integer::i,j,k,iter,node_number,element_number,property,support_number,support_node,disp_num
integer::moment,load_number,pl_hin_num
real::length,maxnodedisp,xi,yi,xj,yj,sin_alpha,cos_alpha,e,a,iz,fx,fy,mu,limit_load_factor
real::load_factor_delta
integer,dimension(:),allocatable::node_disp_num,plastic_hinge
integer,dimension(:,:),allocatable::element,node_orient,element_orient
real,dimension(:,:),allocatable::node,element_property,support,stiff_local,stiff_global
real,dimension(:,:),allocatable::ele_force_delta,limit_ele_force,load,translate,total_stiff
real,dimension(:),allocatable::node_force,node_displacement,element_force_global
real,dimension(:),allocatable::element_force_local
complex,dimension(:),allocatable::eval

! 定义输入输出文件
!!!!!!!!!!!!!!!!!!!!!!!!!!!!!!!!!!!!!!!!!!!!!!!!!!!!!!!!!!!!!!!!!!!!!!!!!!!!!!!!!!!!!!
! 定义总体信息、结点坐标、单元、单元材性、支座约束、结点力输入文件,定义结点位移、杆端力输出文件
open(5,file="input.txt")
open(11,file="output.txt")

! 读入总体信息[结点数、单元数、各单元材性是否相同(相同为1,不相同为0)、支座结点
! 数、有结点力作用的结点数]
```

```
read(5,* )node_number,element_number,property,support_number,load_number

! 分配结点坐标、单元、单元材性、支座约束、单元刚度矩阵和杆端力数组
allocate(node(node_number,2),element(element_number,4),node_disp_num(node_number))
allocate(node_orient(node_number,3),element_orient(element_number,6))
allocate(element_property(element_number,4),support(support_number,7),load(load_number,3))
allocate(stiff_local(6,6),stiff_global(6,6),translate(6,6))
allocate(element_force_local(6),element_force_global(6),plastic_hinge(2))
allocate(ele_force_delta(element_number,6),limit_ele_force(element_number,6))

! 结点坐标(依次读入每个结点的 x 和 y 坐标)
do i=1,node_number
  read(5,* )(node(i,j),j=1,2)
enddo

! 单元定义(依次读入每个单元的 i 和 j 结点,同时也定义了该单元的局部坐标系,后两个数
! 分别表示 i 和 j 端是否铰结,铰结为 0,刚结为 1)
do i=1,element_number
  read(5,* )(element(i,j),j=1,4)
enddo

! 单元材性(依次读入每个单元的弹性模量、横截面面积、惯性矩、极限弯矩,各单元材性相
! 同时只需输一次,不同时则需依次输入各单元的材性)
if(property==1) then
  read(5,* )e,a,iz,mu
  do i=1,element_number
    element_property(i,1)=e;element_property(i,2)=a;element_property(i,3)=iz
    element_property(i,4)=mu
  enddo
else
  do i=1,element_number
    read(5,* )(element_property(i,j),j=1,4)
  enddo
endif

! 支座约束(读入支座结点号,每个支座 x、y 和转角方向的约束情况,0 表示没有约束,1 表
! 示有约束,2 表示弹性约束,后 3 个数为相应方向弹性约束刚度系数)
do i=1,support_number
  read(5,* )(support(i,j),j=1,7)
enddo

! 结点力(依次读入有结点力作用结点的结点号和 x、y 方向的集中力,并形成结点力向量,
! 支座结点未知反力以 0 表示,但若为弹性支座则需输入该方向作用的外荷载)
! 由于所计算的是极限荷载因子,所以应输入以绝对值最大的结点荷载为参照的成比例归一化结点力
if(load_number==0) then
else
```

```
  do i=1,load_number
    read(5,* )(load(i,j),j=1,3)
  enddo
endif

! 增量法求解极限荷载因子
!!!!!!!!!!!!!!!!!!!!!!!!!!!!!!!!!!!!!!!!!!!!!!!!!!!!!!!!!!!!!!!!!!!!!!!!!!!!!!!!!!!!!!!!
limit_load_factor=0.0;limit_ele_force=0.0;pl_hin_num=0
write(11,* )'# # # # # # # # plastic hinge location # # # # # # # # '
do iter=1,100
  ! 每个结点的位移分量数,刚结点和组合结点为 3,铰结点为 2
  do i=1,node_number
    do j=1,element_number
      if(element(j,1)==i) then
        if(element(j,3)==1) then
          moment=1
          exit
        else
          moment=0
        endif
      elseif(element(j,2)==i) then
        if(element(j,4)==1) then
          moment=1
          exit
        else
          moment=0
        endif
      else
      endif
    enddo
    if(moment==0) then
      node_disp_num(i)=2
    else
      node_disp_num(i)=3
    endif
  enddo
  ! 结点的位移分量编号,位移分量总数
  disp_num=0
  do i=1,node_number
    if(node_disp_num(i)==2) then
      node_orient(i,1)=disp_num+1;node_orient(i,2)=disp_num+2;node_orient(i,3)=0
      disp_num=disp_num+2
    else
      node_orient(i,1)=disp_num+1;node_orient(i,2)=disp_num+2
      node_orient(i,3)=disp_num+3
      disp_num=disp_num+3
```

```
    endif
enddo
! 单元定位向量
do i=1,element_number
  element_orient(i,1)=node_orient(element(i,1),1)
  element_orient(i,2)=node_orient(element(i,1),2)
  element_orient(i,3)=node_orient(element(i,1),3)
  element_orient(i,4)=node_orient(element(i,2),1)
  element_orient(i,5)=node_orient(element(i,2),2)
  element_orient(i,6)=node_orient(element(i,2),3)
enddo


allocate(total_stiff(disp_num,disp_num),node_force(disp_num))
allocate(node_displacement(disp_num),eval(disp_num))


! 重新形成结点力向量
node_force=0.0
do i=1,load_number
  node_force(node_orient(int(load(i,1)),1))=load(i,2)
  node_force(node_orient(int(load(i,1)),2))=load(i,3)
enddo


! 计算单元刚度矩阵并对号入座形成总刚
!!!!!!!!!!!!!!!!!!!!!!!!!!!!!!!!!!!!!!!!!!!!!!!!!!!!!!!!!!!!!!!!!!!!!!!!!!!!!!!!!!!!!!!!!!!!!!!!!!!!!!!
total_stiff=0.0
do i=1,element_number
    ! 计算单元长度及局部坐标方向角的正弦、余弦
    xi=node(element(i,1),1);yi=node(element(i,1),2)
    xj=node(element(i,2),1);yj=node(element(i,2),2)
    length=sqrt((xj-xi)**2.0+(yj-yi)**2.0)
    sin_alpha=(yj-yi)/length;cos_alpha=(xj-xi)/length
    ! 计算局部坐标系下的单元刚度矩阵
    e=element_property(i,1);a=element_property(i,2);iz=element_property(i,3)
    if(element(i,3)==1.and.element(i,4)==1)then! 如果两端为刚结点,采用一般单元
        call element_stiff1(e,a,iz,length,sin_alpha,cos_alpha,stiff_local,translate,stiff_global)
    elseif(element(i,3)==1.and.element(i,4)==0) then! 如果i端刚结,j端铰结,采用i端刚
                                                    ! 结,j端铰结单元
        call element_stiff2(e,a,iz,length,sin_alpha,cos_alpha,stiff_local,translate,stiff_global)
    elseif(element(i,3)==0.and.element(i,4)==1) then! 如果i端铰结,j端刚结,采用i端铰
                                                    ! 结,j端刚结单元
        call element_stiff3(e,a,iz,length,sin_alpha,cos_alpha,stiff_local,translate,stiff_global)
    else! 如果i端铰结,j端铰结,采用i端铰结,j端铰结单元,即桁架单元
        call element_stiff4(e,a,iz,length,sin_alpha,cos_alpha,stiff_local,translate,stiff_global)
    endif


    ! 按单元定位向量对号入座放入总刚
```

```
      do j=1,6
        if(element_orient(i,j)/=0) then
          do k=1,6
            if(element_orient(i,k)/=0) then
              total_stiff(element_orient(i,j),element_orient(i,k))=total_stiff(&
              element_orient(i,j),element_orient(i,k))+stiff_global(j,k)
            endif
          enddo
        endif
      enddo
    enddo


! 对总刚采用置大数法处理支座约束条件
!!!!!!!!!!!!!!!!!!!!!!!!!!!!!!!!!!!!!!!!!!!!!!!!!!!!!!!!!!!!!!!!!!!!!!!!!!!!!!!!!!!!
do i=1,support_number
  support_node=int(support(i,1))
  do j=1,3
    if(int(support(i,j+1))==1) then
      total_stiff(node_orient(support_node,j),node_orient(support_node,j))=1.0e20
      node_force(node_orient(support_node,j))=0.0
    elseif(int(support(i,j+1))==2) then
      total_stiff(node_orient(support_node,j),node_orient(support_node,j))=&
      total_stiff(node_orient(support_node,j),node_orient(support_node,j))+support(i,j+4)
    endif
  enddo
enddo


! 求解总刚特征值,并通过绝对最小特征值判定总刚是否接近奇异
CALL EVLRG (disp_num, total_stiff, disp_num, eval)
if(minval(abs(real(eval)))< 1.0e-25) exit
! 求解结点位移
!!!!!!!!!!!!!!!!!!!!!!!!!!!!!!!!!!!!!!!!!!!!!!!!!!!!!!!!!!!!!!!!!!!!!!!!!!!!!!!!!!!!
CALL LSARG (disp_num, total_stiff, disp_num, node_force, 1, node_displacement)
! 从第二个迭代步开始,判定位移相比于前一个迭代步是否突然增大
if(iter> 1.and.abs(maxval(node_displacement))/maxnodedisp> 100.0) exit


! 求解杆端内力并判定塑性铰位置和计算增量荷载因子
!!!!!!!!!!!!!!!!!!!!!!!!!!!!!!!!!!!!!!!!!!!!!!!!!!!!!!!!!!!!!!!!!!!!!!!!!!!!!!!!!!!!
load_factor_delta=1.0e20
do i=1,element_number
  ! 计算单元长度及局部坐标方向角的正弦、余弦
  xi=node(element(i,1),1);yi=node(element(i,1),2)
  xj=node(element(i,2),1);yj=node(element(i,2),2)
  length=sqrt((xj-xi)* * 2.0+(yj-yi)* * 2.0)
  sin_alpha=(yj-yi)/length;cos_alpha=(xj-xi)/length
  ! 计算局部坐标系下的单元刚度矩阵
```

```fortran
e=element_property(i,1);a=element_property(i,2);iz=element_property(i,3)
mu=element_property(i,4)
if(element(i,3)==1.and.element(i,4)==1) then! 如果两端为刚结点,采用一般单元
    call element_stiff1(e,a,iz,length,sin_alpha,cos_alpha,stiff_local,translate,stiff_global)
elseif(element(i,3)==1.and.element(i,4)==0) then ! 如果 i 端刚结,j 端铰结,采用 i 端刚
                                        ! 结,j 端铰结单元
    call element_stiff2(e,a,iz,length,sin_alpha,cos_alpha,stiff_local,translate,stiff_global)
elseif(element(i,3)==0.and.element(i,4)==1) then ! 如果 i 端铰结,j 端刚结,采用 i 端铰
                                        ! 结,j 端刚结单元
    call element_stiff3(e,a,iz,length,sin_alpha,cos_alpha,stiff_local,translate,stiff_global)
else                            ! 如果 i 端铰结,j 端铰结,采用 i 端铰结,j 端铰结单元,即桁架单元
    call element_stiff4(e,a,iz,length,sin_alpha,cos_alpha,stiff_local,translate,stiff_global)
endif
! 计算整体坐标系下的杆端内力
element_force_global=0.0
do j=1,6
  do k=1,6
    if(element_orient(i,k)/=0) then
      element_force_global(j)=element_force_global(j)+stiff_global(j,k)* &
      node_displacement(element_orient(i,k))
    endif
  enddo
enddo
! 计算局部坐标系下的杆端内力
element_force_local=matmul(translate,element_force_global)
do j=1,6
  ele_force_delta(i,j)=element_force_local(j)
enddo
! 判定塑性铰位置,计算增量荷载因子
do j=1,2
  if(abs((mu-limit_ele_force(i,j*3))/ele_force_delta(i,j*3))< load_factor_delta) then
    plastic_hinge(1)=i;plastic_hinge(2)=j
    load_factor_delta=abs((mu-limit_ele_force(i,j*3))/ele_force_delta(i,j*3))
  endif
enddo
enddo
! 本迭代步的最大位移,用于判定下一个迭代步位移是否突然增大
maxnodedisp=abs(maxval(node_displacement))
! 计算当前增量步的极限荷载因子和杆端力
limit_load_factor=limit_load_factor+load_factor_delta
limit_ele_force=limit_ele_force+load_factor_delta* ele_force_delta
! 塑性铰处理
element(plastic_hinge(1),plastic_hinge(2)+2)=0;pl_hin_num=pl_hin_num+1
deallocate(total_stiff,node_force,node_displacement,eval)
! 输出塑性铰数量、位置和极限荷载因子
write(11,'(a17,i3)') 'plastic hinge No. ',pl_hin_num
```

```
    write(11,'(a32,i3,a5,i2)')'plastic hinge location:  element',plastic_hinge(1),', end',    &
    plastic_hinge(2)
enddo
write(11,* )
write(11,* )'# # # # # # # #  limit load factor # # # # # # # #'
write(11,'(a18,e13.4)')'limit load factor:',limit_load_factor

end
```

```
! 一般(刚架)单元刚度矩阵计算子程序
subroutine element_stiff1(e,a,iz,length,sin_alpha,cos_alpha,stiff_local,translate,stiff_global)
    integer::j,k
    real::e,a,iz,length,sin_alpha,cos_alpha
    real,dimension(6,6)::stiff_local,translate,stiff_global
    stiff_local=0.0
    stiff_local(1,1)=e* a/length
    stiff_local(1,4)=(-1.0)* e* a/length
    stiff_local(2,2)=12.0* e* iz/length* * 3.0
    stiff_local(2,3)=6.0* e* iz/length* * 2.0
    stiff_local(2,5)=(-1.0)* 12.0* e* iz/length* * 3.0
    stiff_local(2,6)=6.0* e* iz/length* * 2.0
    stiff_local(3,3)=4.0* e* iz/length
    stiff_local(3,5)=(-1.0)* 6.0* e* iz/length* * 2.0
    stiff_local(3,6)=2.0* e* iz/length
    stiff_local(4,4)=e* a/length
    stiff_local(5,5)=12.0* e* iz/length* * 3.0
    stiff_local(5,6)=(-1.0)* 6.0* e* iz/length* * 2.0
    stiff_local(6,6)=4.0* e* iz/length
    ! 下三角对称
    do j=2,6
      do k=1,j-1
        stiff_local(j,k)=stiff_local(k,j)
      enddo
    enddo
    ! 计算坐标转换矩阵
    translate=0.0
    translate(1,1)=cos_alpha
    translate(1,2)=sin_alpha
    translate(2,1)=(-1.0)* sin_alpha
    translate(2,2)=cos_alpha
    translate(3,3)=1.0
    translate(4,4)=cos_alpha
    translate(4,5)=sin_alpha
    translate(5,4)=(-1.0)* sin_alpha
    translate(5,5)=cos_alpha
    translate(6,6)=1.0
```

```
    ! 计算整体坐标系下的单元刚度矩阵
    stiff_global=matmul(matmul(transpose(translate),stiff_local),translate)
end subroutine


! i端刚结,j端铰结刚架单元刚度矩阵计算子程序
subroutine element_stiff2(e,a,iz,length,sin_alpha,cos_alpha,stiff_local,translate,stiff_global)
    integer::j,k
    real::e,a,iz,length,sin_alpha,cos_alpha
    real,dimension(6,6)::stiff_local,translate,stiff_global
    stiff_local=0.0
    stiff_local(1,1)=e* a/length
    stiff_local(1,4)=(-1.0)* e* a/length
    stiff_local(2,2)=3.0* e* iz/length* * 3.0
    stiff_local(2,3)=3.0* e* iz/length* * 2.0
    stiff_local(2,5)=(-1.0)* 3.0* e* iz/length* * 3.0
    stiff_local(3,3)=3.0* e* iz/length
    stiff_local(3,5)=(-1.0)* 3.0* e* iz/length* * 2.0
    stiff_local(4,4)=e* a/length
    stiff_local(5,5)=3.0* e* iz/length* * 3.0
    ! 下三角对称
    do j=2,6
      do k=1,j-1
        stiff_local(j,k)=stiff_local(k,j)
      enddo
    enddo
    ! 计算坐标转换矩阵
    translate=0.0
    translate(1,1)=cos_alpha
    translate(1,2)=sin_alpha
    translate(2,1)=(-1.0)* sin_alpha
    translate(2,2)=cos_alpha
    translate(3,3)=1.0
    translate(4,4)=cos_alpha
    translate(4,5)=sin_alpha
    translate(5,4)=(-1.0)* sin_alpha
    translate(5,5)=cos_alpha
    translate(6,6)=1.0
    ! 计算整体坐标系下的单元刚度矩阵
    stiff_global=matmul(matmul(transpose(translate),stiff_local),translate)
end subroutine


! i端铰结,j端刚结刚架单元刚度矩阵计算子程序
subroutine element_stiff3(e,a,iz,length,sin_alpha,cos_alpha,stiff_local,translate,stiff_global)
    integer::j,k
    real::e,a,iz,length,sin_alpha,cos_alpha
    real,dimension(6,6)::stiff_local,translate,stiff_global,temp
```

```
stiff_local=0.0
stiff_local(1,1)=e* a/length
stiff_local(1,4)=(-1.0)* e* a/length
stiff_local(2,2)=3.0* e* iz/length** 3.0
stiff_local(2,5)=(-1.0)* 3.0* e* iz/length** 3.0
stiff_local(2,6)=3.0* e* iz/length** 2.0
stiff_local(4,4)=e* a/length
stiff_local(5,5)=3.0* e* iz/length** 3.0
stiff_local(5,6)=(-1.0)* 3.0* e* iz/length** 2.0
stiff_local(6,6)=3.0* e* iz/length
! 下三角对称
do j=2,6
  do k=1,j-1
    stiff_local(j,k)=stiff_local(k,j)
  enddo
enddo
! 计算坐标转换矩阵
translate=0.0
translate(1,1)=cos_alpha
translate(1,2)=sin_alpha
translate(2,1)=(-1.0)* sin_alpha
translate(2,2)=cos_alpha
translate(3,3)=1.0
translate(4,4)=cos_alpha
translate(4,5)=sin_alpha
translate(5,4)=(-1.0)* sin_alpha
translate(5,5)=cos_alpha
translate(6,6)=1.0
! 计算整体坐标系下的单元刚度矩阵
stiff_global=matmul(matmul(transpose(translate),stiff_local),translate)
end subroutine


! 桁架单元刚度矩阵计算子程序
subroutine element_stiff4(e,a,iz,length,sin_alpha,cos_alpha,stiff_local,translate,stiff_global)
  integer::j,k
  real::e,a,iz,length,sin_alpha,cos_alpha
  real,dimension(6,6)::stiff_local,translate,stiff_global,temp
  stiff_local=0.0
  stiff_local(1,1)=e* a/length
  stiff_local(1,4)=(-1.0)* e* a/length
  stiff_local(4,4)=e* a/length
  ! 下三角对称
  do j=2,6
    do k=1,j-1
      stiff_local(j,k)=stiff_local(k,j)
    enddo
```

```
    enddo
    ! 计算坐标转换矩阵
    translate=0.0
    translate(1,1)=cos_alpha
    translate(1,2)=sin_alpha
    translate(2,1)=(-1.0)* sin_alpha
    translate(2,2)=cos_alpha
    translate(3,3)=1.0
    translate(4,4)=cos_alpha
    translate(4,5)=sin_alpha
    translate(5,4)=(-1.0)* sin_alpha
    translate(5,5)=cos_alpha
    translate(6,6)=1.0
    ! 计算整体坐标系下的单元刚度矩阵
    stiff_global=matmul(matmul(transpose(translate),stiff_local),translate)
end subroutine
```

参 考 文 献

1. 李廉锟 . 结构力学[M]. 5 版 . 北京:高等教育出版社,2010.
2. 龙驭球,包世华 . 结构力学 I:基本教程[M]. 2 版 . 北京:高等教育出版社,2006.
3. 朱慈勉,吴宇清 . 计算结构力学[M]. 北京:科学出版社,2009.
4. 华东水利学院 . 弹性力学问题的有限单元法[M]. 修订版 . 北京:水利电力出版社,1978.
5. 杨海霞,章吉,邵国建 . 计算力学基础[M]. 南京:河海大学出版社,2004.
6. 王贵君 . 有限元法基础[M]. 北京:中国水利水电出版社,2011.
7. 凌道盛,徐兴 . 非线性有限元及程序[M]. 杭州:浙江大学出版社,2004.
8. 潘在元,张素素 . Fortran90 教程[M]. 杭州:浙江大学出版社,1993.